큐브 유형 동영상 강의

학습 효과를 높이는 응용 유형 강의

1초 만에 바로 강의 시청

QR코드를 스캔하여 동영상 강의를 바로 볼 수 있습니다. 응용 유형 문항별로 필요한 부분을 선택할 수 있도록 강의 시간과 강의명을 클릭할 수 있습니다.

친절한 문제 동영상 강의

수학 전문 선생님의 응용 문제 강의를 보면서 어려운 문제의 해결 방법 및 풀이 전략을 체계적으로 배울 수 있습니다.

나의 목표와 다짐을 적어 주세요.

2단원

	1회차	2회차	3회차	4회차	5회차	이번 주 스스로 평가
2주	유형책 034~036쪽	유형책 037~039쪽	유형책 042~046쪽	유형책 047~051쪽	유형책 052~056쪽	😀 매우 잘함 □ 😐 보통 □ 😖 노력 요함 □
	월 일	월 일	월 일	월 일	월 일	

3단원

이번 주 스스로 평가	5회차	4회차	3회차	2회차	1회차	
😀 매우 잘함 □ 😐 보통 □ 😖 노력 요함 □	유형책 074~078쪽	유형책 069~071쪽	유형책 066~068쪽	유형책 062~065쪽	유형책 057~061쪽	**3주**
	월 일	월 일	월 일	월 일	월 일	

5단원

	1회차	2회차	3회차	4회차	5회차	이번 주 스스로 평가
6주	유형책 124~126쪽	유형책 127~129쪽	유형책 132~135쪽	유형책 136~139쪽	유형책 140~143쪽	😀 매우 잘함 □ 😐 보통 □ 😖 노력 요함 □
	월 일	월 일	월 일	월 일	월 일	

6단원

이번 주 스스로 평가	5회차	4회차	3회차	2회차	1회차	
😀 매우 잘함 □ 😐 보통 □ 😖 노력 요함 □	유형책 161~165쪽	유형책 156~160쪽	유형책 151~153쪽	유형책 148~150쪽	유형책 144~147쪽	**7주**
	월 일	월 일	월 일	월 일	월 일	

수학의 기본
큐브 시리즈

큐브 연산 | 1~6학년 1, 2학기(전 12권)

전 단원 연산을 다잡는 기본서

• 교과서 전 단원 구성
• 개념–연습–적용–완성 4단계 유형 학습
• 실수 방지 팁과 문제 제공

큐브 개념 | 1~6학년 1, 2학기(전 12권)

교과서 개념을 다잡는 기본서

• 교과서 개념을 시각화 구성
• 수학익힘 교과서 완벽 학습
• 기본 강화책 제공

큐브 유형 | 1~6학년 1, 2학기(전 12권)

모든 유형을 다잡는 기본서

• 기본부터 응용까지 모든 유형 구성
• 대표 예제로 유형 해결 방법 학습
• 서술형 강화책 제공

학습 진도표

사용 설명서

① 공부할 날짜를 빈칸에 적습니다.

② 한 주가 끝나면 스스로 평가합니다.

1주

1단원

	1회차	2회차	3회차	4회차	5회차	이번 주 스스로 평가
1주	유형책 008~013쪽	유형책 014~018쪽	유형책 019~023쪽	유형책 024~028쪽	유형책 029~033쪽	😄 매우 잘함 ☐ 😐 보통 ☐ 😣 노력 요함 ☐
	월 일	월 일	월 일	월 일	월 일	

4주

이번 주 스스로 평가	5회차	4회차	3회차	2회차	1회차	
😄 매우 잘함 ☐ 😐 보통 ☐ 😣 노력 요함 ☐	유형책 100~102쪽	유형책 095~099쪽	유형책 090~094쪽	유형책 084~089쪽	유형책 079~083쪽	4주
	월 일	월 일	월 일	월 일	월 일	

5주

4단원

	1회차	2회차	3회차	4회차	5회차	이번 주 스스로 평가
5주	유형책 103~105쪽	유형책 108~111쪽	유형책 112~115쪽	유형책 116~119쪽	유형책 120~123쪽	😄 매우 잘함 ☐ 😐 보통 ☐ 😣 노력 요함 ☐
	월 일	월 일	월 일	월 일	월 일	

8주

총정리

이번 주 스스로 평가	5회차	4회차	3회차	2회차	1회차	
😄 매우 잘함 ☐ 😐 보통 ☐ 😣 노력 요함 ☐	유형책 180~183쪽	유형책 177~179쪽	유형책 174~176쪽	유형책 170~173쪽	유형책 166~169쪽	8주
	월 일	월 일	월 일	월 일	월 일	

큐브 유형

유형책

초등 수학

4·1

큐브 유형
구성과 특징

큐브 유형은 기본 유형, 플러스 유형, 응용 유형까지
모든 유형을 담은 유형 기본서입니다.

유형책

1STEP 개념 확인하기 ──────────➤ **2STEP 유형 다잡기**

교과서 핵심 개념을 한눈에 익히기

유형별 대표 예제와 해결 방법으로 유형을 쉽게 이해하기

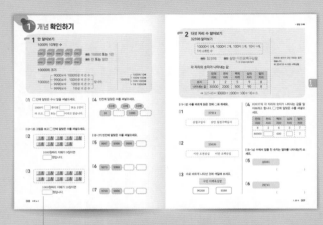

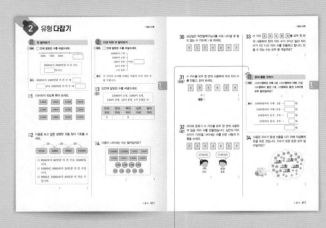

● 기본 문제로 배운 개념을 확인

● 플러스 유형
학교 시험에 꼭 나오는
틀리기 쉬운 유형

서술형 강화책

서술형 다지기 ──────────➤ **서술형 완성하기**

대표 문제를 통해 단계적 풀이 방법을 익힌 후
유사/발전 문제로 서술형 쓰기 실력을 다지기

서술형 다지기에서 연습한 문제에 대한 실전 유형 완성하기

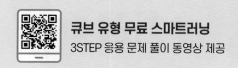

3STEP **응용 해결하기**

각종 경시대회에 출제되는 응용, 심화 문제를 통해 실력을
한 단계 높이기

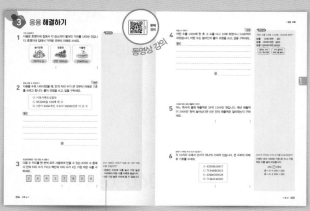

• 해결 tip
문제 해결에 필요한 힌트와 보충 설명

평가 **단원 마무리 + 1~6단원 총정리**

마무리 문제로 단원별 실력 확인하기

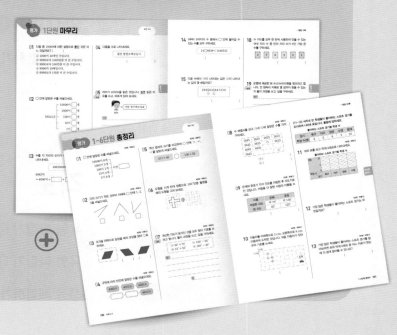

✓ 큐브 유형은 모든 문제를 모아 단원별 → 개념별 → 난이도별 → 유형별로 세분화하였습니다.

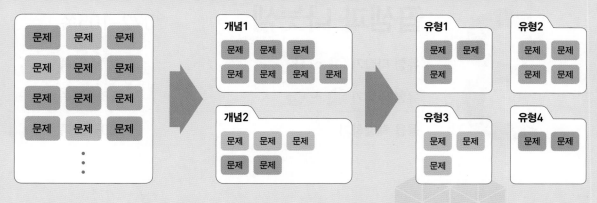

1

큰 수

학습을 끝낸 후
색칠하세요.

개념
확인하기

유형
다잡기
유형 01~13

★ 중요 유형

이전에 배운 내용

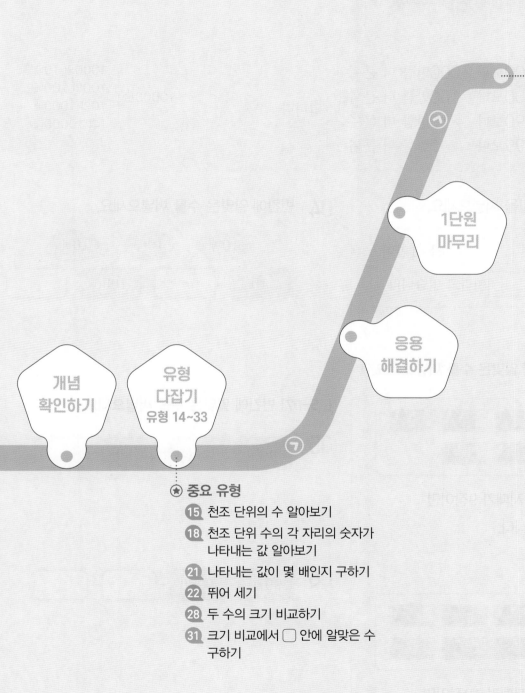

⊙ **다음에 배울 내용**

[5-1] 약수와 배수

약수와 배수 알아보기

공약수와 최대공약수 알아보기

공배수와 최소공배수 알아보기

1단원 마무리

응용 해결하기

개념 확인하기

유형 다잡기 유형 14~33

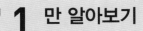
1 만 알아보기

1000이 10개인 수

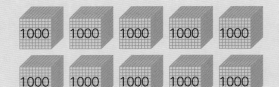

쓰기 10000 또는 1만

읽기 만 또는 일만

10000의 크기

10000은
┌ 9000보다 1000만큼 더 큰 수 ┐
├ 9900보다　100만큼 더 큰 수 ┤ 입니다.
├ 9990보다　　10만큼 더 큰 수 ┤
└ 9999보다　　　1만큼 더 큰 수 ┘

10000은
┌ 1000의 10배
├ 100의 100배
├ 10의 1000배
└ 1의 10000배

---

01 ☐ 안에 알맞은 수나 말을 써넣으세요.

1000이 ☐ 개이면 ☐ 또는 1만이
라 쓰고, ☐ 또는 ☐ 이라고 읽습니다.

[02~03] 그림을 보고 ☐ 안에 알맞은 수를 써넣으세요.

02

1000원짜리 지폐가 9장이면
☐ 원입니다.

03

1000원짜리 지폐가 10장이면
☐ 원입니다.

---

04 빈칸에 알맞은 수를 써넣으세요.

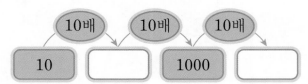

[05~07] 빈칸에 알맞은 수를 써넣으세요.

05

| 9997 | 9998 | 9999 | ☐ |

06

| 9970 | 9980 | ☐ | ☐ |

07

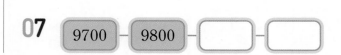

| 9700 | 9800 | ☐ | ☐ |

2 다섯 자리 수 알아보기

32598 알아보기

10000이 3개, 1000이 2개, 100이 5개, 10이 9개, 1이 8개인 수

쓰기 32598   **읽기** 삼만 이천오백구십팔
└─ 만 단위로 띄어 읽기

자리의 숫자가 0인 자리는 읽지 않습니다.
예) 20418 ➡ 이만 사백십팔

각 자리의 숫자가 나타내는 값

	만의 자리	천의 자리	백의 자리	십의 자리	일의 자리
숫자	3	2	5	9	8
나타내는 값	30000	2000	500	90	8

➡ 32598 = 30000 + 2000 + 500 + 90 + 8

[01~02] 수를 바르게 읽은 것에 ○표 하세요.

01

37914

삼칠구일사   삼만 칠천구백십사

02

25030

이만 오천삼십   이만 오백삼십

03 수로 바르게 나타낸 것에 색칠해 보세요.

구만 이백육십팔

90268   9268

04 82637의 각 자리의 숫자가 나타내는 값을 알아보려고 합니다. ☐ 안에 알맞은 수를 써넣으세요.

만의 자리	천의 자리	백의 자리	십의 자리	일의 자리
8	2	6	3	7
80000	☐	600	☐	7

[05~06] 수에서 밑줄 친 숫자는 얼마를 나타내는지 쓰세요.

05

4<u>6</u>081

(   )

06

297<u>4</u>1

(   )

3 십만, 백만, 천만 알아보기

십만, 백만, 천만 알아보기

10000이

		쓰기		읽기
10개인 수 →	100000 또는	10만	십만
100개인 수 →	1000000 또는	100만	백만
1000개인 수 →	10000000 또는	1000만	천만

천만 단위의 수 알아보기

• 10000이 6237개인 수

쓰기 **6237**0000 또는 **6237**만

읽기 **육천이백삼십칠만**

• 각 자리의 숫자가 나타내는 값

6	2	3	7	0	0	0	0
천	백	십	일	천	백	십	일
		만				일	

→ 6237 0000
$$= 6000 0000 + 200 0000 + 30 0000 + 7 0000$$
6000만   200만   30만   7만

만, 십만, 백만, 천만 사이의 관계

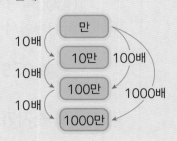

천만 단위의 수 읽기

일의 자리에서부터 네 자리씩 끊은 다음 왼쪽에서부터 차례로 읽습니다.

[01~03] ☐ 안에 알맞은 수나 말을 써넣으세요.

01 10000이 10개인 수는 [   ] 또는 10만
이라 쓰고, [   ]이라고 읽습니다.

02 10000이 100개인 수는 1000000 또는
[   ]이라 쓰고, [   ]이라고 읽습니다.

03 10000이 1000개인 수는 10000000 또는
[   ]이라 쓰고, [   ]이라고 읽습니다.

04 표를 이용하여 수를 읽어 보세요.

4	9	2	5	0	0	0	0
천	백	십	일	천	백	십	일
		만				일	

(   )

05 수로 바르게 나타낸 것에 ○표 하세요.

육백이만

6020000	602000

STEP 2 유형 다잡기

유형 01 **만 알아보기**

예제 ⬜ 안에 알맞은 수를 써넣으세요.

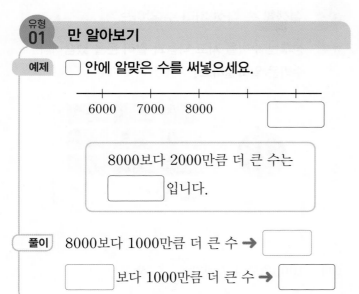

6000 7000 8000 ⬜

8000보다 2000만큼 더 큰 수는

⬜ 입니다.

풀이 8000보다 1000만큼 더 큰 수 ➡ ⬜

⬜ 보다 1000만큼 더 큰 수 ➡ ⬜

01 10000이 되도록 묶어 보세요.

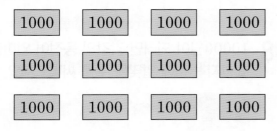

1000	1000	1000	1000
1000	1000	1000	1000
1000	1000	1000	1000

02 다음을 보고 잘못 설명한 것을 찾아 기호를 쓰세요.

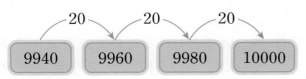

9940 →20 9960 →20 9980 →20 10000

ㄱ 9940보다 60만큼 더 큰 수는 10000입니다.

ㄴ 10000은 9980보다 20만큼 더 큰 수입니다.

ㄷ 9960은 10000보다 60만큼 더 작은 수입니다.

(   )

유형 02 **다섯 자리 수 알아보기**

예제 ⬜ 안에 알맞은 수를 써넣으세요.

10000이 7개 ⎤
1000이 4개 ⎥
100이 5개 ⎬ 이면 ⬜
10이 9개 ⎥
1이 8개 ⎦

풀이 각 자리의 숫자를 차례로 써넣어 다섯 자리 수를 구합니다.

03 빈칸에 알맞은 수를 써넣으세요.

^{중요★}

10000이 5개, 1000이 4개,
100이 9개, 10이 8개, 1이 3개인 수

만의 자리	천의 자리	백의 자리	십의 자리	일의 자리
5		9		

04 다음이 나타내는 수는 얼마일까요?

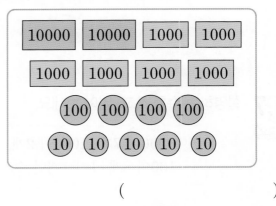

10000	10000	1000	1000
1000	1000	1000	1000
100	100	100	100
10	10	10	10	10

(   )

05 10000이 3개, 1000이 ■개, 100이 8개, 10이 2개, 1이 9개인 수는 36829입니다. ■에 알맞은 수를 구하세요.

( )

유형 **03** 다섯 자리 수 쓰고 읽기

예제 관계있는 것끼리 이어 보세요.

(1) 84106 •   • 팔만 육천십사

(2) 86014 •   • 팔만 사천백육

풀이 (1) 84106 ➡ 8만 4106 ➡ 팔만 [ ]

(2) 86014 ➡ 8만 6014 ➡ 팔만 [ ]

---

06 수를 읽거나 수로 나타내세요.

(1)
40535

( )

(2)
이만 삼천구백

( )

---

07 설명하는 수를 쓰고, 읽어 보세요.
중요★

10000이 7개, 1000이 2개,
100이 8개, 1이 1개인 수

쓰기 ( )

읽기 ( )

유형 **04** 실생활 속 다섯 자리 수 알아보기

예제 성후는 수박을 사고 다음과 같이 돈을 냈습니다. 수박은 얼마일까요?

( )

풀이 1000원짜리 지폐가 [ ]장

➡ 1000이 [ ]개인 수

➡ [ ]원

---

08 10000원이 되려면 각각의 동전이 얼마만큼 필요한지 빈칸에 알맞은 수를 써넣으세요.

동전	(100)	(10)
개수(개)		

---

09 현우와 주경이가 각각 다음과 같이 돈을 가지고 있습니다. 두 사람이 가지고 있는 돈에 얼마를 더하면 10000원이 될까요?

나는 3000원을 가지고 있어.

난 4000원을 가지고 있어.

현우   주경

( )

10 어느 공장에서 하루 동안 인형을 10000개씩 7상자, 1000개씩 9상자, 100개씩 2상자를 만들었습니다. 하루 동안 만든 인형은 모두 몇 개인지 풀이 과정을 쓰고, 답을 구하세요.

(서술형)

〔1단계〕 상자별 인형의 수 구하기

_____

_____

〔2단계〕 하루 동안 만든 인형은 모두 몇 개인지 구하기

_____

답 _____

〔유형 05〕 **다섯 자리 수의 각 자리의 숫자가 나타내는 값 알아보기**

〔예제〕 만의 자리 숫자가 8인 수를 찾아 기호를 쓰세요.

㉠ 56891   ㉡ 83600

(   )

〔풀이〕 주어진 수에서 만의 자리 숫자를 찾습니다.

㉠ 56891 → ☐   ㉡ 83600 → ☐

➜ 만의 자리 숫자가 8인 수: ☐

11 34756은 얼마만큼의 수인지 알아보려고 합니다. 표를 완성하고, 수를 각 자리의 숫자가 나타내는 값의 합으로 나타내세요.

	만의 자리	천의 자리	백의 자리	십의 자리	일의 자리
숫자	3				
수	30000				

34756
= 30000 + ☐ + ☐ + ☐ + ☐

12 〈보기〉와 같이 나타내세요.

〈보기〉
$$74164 = 70000 + 4000 + 100 + 60 + 4$$

(1) 37805 = _____

(2) 56092 = _____

13 천의 자리 숫자가 다른 한 수를 찾아 ○표 하세요.

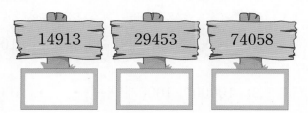

14913   29453   74058

☐   ☐   ☐

14 숫자 6이 600을 나타내는 수를 찾아 기호를 쓰세요.

(중요★)

㉠ 67403   ㉡ 47961
㉢ 90647   ㉣ 36580

(   )

500을 나타내는 숫자 어디 있나요?

나 찾는 거야?

27581

유형 06 십만, 백만, 천만 알아보기

예제 빈칸에 알맞은 수를 써넣으세요.

10배 → 10배 → 10배

| 1만 | | 100만 | |

풀이 1만의 10배 → [ ]

100만의 10배 → [ ]

15 같은 수끼리 이어 보세요.

(1) 10000이 10개인 수 • • 1000만

(2) 10000이 100개인 수 • • 10만

(3) 10000이 1000개인 수 • • 100만

16 십만을 나타내는 수는 어느 것일까요?

( )

① 10000의 100배인 수
② 9만보다 1만큼 더 큰 수
③ 10이 1000개인 수
④ 99000보다 1000만큼 더 큰 수
⑤ 999900보다 100만큼 더 큰 수

17 나타내는 수가 다른 하나를 찾아 기호를 쓰세요.

㉠ 100의 10000배
㉡ 1만이 1000개인 수
㉢ 1000만

( )

유형 07 천만 단위의 수 쓰고 읽기

예제 수를 바르게 읽은 것에 ○표 하세요.

30750000

삼천칠십오만 ( )
삼백칠만 오천 ( )

풀이 일의 자리에서부터 네 자리씩 끊어 읽습니다.

3075|0000 → 3075만
만

→ [ ]

18 □ 안에 알맞은 수를 써넣고, 수를 읽어 보세요.
(중요*)

만이 5406개이면 [ ]입니다.

읽기 ( )

19 28736의 100배인 수를 쓰고, 읽어 보세요.

쓰기 ( )

읽기 ( )

20 수로 잘못 나타낸 것을 찾아 기호를 쓰고, 수를
바르게 나타내세요.

㉠ 삼천오백일만 → 35010000
㉡ 육천이백구십만 삼천 → 6293000

(,)

21 설명하는 수가 얼마인지 쓰고, 읽어 보세요.

> 100만이 76개, 10만이 2개,
> 만이 9개인 수

쓰기 (   )

읽기 (   )

유형 08 실생활 속 천만 단위의 수 알아보기

예제 밑줄 친 부분을 수로 나타내세요.

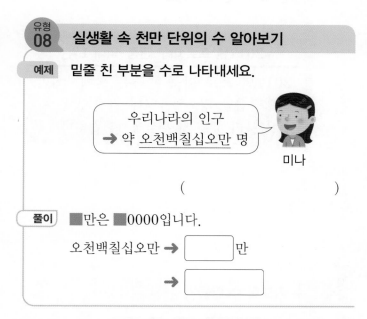

> 우리나라의 인구
> → 약 오천백칠십오만 명

미나

(   )

풀이 ■만은 ■0000입니다.

오천백칠십오만 → [   ]만

→ [   ]

22 도율이가 말한 것과 같이 생활 주변에서 몇백만의 수가 사용된 예를 찾아 문장으로 나타내세요.

창의형

> 텔레비전의
> 가격은
> 120만 원이야.

도율

문장

23 공장에서 연필 6250000자루를 상자에 담으려고 합니다. 한 상자에 연필을 10000자루씩 담는다면 모두 몇 상자에 담을 수 있을까요?

(   )

유형 09 천만 단위 수의 각 자리의 숫자가 나타내는 값 알아보기

예제 밑줄 친 숫자가 나타내는 값을 쓰세요.

> 3452<u>8</u>000

(   )

풀이 밑줄 친 숫자 5는 [   ]의 자리 숫자입니다.

→ 나타내는 값: [   ]

24 420010을 각 자리의 숫자가 나타내는 값의 합으로 나타내세요.

중요★

420010

= [   ] + [   ] + 10

25 만의 자리 숫자가 다른 하나를 찾아 ○표 하세요.

> 1856309   562800   칠천십육만

26 숫자 7이 나타내는 값이 가장 작은 것을 찾아 기호를 쓰세요.

> ㉠ 4795203 ㉡ 3278914
> ㉢ 79803451 ㉣ 27139650

( )

27 다음 수에서 ㉠이 나타내는 값은 ㉡이 나타내는 값의 몇 배인지 풀이 과정을 쓰고, 답을 구하세요.

(서술형)

$$\underset{㉠\qquad\quad㉡}{32583690}$$

(1단계) ㉠, ㉡이 나타내는 값 각각 구하기

_____

_____

(2단계) ㉠이 나타내는 값은 ㉡이 나타내는 값의 몇 배인지 구하기

_____

답 _____

+플러스
유형
10 **수로 나타낼 때 0의 개수 구하기**

예제 다음을 수로 나타낼 때 0은 모두 몇 개일까요?

> 사백만 팔천일

( )

풀이 사백만 팔천일 ➡ 400만 ▢

➡ ▢

따라서 0은 모두 ▢ 개입니다.

28 다음을 수로 나타낼 때 0의 개수가 더 적은 것에 △표 하세요.

> 구천삼십만

> 구백만 이십

( ) ( )

29 다음 기사에서 밑줄 친 부분을 수로 나타내었을 때 0은 모두 몇 개일까요?

> **2017년 프로 야구 관중 '역대 1위'**
>
> 2017년 프로 야구 관중은 팔백사십만 육백팔십팔 명으로, 역대 가장 많은 관중을 불러 모은 것으로 조사됐습니다.

( )

+플러스
유형
11 **수 카드로 수 만들기**

예제 수 카드 2 , 6 , 8 , 0 , 5 로 수를 만들려고 합니다. 만들 수 있는 수에 ○표 하세요.

> 팔만 육백오십이 ( )

> 오만 팔천이백십육 ( )

풀이 팔만 육백오십이 → ▢

오만 팔천이백십육 → ▢

➡ 만들 수 있는 수: ▢

30 삼십일만 육천칠백구십사를 수로 나타낼 때 필요 없는 수 카드에 ×표 하세요.

31 수 카드를 모두 한 번씩 사용하여 여섯 자리 수를 만들고, 읽어 보세요.
창의형

수 (   )

읽기 (   )

32 리아와 준호가 수 카드를 모두 한 번씩 사용하여 일곱 자리 수를 만들었습니다. 십만의 자리 숫자가 70만을 나타내는 수를 만든 사람의 이름을 쓰세요.
중요★

(   )

33 수 카드 ⬜1⬜, ⬜6⬜, ⬜3⬜, ⬜0⬜, ⬜4⬜ 를 모두 한 번씩 사용하여 천의 자리 수가 3이고 일의 자리 수가 4인 다섯 자리 수를 만들려고 합니다. 만들 수 있는 수는 모두 몇 개일까요?

(   )

+플러스
유형
12 **돈의 총합 구하기**

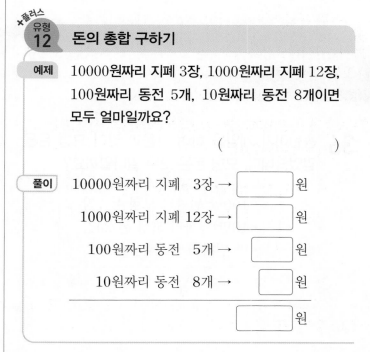

예제 10000원짜리 지폐 3장, 1000원짜리 지폐 12장, 100원짜리 동전 5개, 10원짜리 동전 8개이면 모두 얼마일까요?

(   )

풀이   10000원짜리 지폐 3장 → ⬜ 원

1000원짜리 지폐 12장 → ⬜ 원

100원짜리 동전 5개 → ⬜ 원

10원짜리 동전 8개 → ⬜ 원

⬜ 원

34 다음은 지수가 동생 선물을 사기 위해 저금통에 돈을 모은 것입니다. 지수가 모은 돈은 모두 얼마일까요?

(   )

1
단원

35 규민이와 연서가 가지고 있는 돈은 모두 얼마일까요?

50000원짜리 지폐 4장이 있어.

10000원짜리 지폐 31장, 1000원짜리 지폐 6장이 있어.

규민

연서

(   )

36 송현이가 게임을 하여 다음과 같이 모형 돈을 얻었습니다. 모형 돈은 모두 얼마일까요?

• 100만 원짜리 모형 돈 7장
• 10만 원짜리 모형 돈 24장
• 만 원짜리 모형 돈 45장

(   )

+플러스
유형 **13** **돈을 지폐나 수표로 바꾸기**

예제 420000원을 만 원짜리 지폐로 모두 바꾸면 만 원짜리 지폐 몇 장으로 바꿀 수 있을까요?

(   )

풀이 420000 → ☐ 만 → 만이 ☐ 개인 수

420000원은 만 원짜리 지폐 ☐ 장으로 바꿀 수 있습니다.

37 8724만 원을 만 원짜리 지폐로 모두 바꾸려고 합니다. 만 원짜리 지폐 몇 장으로 바꿀 수 있을까요?

(중요)

(   )

38 은행에 예금한 돈 35120000원을 찾으려고 합니다. 이 돈을 수표로 찾을 때 10만 원짜리 수표로 몇 장까지 찾을 수 있을까요?

(   )

39 10만 원짜리 수표 27장, 5만 원짜리 지폐 8장이 있습니다. 이 돈을 100만 원짜리 수표로 바꾼다면 몇 장까지 바꿀 수 있는지 풀이 과정을 쓰고, 답을 구하세요.

(서술형)

1단계 돈은 모두 얼마인지 구하기

_____

_____

2단계 100만 원짜리 수표로 몇 장까지 바꿀 수 있는지 구하기

_____

_____

답 _____

1 STEP 개념 확인하기

4 억과 조 알아보기

억, 조 알아보기

- 1000만이 10개인 수 → 쓰기 1|0000|0000 또는 1억 ┌0이 8개
  읽기 억 또는 일억

- 1000억이 10개인 수 → 쓰기 1|0000|0000|0000 또는 1조 ┌0이 12개
  읽기 조 또는 일조

1억이 10개인 수 →	10억
1억이 100개인 수 →	100억
1억이 1000개인 수 →	1000억

1조가 10개인 수 →	10조
1조가 100개인 수 →	100조
1조가 1000개인 수 →	1000조

억 단위, 조 단위의 수 알아보기

- 1억이 2568개인 수

  쓰기 2568|0000|0000 또는 2568억

  읽기 이천오백육십팔억

  25680000000 = 200000000000 + 50000000000
  + 6000000000 + 800000000

- 1조가 6427개인 수

  쓰기 6427|0000|0000|0000 또는 6427조

  읽기 육천사백이십칠조

  6427000000000000
  = 6000000000000000 + 400000000000000
  + 20000000000000 + 7000000000000

일, 만, 억, 조 사이의 관계

[01~04] ☐ 안에 알맞은 수를 써넣으세요.

01 1억 → 1000만이 ☐ 개인 수

02 1조 → ☐ 억이 10개인 수

03 38500000000 → 1억이 ☐ 개인 수

→ ☐ 억

04 17000000000000 → 1조가 ☐ 개인 수

→ ☐ 조

[05~06] 다음을 보고 ☐ 안에 알맞은 수나 말을 써넣으세요.

6	8	5	2	3	1	9	4	0	0	0	0	0	0	0	0
천	백	십	일	천	백	십	일	천	백	십	일	천	백	십	일
			조				억				만				일

05 9는 ☐ 의 자리 숫자이고,

☐ 을 나타냅니다.

06 8은 ☐ 의 자리 숫자이고,

☐ 를 나타냅니다.

5 뛰어 세기

몇씩 뛰어 세기

• 10000씩 뛰어 세기

15000 — 25000 — 35000 — 45000 — 55000

만의 자리 수가 **1**씩 커집니다.

• 10억씩 뛰어 세기

2531억 — 2541억 — 2551억 — 2561억 — 2571억

십억의 자리 수가 **1**씩 커집니다.

뛰어 센 규칙 찾기

5423조 — 5523조 — 5623조 — 5723조 — 5823조

백조의 자리 수가 **1**씩 커지므로 **100조**씩 뛰어 세었습니다.

뛰어 셀 때 변하는 자리의 수가 9이면 다음 뛰어 센 수는 바로 윗자리 수가 1 커지고 그 자리 수는 0이 됩니다.

1 커집니다.

예) 582만 — 592만 — 602만

0이 됩니다.

거꾸로 뛰어 세면 뛰어 세는 자리의 수가 1씩 작아집니다.

예) 85만 — 75만 — 65만 — 55만

---

01 10000씩 뛰어 세어 보세요.

28400 — 38400 — 48400 —

☐ — 68400 — ☐

02 100억씩 뛰어 세어 보세요.

305억 — 405억 — ☐ —

☐ — 705억 — ☐

03 10조씩 뛰어 세어 보세요.

172조 — 182조 — 192조 —

☐ — ☐ — 222조

[04~06] 뛰어 센 것을 보고 ☐ 안에 알맞은 수를 써넣으세요.

04

557만 — 567만 — 577만 — 587만

☐ 씩 뛰어 세었습니다.

05

62억 — 63억 — 64억 — 65억

☐ 씩 뛰어 세었습니다.

06

441조 — 541조 — 641조 — 741조

☐ 씩 뛰어 세었습니다.

6 수의 크기 비교하기

자리 수가 다른 두 수의 크기 비교

자리 수가 많은 쪽이 더 큽니다.

124832 > 53048
6자리 수 　 5자리 수

자리 수가 같은 두 수의 크기 비교

높은 자리의 수부터 차례로 비교하여 수가 큰 쪽이 더 큽니다.

450687 > 437892
5>3

수의 크기 비교
두 수의 자리 수를 먼저 비교합니다.
① 자리 수가 다르면
→ 자리 수가 많은 쪽이 더 큰 수
② 자리 수가 같으면
→ 높은 자리의 수가 큰 쪽이 더 큰 수

[01~02] 두 수의 크기를 비교하려고 합니다. □ 안에 알맞은 수를 써넣고, ○ 안에 >, <를 알맞게 써넣으세요.

01

485714 ○ 3393482

자리 수를 비교하면 485714는 □자리 수이고, 3393482는 □자리 수입니다.

02

63105 ○ 63072
1 ○ 0

두 수는 모두 □자리 수이므로 높은 자리의 수부터 차례로 비교합니다.

03 두 수의 크기를 비교하여 ○ 안에 >, <를 알맞게 써넣으세요.

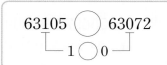

3755000 ○ 3763000

[04~05] □ 안에 알맞은 수를 써넣고, 크기를 비교하여 ○ 안에 >, <를 알맞게 써넣으세요.

04
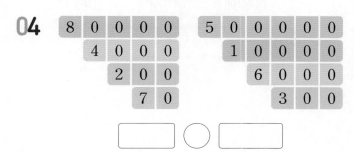

□ ○ □

05
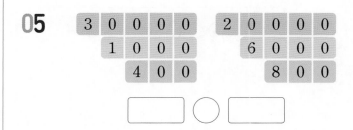

□ ○ □

06 두 수의 크기를 비교하여 알맞은 말에 ○표 하세요.

54360781　　54283917

54360781은 54283917보다 더 (큽니다 , 작습니다).

유형 14 억과 조 알아보기

예제 1억은 9900만보다 몇만큼 더 큰 수일까요?

(   )

풀이

1억
- 9000만보다 □만큼 더 큰 수
- 9900만보다 □만큼 더 큰 수
- 9990만보다 □만큼 더 큰 수
- 9999만보다 □만큼 더 큰 수

01 빈칸에 알맞은 수를 써넣으세요.

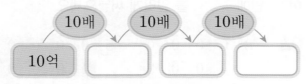

10억 [10배] → □ [10배] → □ [10배] → □

02 ♣에 알맞은 수를 구하세요.

10조는 1000억이 ♣개인 수

(   )

03 1000억을 나타내는 수를 찾아 기호를 쓰세요.

㉠ 1억이 10000개인 수
㉡ 1000만을 10000배 한 수
㉢ 9900억보다 100억만큼 더 큰 수

(   )

04 1조에 대해 바르게 설명한 사람의 이름을 쓰세요.

영호: 1억의 1000배
주은: 1000억의 10배
세한: 1000만의 1000배

(   )

유형 15 천조 단위의 수 알아보기

예제 다음을 수로 나타내세요.

억이 6096개, 만이 4875개인 수

(   )

풀이 억이 6096개, 만이 4875개인 수

→ □억 □만

→ □

05 〈보기〉와 같이 나타내세요.

〈보기〉
432556972710000
→ 432조 5569억 7271만

8625456839610000

→ _____

06 ■에 알맞은 수를 구하세요.

1조가 ■개이면 14000000000000입니다.

(   )

07 모형 돈은 모두 얼마인지 풀이 과정을 쓰고, 답을 구하세요.
(서술형)

> • 1조 원짜리 모형 돈 814장
> • 1억 원짜리 모형 돈 24장
> • 1만 원짜리 모형 돈 70장

1단계 각 단위의 모형 돈이 얼마인지 구하기

_____

_____

2단계 모형 돈은 모두 얼마인지 구하기

_____

_____

답 _____

유형 **16** 천조 단위의 수 쓰고 읽기

예제 설명하는 수를 쓰고, 읽어 보세요.

> 조가 6230개, 억이 95개인 수

쓰기 ( )
읽기 ( )

풀이 조가 6230개, 억이 95개인 수

→ [   ]조 [   ]억

→ [   ]

수를 네 자리씩 끊어 읽으면

[   ]입니다.

---

08 수를 읽어 보세요.
(중요★)

862500000000

( )

---

09 수로 나타내세요.

> 삼백팔십조

( )

---

10 702103100000000을 잘못 읽은 사람의 이름을 쓰세요.

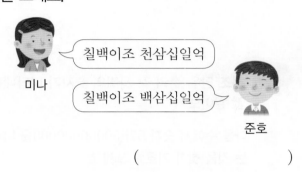

미나: 칠백이조 천삼십일억
준호: 칠백이조 백삼십일억

( )

유형 **17** 실생활 속 천조 단위의 수 알아보기

예제 어느 게임 회사의 작년 수출액은 7000억 원이었습니다. 이 회사의 올해의 목표 수출액은 1조 원입니다. 작년보다 얼마를 더 수출해야 할까요?

( )

풀이 1조는 7000억보다 [   ]만큼 더 큰 수입니다.

→ 작년보다 [   ]원 더 수출해야 합니다.

---

11 다음에서 밑줄 친 금액을 수로 나타내세요.

> 2023년 우리나라 국방비 예산은
> 약 <u>오십칠조</u> 원입니다.

( )

12 리아의 설명을 읽고 태양에서 목성까지의 거리는 약 몇 km인지 읽어 보세요.

리아

> 태양에서 목성까지의 거리는 약 778340000 km야.

약 (   ) km

유형 18 **천조 단위 수의 각 자리의 숫자가 나타내는 값 알아보기**

예제 다음 수에서 숫자 5가 <u>50000000000</u>을 나타내는 것을 찾아 기호를 쓰세요.

$$5\underset{㉠}{3}05\underset{㉡}{1}5\underset{㉢}{2}84\underset{㉣}{5}0000$$

(   )

풀이   5 3 0 5 1 5 2 8 4 5 0 0 0 0
     십조   백억 억   만

숫자 5가 □억을 나타내는 것은

□의 자리 숫자인 □입니다.

13 수를 보고 □ 안에 알맞은 수나 말을 써넣으세요.

중요★

547102000000

- 억의 자리 숫자는 □입니다.
- □의 자리 숫자는 5입니다.
- 7은 □을 나타냅니다.

---

14 관계있는 것끼리 이어 보세요.

(1)   9236조 1845억 •

(2)   13405700000000 •

• 숫자 3은 30조를 나타냅니다.

• 숫자 3은 3조를 나타냅니다.

15 조가 8073개, 억이 1529개, 만이 2635개인 수에서 십조의 자리 숫자는 무엇인지 구하세요.

(   )

16 다음 중 숫자 6이 나타내는 값이 가장 큰 수를 찾아 기호를 쓰려고 합니다. 풀이 과정을 쓰고, 답을 구하세요.

서술형

> ㉠ 236489470132
> ㉡ 648513210729
> ㉢ 6932408472174

1단계 각 수에서 숫자 6이 나타내는 값 구하기

_____

_____

2단계 숫자 6이 나타내는 값이 가장 큰 수 찾기

_____

답 _____

1 단원

+플러스 유형 19 수로 나타낼 때 0의 개수 구하기

예제 다음을 12자리 수로 나타낼 때 0은 모두 몇 개일까요?

> 억이 4903개, 만이 1007개인 수

( )

풀이 억이 4903개, 만이 1007개인 수

→ ☐억 ☐만

→ ☐

→ 0의 개수: ☐개

17 다음을 〈보기〉와 같이 수로 나타낼 때 0은 모두 몇 개일까요?

〈보기〉
> 육십조 이백억 → 60020000000000

> 사백일조 구천오십억

( )

18 다음은 서율이가 삼엽충에 대해 조사한 것입니다. 밑줄 친 부분을 수로 나타내었을 때 0은 모두 몇 개일까요?

고생대의 대표 동물인 삼엽충은 <u>오억 사천만</u>년 전에 처음 출현했습니다.

( )

19 (서술형) 수로 나타내었을 때 0의 개수가 더 많은 것의 기호를 쓰려고 합니다. 풀이 과정을 쓰고, 답을 구하세요.

> ㉠ 십이억 팔천팔만
> ㉡ 사백육십억 삼십만

[1단계] ㉠, ㉡을 각각 수로 나타내어 0의 개수 구하기

_____

[2단계] 0의 개수가 더 많은 것 찾기

_____

답 _____

+플러스 유형 20 10배, 100배, 1000배, 10000배 한 수 구하기

예제 4억을 100배 한 수에 ○표, 10000배 한 수에 △표 하세요.

> 400억 4000억 4조

풀이 4억 —100배→ ☐00000000 = ☐억

4억 —10000배→ ☐00000000 = ☐조

20 300억을 10배 한 수와 100배 한 수를 각각 구하세요.

10배 한 수 ( )
100배 한 수 ( )

21 ㉮는 ㉯의 몇 배일까요?

> ㉮ 61975000000000
> ㉯ 6197500000

(   )

+플러스
유형 21 **나타내는 값이 몇 배인지 구하기**

예제 다음 수에서 숫자 8이 나타내는 값은 80000의 몇 배일까요?

> 4806200000

(   )

풀이 4806200000에서 숫자 8이 나타내는 값은

[   ]이므로

80000의 [   ]배입니다.

22 다음 수에서 ㉠이 나타내는 값은 ㉡이 나타내는 값의 몇 배일까요?
중요★

> 2595623417804930
>   ㉠   ㉡

(   )

23 두 수에서 ㉠이 나타내는 값은 ㉡이 나타내는 값의 몇 배인지 풀이 과정을 쓰고, 답을 구하세요.
서술형

> 15268701000   9040712520036
>   ㉠   ㉡

[1단계] ㉠, ㉡이 나타내는 값 구하기

_____

_____

[2단계] ㉠이 나타내는 값은 ㉡이 나타내는 값의 몇 배인지 구하기

_____

_____

답 _____

유형 22 **뛰어 세기**

예제 10만씩 뛰어 셀 때 ㉠에 알맞은 수를 구하세요.

> 832만   852만   ㉠
>   842만   [   ]

(   )

풀이 10만씩 뛰어 세면 [   ]의 자리 수가 1씩 커집니다.

832만 — 842만 — 852만 — [   ] —

— [   ]

24 1억씩 뛰어 세어 보세요.

17억   18억   19억   [   ]   [   ]

25 몇씩 뛰어 세었는지 알맞은 것에 ○표 하세요.

6350억 — 6370억 — 6390억 —
— 6410억 — 6430억 — 6450억

(10억씩 , 20억씩 , 200억씩)

26 세윤이는 10000씩 뛰어 세기를 하려고 합니다. ♥에 알맞은 수를 구하세요.

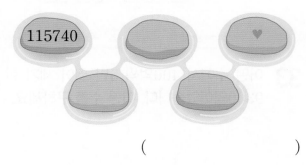

115740

(   )

27 빈칸에 알맞은 수를 써넣으세요.

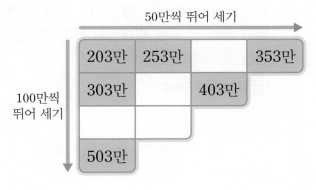

50만씩 뛰어 세기 →

203만	253만		353만
303만		403만	
503만			

100만씩 뛰어 세기 ↓

28 9억 4500만에서 100만씩 4번 뛰어 센 수를 구하세요.

(   )

유형 23 규칙을 찾고 뛰어 세기

예제 규칙에 따라 빈칸에 알맞은 수를 써넣으세요.

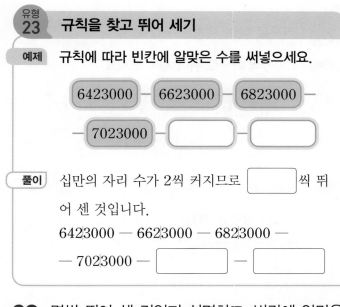

6423000 — 6623000 — 6823000 —
— 7023000 — [　　] — [　　]

풀이 십만의 자리 수가 2씩 커지므로 [　　]씩 뛰어 센 것입니다.

6423000 — 6623000 — 6823000 —
— 7023000 — [　　] — [　　]

29 몇씩 뛰어 센 것인지 설명하고, 빈칸에 알맞은 수를 써넣으세요.

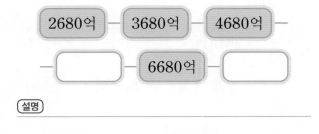

2680억 — 3680억 — 4680억 —
— [　　] — 6680억 — [　　]

설명

---

30 규칙에 따라 ◆과 ★에 알맞은 수를 각각 구하세요.

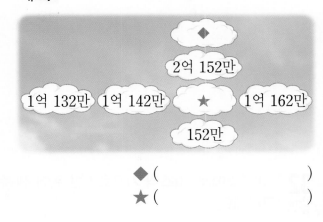

◆

2억 152만

1억 132만   1억 142만   ★   1억 162만

152만

◆ (   )
★ (   )

거기 네 자리 아냐!

226조

125조 — 126조 — [　　] — 128조

STEP 2 유형 다잡기

+플러스 유형 24 거꾸로 뛰어 세기

예제 100만씩 거꾸로 뛰어 세어 보세요.

905만 — 805만 — ☐

☐ — 505만 — ☐

풀이 100만씩 거꾸로 뛰어 세면 ☐ 의 자리 수가 1씩 작아집니다.

905만 — 805만 — ☐ —

— ☐ — 505만 — ☐

31 뛰어 센 규칙을 바르게 말한 사람의 이름을 쓰세요.

2514억 — 2513억 — 2512억 —

— 2511억 — 2510억 — 2509억

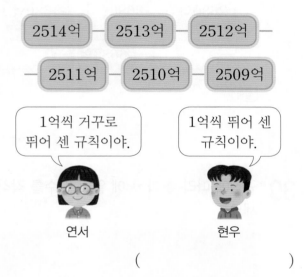

1억씩 거꾸로 뛰어 센 규칙이야.

연서

1억씩 뛰어 센 규칙이야.

현우

(   )

32 4027조에서 10조씩 거꾸로 5번 뛰어 센 수를 구하세요.

중요★

(   )

+플러스 유형 25 뛰어 세기에서 어떤 수 구하기

예제 어떤 수에서 10만씩 뛰어 세기를 3번 했더니 다음과 같았습니다. 빈칸에 알맞은 수를 써넣으세요.

☐ → ☐ → ☐ → 6824만

(10만) (10만) (10만)

풀이 6824만에서 ☐ 씩 거꾸로 뛰어 셉니다.

6824만 — ☐ — ☐ —

— ☐

33 어떤 수에서 400억씩 5번 뛰어 세기 한 수가 9300억이었습니다. 어떤 수를 구하세요.

(   )

34 어떤 수에서 1000만씩 4번 뛰어 세어야 하는데 잘못하여 100만씩 4번 거꾸로 뛰어 세었더니 2억 8770만이 되었습니다. 어떤 수에서 바르게 뛰어 센 수는 얼마인지 풀이 과정을 쓰고, 답을 구하세요.

서술형

1단계 어떤 수 구하기

_____

_____

_____

2단계 어떤 수에서 바르게 뛰어 센 수 구하기

_____

_____

답 ☐

+플러스 유형 26 정해진 수까지 뛰어 센 횟수 구하기

예제 예슬이네 가족이 제주도 여행을 가기 위해 매월 20만 원씩 모으기로 했습니다. 2월까지 60만 원을 모았다면 모은 돈이 120만 원이 되는 때는 몇 월일까요?

( )

풀이 매월 20만 원씩 모으므로 20만 원씩 뛰어 세어 봅니다.

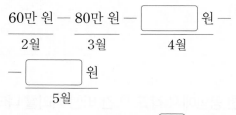

60만 원 — 80만 원 — ☐ 원 —
　　2월　　　3월　　　　4월

— ☐ 원
　　5월

→ 120만 원이 되는 때는 ☐ 월입니다.

35 1억 4500만에서 1000만씩 몇 번 뛰어 세기를 하면 2억 1500만이 되는지 구하세요.

( )

36 주경이가 모은 돈이 15만 원이 되는 때는 몇 월일까요?

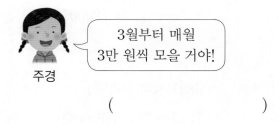

3월부터 매월 3만 원씩 모을 거야!

주경

( )

+플러스 유형 27 수직선에서 나타내는 수 구하기

예제 수직선에서 ㉠에 알맞은 수를 구하세요.

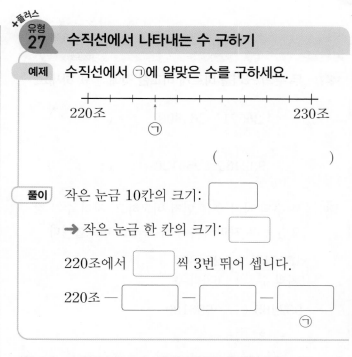

220조　　　　　　　　　　230조
　　　　㉠

( )

풀이 작은 눈금 10칸의 크기: ☐

→ 작은 눈금 한 칸의 크기: ☐

220조에서 ☐ 씩 3번 뛰어 셉니다.

220조 — ☐ — ☐ — ☐
　　　　　　　　　　　　㉠

37 수직선에서 ☐ 안에 들어갈 수를 구하세요.

5조　　　　　☐　　　　　6조

( )

38 서술형 수직선을 보고 ㉠에 알맞은 수를 구하려고 합니다. 풀이 과정을 쓰고, 답을 구하세요.

　　130억　　　　　　　140억
㉠

[1단계] 작은 눈금 한 칸의 크기 구하기

_____

_____

[2단계] ㉠에 알맞은 수 구하기

_____

_____

_____

답 _____

유형 28 두 수의 크기 비교하기

예제 두 수의 크기를 바르게 비교한 것에 ◯표 하세요.

26571 > 264803   (   )

932465 < 956120   (   )

풀이 두 수의 자리 수를 먼저 비교하고, 자리 수가 같으면 높은 자리의 수부터 차례로 비교합니다.

$\underbrace{26571}_{\text{5자리 수}}$ ◯ $\underbrace{264803}_{\text{6자리 수}}$

932465 ◯ 956120
└── 3 ◯ 5 ──┘

39 두 수의 크기를 비교하여 ◯ 안에 >, <를 알맞게 써넣고, 알맞은 말에 ◯표 하세요.

(1) 2731928 ◯ 269814

→ 2731928은 269814보다 더 (큽니다 , 작습니다).

(2) 214조 9210억 ◯ 231조 80억

→ 214조 9210억은 231조 80억보다 더 (큽니다 , 작습니다).

40 더 큰 수의 기호를 쓰세요.
(중요★)

㉠ 421602389157
㉡ 424993150587

(   )

41 수의 크기를 비교하는 방법을 잘못 말한 사람의 이름을 쓰고, 그 이유를 쓰세요.
(서술형)

윤재: 비교하는 두 수의 자리 수가 다르면 자리 수가 많은 쪽이 더 큰 수야.
선아: 비교하는 두 수의 자리 수가 같으면 일의 자리 수부터 차례로 비교해.

(이름) _____

(이유) _____
_____

42 인천 공항에서 각 도시 간 비행 거리를 나타낸 것입니다. 비행 거리가 더 짧은 도시를 구하세요.

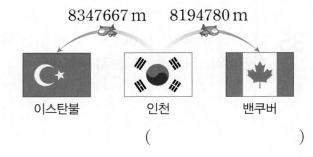

8347667 m   8194780 m

이스탄불   인천   밴쿠버

(   )

유형 29 여러 수의 크기 비교하기

예제 가장 큰 수를 찾아 기호를 쓰세요.

㉠ 5821390
㉡ 72156803
㉢ 72200563

(   )

풀이 ㉠ 5821390(7자리 수)

㉡ 72156803(☐ 자리 수)

㉢ 72200563(☐ 자리 수)

자리 수가 더 많은 ㉡과 ㉢을 비교하면

72156803 ◯ 72200563입니다.

43 큰 수부터 차례로 ◯ 안에 1, 2, 3을 써넣으세요.

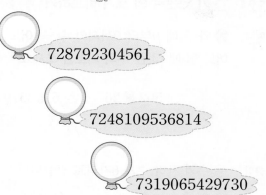

728792304561

7248109536814

7319065429730

44 글을 읽고 ㉠~㉣ 중 가장 작은 수를 찾아 기호를 쓰세요.

○○학교 신문

이웃 돕기 사랑 나눔 운동으로 한 해 동안 학년별로 아래와 같이 모금하였습니다.
3학년: ㉠ 9786100원
4학년: ㉡ 10079400원
5학년: ㉢ 7513000원
6학년: ㉣ 11426000원

(   )

유형 30 **형태가 다른 수의 크기 비교하기**

예제   두 수의 크기를 비교하여 ◯ 안에 >, <를 알맞게 써넣으세요.

41조 ◯ 4937100000000

풀이   4937100000000 → ☐조 ☐억

→ 41조 ◯ ☐조 ☐억

45 두 수의 크기를 비교하여 더 작은 수에 색칠해 보세요.

삼조 이천팔억   3208051436849

46 가장 큰 수를 찾아 ◯표 하세요.

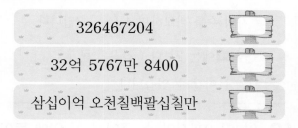

326467204

32억 5767만 8400

삼십이억 오천칠백팔십칠만

47 가장 작은 수를 가지고 있는 사람은 누구인지 풀이 과정을 쓰고, 답을 구하세요.

(서술형)

은서	조가 2개, 억이 40개인 수
태우	2600억이 10개인 수
윤하	28억 500만을 1000배 한 수

1단계 수를 같은 형태로 나타내기

_____

_____

_____

2단계 가장 작은 수를 가지고 있는 사람 구하기

_____

_____

답 _____

+플러스 유형 31 크기 비교에서 ☐ 안에 알맞은 수 구하기

예제 0부터 9까지의 수 중에서 ■에 들어갈 수 있는 수를 모두 구하세요.

$$562426 > 56■702$$

( )

풀이 십만의 자리, 만의 자리 수가 서로 같고, 백의 자리 수를 비교하면 4 ◯ 7입니다.

→ ■에는 2보다 (작은 , 큰) ☐ , ☐ 이 들어갈 수 있습니다.

48 0부터 9까지의 수 중에서 ☐ 안에 들어갈 수 있는 수를 모두 구하세요.

$$6☐37829014 < 6459810346$$

( )

49 0부터 9까지의 수 중에서 ㉠에 들어갈 수 있는 수는 모두 몇 개인지 풀이 과정을 쓰고, 답을 구하세요.

서술형

$$236962815 < 2369㉠7841$$

(1단계) ㉠에 들어갈 수 있는 수 구하기

_____

_____

_____

(2단계) ㉠에 들어갈 수 있는 수의 개수 구하기

_____

_____

_____

답 _____

+플러스 유형 32 ☐가 있는 수의 크기 비교하기

예제 ●와 ▲에 0부터 9까지의 수 중 어느 수를 넣어도 될 때 더 큰 수의 기호를 쓰세요.

㉠ 502●26   ㉡ 5▲3570

( )

풀이 두 수의 자리 수가 6자리로 같습니다.

㉠의 ●에 가장 큰 수 ☐ 를 넣고,

㉡의 ▲에 가장 작은 수 ☐ 을 넣어도

(㉠ , ㉡)이 더 큽니다.

50 ☐ 안에 0부터 9까지의 수 중 어느 수를 넣어도 됩니다. 두 수의 크기를 비교하여 ◯ 안에 >, <를 알맞게 써넣으세요.

$$47542013☐5 \bigcirc 47542☐1397$$

51 ☐ 안에 0부터 9까지의 수 중 어느 수를 넣어도 될 때 더 큰 수의 기호를 쓰세요.

㉠ 137948☐56200
㉡ 137☐4802☐569

( )

+플러스

유형 33 조건을 만족하는 수 구하기

예제 1부터 6까지의 수를 모두 한 번씩만 사용하여 만들 수 있는 여섯 자리 수 중 가장 큰 수를 구하세요.

(   )

풀이 만들 수 있는 가장 큰 수는 높은 자리부터 (큰 , 작은) 수를 차례로 놓습니다.

➡ 만들 수 있는 가장 큰 수: ☐

---

52 다음 수 카드를 모두 한 번씩만 사용하여 만들 수 있는 다섯 자리 수 중 백의 자리 수가 8인 가장 작은 수를 구하세요.
중요★

| 2 | 4 | 8 | 3 | 7 |

(   )

---

53 다음 수 카드를 모두 한 번씩 사용하여 4억보다 큰 수를 만들어 보세요.
창의형

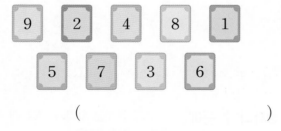

| 9 | 2 | 4 | 8 | 1 |
| 5 | 7 | 3 | 6 | |

(   )

---

54 다음 조건을 모두 만족하도록 ☐ 안에 수를 써 넣어 여섯 자리 수를 완성해 보세요.

☐8☐713

- 50만보다 크고 60만보다 작은 수입니다.
- 각 자리의 숫자는 모두 다릅니다.
- 1부터 9까지의 수만 들어갑니다.
- 천의 자리 수는 홀수입니다.

---

55 다음 조건을 모두 만족하는 다섯 자리 수를 구하세요.

- 4부터 8까지의 수를 한 번씩 사용하였습니다.
- 7만보다 크고 8만보다 작은 수입니다.
- 백의 자리 수는 홀수입니다.
- 천의 자리 수는 십의 자리 수보다 작고, 십의 자리 수는 일의 자리 수보다 작습니다.

(   )

1 단원

1 거리 비교하기

다음은 호영이네 집에서 각 장소까지 떨어진 거리를 나타낸 것입니다. 호영이네 집에서 가까운 곳부터 차례로 쓰세요.

놀이공원
26741 m

동물원
2만 950 m

식물원
16400 m

( )

2 만의 자리 수 비교하기 (서술형)

다음을 수로 나타내었을 때, 만의 자리 수가 큰 것부터 차례로 기호를 쓰려고 합니다. 풀이 과정을 쓰고, 답을 구하세요.

> ㉠ 이천사백오십칠만
> ㉡ 953200을 100배 한 수
> ㉢ 1만이 8436개인 수보다 50000만큼 더 큰 수

[풀이]

_____

_____

_____

_____

[답]

3 조건에 알맞은 가장 작은 수 만들기

다음 수 카드를 한 번씩 모두 사용하여 만들 수 있는 8자리 수 중에서 만의 자리 수가 7이고 백만의 자리 수가 4인 가장 작은 수를 구하세요.

 2 4 9 3 7 0 5 8

( )

수가 정해진 자리가 있을 때 가장 작은 수를 만들려면?

• 정해진 자리에 수를 놓고 가장 높은 자리부터 작은 수를 차례로 놓습니다.
• 0은 가장 높은 자리에 올 수 없습니다.

어떤 수 구하기

4 ⟨서술형⟩ 어떤 수를 1000배 한 후 그 수를 다시 10배 하였더니 5498억이 되었습니다. 어떤 수는 얼마인지 풀이 과정을 쓰고, 답을 구하세요.

⟨풀이⟩

답

거꾸로 뛰어 세어 매출액 구하기

5 어느 회사의 올해 매출액은 28억 1500만 원입니다. 매년 매출액이 5000만 원씩 늘어났다면 6년 전의 매출액은 얼마였는지 구하세요.

(   )

숫자가 가려진 수의 크기 비교하기

6 각 10자리 수에서 숫자가 하나씩 가려져 있습니다. 큰 수부터 차례로 기호를 쓰세요.

> ㉠ 4205✿18617
> ㉡ 71946✿3015
> ㉢ 42✿6390528
> ㉣ 71✿2548305

(   )

해결 tip

어떤 수를 10배, 100배, 1000배 하면?

■를   10배 하면   ■0
■를 100배 하면 ■00
■를 1000배 하면 ■000

⌐ 곱하는 수의 0의 개수만큼 ⌐ 수의 끝자리 뒤에 0을 붙여.

숫자가 가려진 수의 크기를 비교하려면?

가려진 숫자 자리에 가장 큰 수나 가장 작은 수를 넣어 비교합니다.

295 ? 2●2
● = 0 → 295 > 202
● = 9 → 295 > 292

전체 금액을 알고 조 단위로 나타내기

7 다음과 같이 모형 돈이 있습니다. 이 돈을 10조 원짜리 모형 돈으로 바꾼다면 몇 장까지 바꿀 수 있는지 구하세요.

모형 돈(원)	장수(장)
1000조	7
100조	14
10조	20
1조	13

(1) 모형 돈은 모두 얼마일까요?

( )

(2) 바꿀 수 있는 10조 원짜리 모형 돈은 모두 몇 장일까요?

( )

■에 가장 가까운 수 구하기

8 0부터 9까지의 수 중 9개를 골라 한 번씩 사용하여 만들 수 있는 9 자리 수 중에서 6억에 가장 가까운 수를 구하세요.

(1) 억의 자리 수가 6인 가장 작은 수를 구하세요.

( )

(2) 억의 자리 수가 5인 가장 큰 수를 구하세요.

( )

(3) 6억에 가장 가까운 수를 구하세요.

( )

해결 tip

■에 가장 가까운 수는?

① ■보다 크면서 가장 작은 수
② ■보다 작으면서 가장 큰 수
→ ■와의 차가 더 작은 쪽이 ■에 가장 가까운 수입니다.

01 다음 중 10000에 대한 설명으로 <u>틀린</u> 것은 어느 것일까요? (   )

① 1000이 10개인 수입니다.
② 9000보다 1000만큼 더 큰 수입니다.
③ 9900보다 100만큼 더 큰 수입니다.
④ 9990의 10배입니다.
⑤ 9999보다 1만큼 더 큰 수입니다.

02 ☐ 안에 알맞은 수를 써넣으세요.

59241은
- 10000이 ☐ 개
- 1000이 ☐ 개
- 100이 ☐ 개
- 10이 ☐ 개
- 1이 ☐ 개

03 수를 각 자리의 숫자가 나타내는 값의 합으로 나타내세요.

498200000000

4982억
＝4000억＋ ☐ ＋ ☐ ＋ ☐

04 다음을 수로 나타내세요.

칠만 팔천오백삼십사

(   )

05 _{서술형} 리아가 40956을 읽은 것입니다. 잘못 읽은 이유를 쓰고, 바르게 읽어 보세요.

사만 천구백오십육

리아

이유

바르게 읽기

06 설명하는 수를 읽어 보세요.

조가 279개, 억이 8156개인 수

(   )

07 몇씩 뛰어 세었는지 쓰세요.

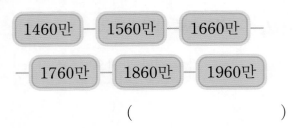

1460만 — 1560만 — 1660만 —

— 1760만 — 1860만 — 1960만

( )

08 두 수의 크기를 비교하여 ○ 안에 >, <를 알맞게 써넣으세요.

546조 970억 ○ 546조 6931억

09 287359에서 숫자 8은 어느 자리 숫자이고, 얼마를 나타내는지 쓰세요.

(,)

10 80000원짜리 뮤지컬 티켓을 사기 위해 매월 1일에 10000원씩 저금하여 이번 달 1일까지 40000원을 모았습니다. 모두 모으려면 몇 개월이 더 걸릴까요?

뮤지컬

티켓 80000원

( )

11 다음을 수로 나타내었을 때 0은 모두 몇 개일까요?

오백만 팔천

( )

12 어느 과자 회사의 5월의 판매량은 십이억 칠천삼십만 개였고, 6월의 판매량은 1208523000개였습니다. 5월과 6월 중 과자 판매량이 더 많은 달은 언제일까요?

( )

13 숫자 3이 나타내는 값이 가장 큰 것을 찾아 기호를 쓰려고 합니다. 풀이 과정을 쓰고, 답을 구하세요.
(서술형)

ㄱ 4513012　　ㄴ 71538604
ㄷ 13018759　　ㄹ 24307596

풀이

_____

_____

_____

_____

답

14 0부터 9까지의 수 중에서 □ 안에 들어갈 수 있는 수를 모두 구하세요.

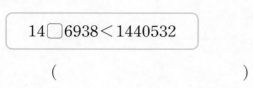
$$14\square6938 < 1440532$$

( )

15 다음 수에서 ㉠이 나타내는 값은 ㉡이 나타내는 값의 몇 배일까요?

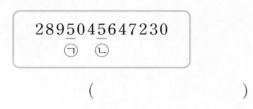
28950456 47230
   ㉠   ㉡

( )

16 뛰어 세기를 하였습니다. ■에 알맞은 수를 구하세요.

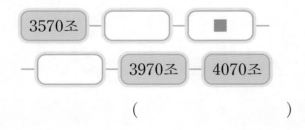
3570조 — [ ] — ■
— [ ] — 3970조 — 4070조

( )

17 수직선에서 ㉠에 알맞은 수를 구하세요.

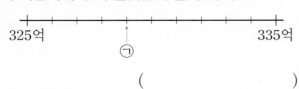
325억 ————— ↑ ————— 335억
            ㉠

( )

18 수 카드를 모두 한 번씩 사용하여 만들 수 있는 여섯 자리 수 중 만의 자리 수가 8인 가장 큰 수를 구하세요.

2 7 8 3 5 1

( )

19 ^{서술형} 은행에 예금한 돈 84164000원을 찾으려고 합니다. 만 원짜리 지폐로 몇 장까지 찾을 수 있는지 풀이 과정을 쓰고, 답을 구하세요.

풀이 _____

_____

_____

_____

답 _____

20 4부터 8까지의 수를 한 번씩 사용하여 다음 조건을 모두 만족하는 다섯 자리 수를 구하세요.

56300보다 크고 56500보다 작은 수야.

십의 자리 수는 짝수야.

규민   주경

( )

2

각도

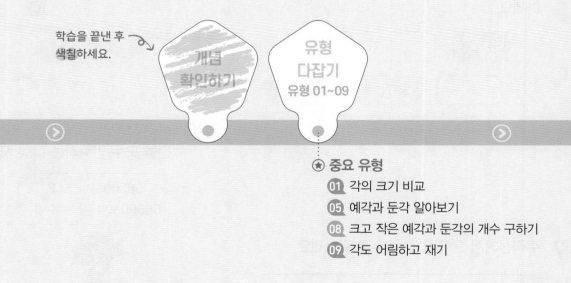

학습을 끝낸 후 색칠하세요.

개념
확인하기

유형
다잡기
유형 01~09

⌄ 이전에 배운 내용

[3-1] 평면도형

각, 직각 알아보기

직각삼각형 알아보기

직사각형, 정사각형 알아보기

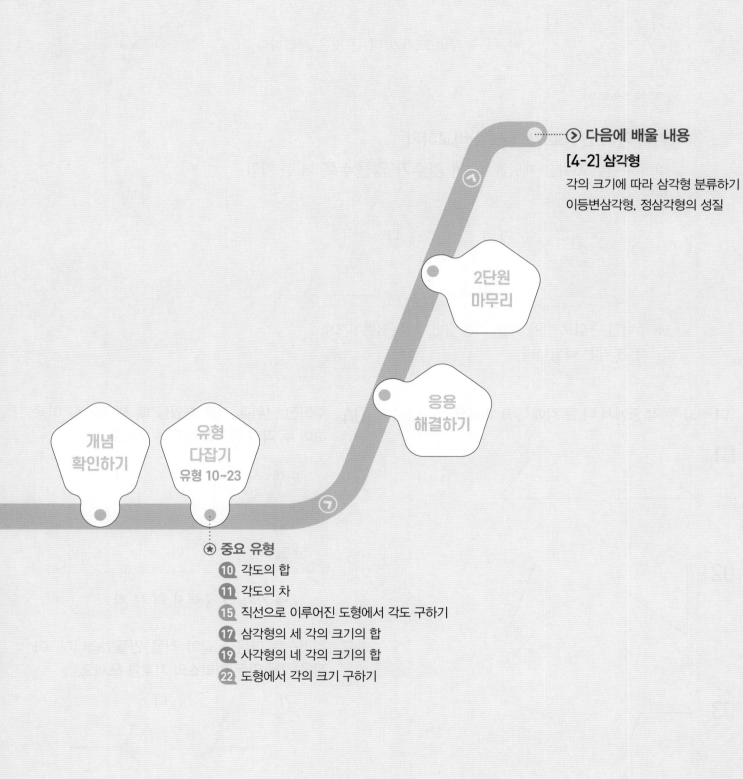

⦿········> 다음에 배울 내용

[4-2] 삼각형

각의 크기에 따라 삼각형 분류하기

이등변삼각형, 정삼각형의 성질

2단원 마무리

응용 해결하기

개념 확인하기

유형 다잡기 유형 10~23

1 각의 크기 비교

두 각의 크기 비교하기

두 변이 벌어진 정도가 클수록 더 큰 각입니다.

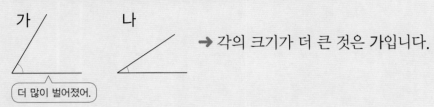

→ 각의 크기가 더 큰 것은 가입니다.

더 많이 벌어졌어.

각의 크기는 변의 길이나 각의 방향과 관계가 없습니다.

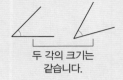

두 각의 크기는 같습니다.

여러 가지 단위로 각의 크기 비교하기

주어진 단위로 각을 재었을 때 **잰 횟수가 많을수록** 더 큰 각입니다.

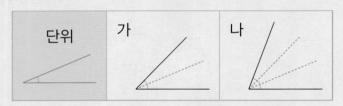

→ 주어진 단위로 각을 재면 가는 2번, 나는 3번이므로 더 큰 각은 나입니다.

[01~03] 두 각 중에서 더 큰 각에 ○표 하세요.

01

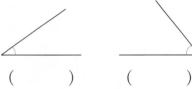

( )　　( )

02

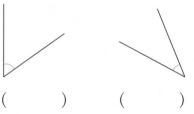

( )　　( )

03

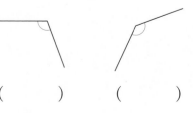

( )　　( )

04 주어진 단위로 각을 재었을 때 잰 횟수를 이용하여 두 각의 크기를 비교해 보세요.

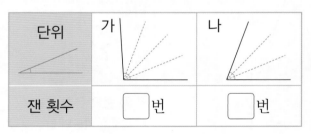

단위	가	나
잰 횟수	☐번	☐번

→ 가와 나 중에서 더 큰 각: ☐

05 컴퍼스로 다음과 같이 각을 만들었습니다. 더 작은 각을 만든 컴퍼스의 기호를 쓰세요.

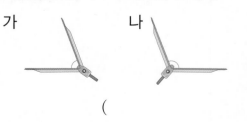

( )

2 각의 크기 재기

각도 알아보기

(1) **각도**: 각의 크기

(2) **1°**: 직각의 크기를 똑같이 90 으로 나눈 것 중 하나

쓰기 **1°**　　읽기 **1도**

(3) 직각의 크기: **90°**

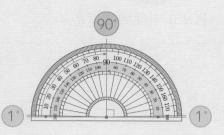

각도를 나타내는 단위
→ 도(°)

각도를 재는 도구
→ 각도기

각도기를 이용하여 각도 재기

① 각도기의 중심을 각의 꼭짓점에 맞춥니다.
② 각도기의 밑금을 각의 한 변에 맞춥니다.
③ 각의 나머지 변이 가리키는 각도기의 눈금을 읽습니다.

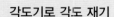

각도기로 각도 재기

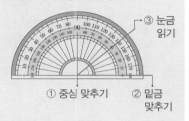

③ 눈금 읽기
① 중심 맞추기　② 밑금 맞추기

각의 한 변이 **안쪽 눈금 0**에 맞춰진 경우에는 안쪽 눈금을 읽습니다. → 50°

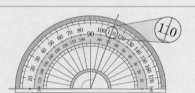

각의 한 변이 **바깥쪽 눈금 0**에 맞춰진 경우에는 바깥쪽 눈금을 읽습니다. → 110°

---

01 ☐ 안에 알맞은 수나 말을 써넣으세요.

각의 크기를 ☐라고 합니다.
직각의 크기를 똑같이 90으로 나눈 것 중 하나를 ☐도라 하고, ☐°라고 씁니다.

02 각도기의 중심을 바르게 맞춘 것에 ○표 하세요.

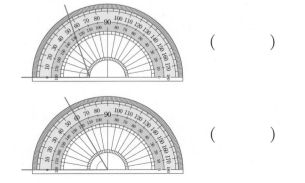

(　　)

(　　)

[03~05] 각도기를 이용하여 각도를 재려고 합니다. ☐ 안에 알맞게 써넣으세요.

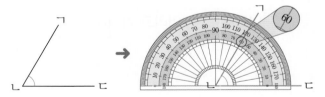

03 각도기의 중심을 각의 꼭짓점인 점 ☐에 맞춥니다.

04 각도기의 ☐을 변 ㄴㄷ에 맞춥니다.

05 변 ㄴㄱ이 가리키는 눈금을 읽으면 각 ㄱㄴㄷ의 크기는 ☐°입니다.

3 예각과 둔각

(1) **예각**: 각도가 0°보다 크고 직각보다 작은 각

직각: 90°인 각

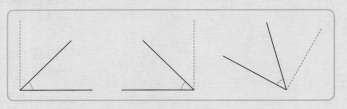

→ 0° < 예각 < 90°

(2) **둔각**: 각도가 직각보다 크고 180°보다 작은 각

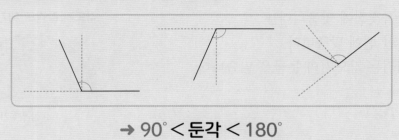

→ 90° < 둔각 < 180°

0° < ■ < 90° < ★ < 180°
→ ■ : 예각, ★ : 둔각

[01~03] 각을 보고 ☐ 안에 알맞은 기호나 말을 써넣으세요.

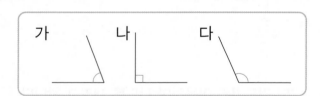

가   나   다

01 각도가 0°보다 크고 직각보다 작은 각은

☐ 이고, ☐ 이라고 합니다.

02 ☐ 는 90°이고, ☐ 이라고 합니다.

03 각도가 직각보다 크고 180°보다 작은 각은

☐ 이고, ☐ 이라고 합니다.

04 부채들을 펼쳐서 만든 각입니다. 예각에 ○표, 둔각에 △표 하세요.

(   )   (   )   (   )

[05~08] ☐ 안에 예각은 '예', 둔각은 '둔'이라고 써넣으세요.

05
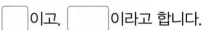

06

07

08

4 각도 어림하고 재기

각도기를 사용하지 않고 각도를 어림한 후 각도기로 재어 어림한 각도와 비교해 봅니다.

어림한 각도가 각도기로 잰 각도에 가까울수록 잘 어림한 것입니다.

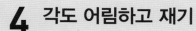

각도를 어림하여 말할 때는 **약** ☐˚라고 합니다.

  삼각자의 45˚보다 조금 커 보입니다.

삼각자에서 알 수 있는 각도는 30˚, 45˚, 60˚, 90˚입니다.

어림한 각도	약 50˚
잰 각도	50˚

 삼각자의 30˚와 비슷해 보입니다.

어림한 각도	약 30˚
잰 각도	30˚

[01~02] 부채 갓대를 움직여 만든 각을 이용하여 각도를 어림하려고 합니다. ☐ 안에 알맞은 수를 써넣으세요.

01

㉠의 각도가 70˚보다 크고 90˚보다 작으므로 약 ☐˚라고 어림할 수 있습니다.

02

㉡의 각도가 90˚보다 크고 120˚보다 작습니다. ㉡의 각도를 어림하면 약 ☐˚이고, 각도기로 재어 보면 ☐˚입니다.

[03~05] 오른쪽 삼각자의 각을 생각하여 각도를 어림하고 각도기로 재어 확인해 보세요.

03

어림한 각도: 약 ☐˚

잰 각도: ☐˚

04

어림한 각도: 약 ☐˚

잰 각도: ☐˚

05

어림한 각도: 약 ☐˚

잰 각도: ☐˚

유형
01 **각의 크기 비교**

예제 세 각의 크기를 비교하여 가장 큰 각에 ○표, 가장 작은 각에 △표 하세요.

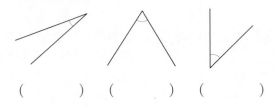

(   )   (   )   (   )

풀이 • 가장 큰 각

→ 가장 (많이 , 적게) 벌어진 각

• 가장 작은 각

→ 가장 (많이 , 적게) 벌어진 각

01 오른쪽 각을 여러 개 이어 붙여서 가
중요★ 와 나 두 각을 만들었습니다. 만들어진 두 각 중에서 더 작은 각의 기호를 쓰세요.

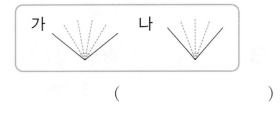

(   )

02 시계의 긴바늘과 짧은바늘이 이루는 작은 쪽의 각이 더 큰 것의 기호를 쓰세요.

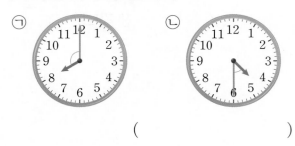

(   )

03 오른쪽 각보다 큰 각을 모두 찾아 기호를 쓰세요.

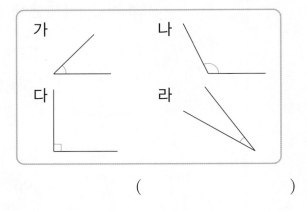

(   )

04 색종이로 각을 만든 것입니다. 표시된 각의 크기를 바르게 비교한 사람을 찾아 이름을 쓰세요.

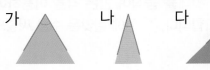

선우: 가의 각의 크기가 가장 큽니다.
현지: 세 각의 크기는 모두 같습니다.
재민: 나의 각의 크기가 가장 작습니다.

(   )

유형
02 **각도기의 눈금 읽기**

예제 각도를 재어 보세요.

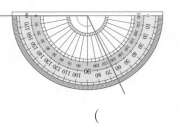

(   )

풀이 각의 한 변이 각도기의 (안쪽 , 바깥쪽) 눈금 0에 맞춰져 있으므로 (안쪽 , 바깥쪽) 눈금을 읽습니다. → ⬚ °

05 각도를 잘못 읽은 사람의 이름을 쓰세요.

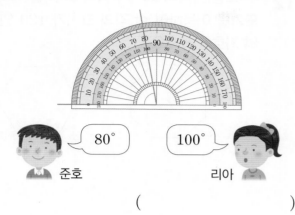

준호 80°　　리아 100°

(　　　　　　　　　)

06 그림을 보고 ☐ 안에 알맞은 수를 써넣으세요.

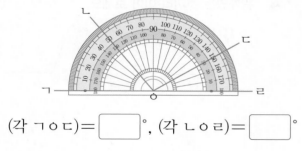

(각 ㄱㅇㄷ)=☐°, (각 ㄴㅇㄹ)=☐°

유형 03 각도 재기

예제 각도기를 이용하여 그림에서 볼 수 있는 각도를 재어 보세요.

☐°

풀이 각도기의 ☐ 을 각의 꼭짓점에 맞추고,

각도기의 ☐ 을 각의 한 변에 맞추어 각도를 잽니다.

07 각도기를 이용하여 각도를 재어 보세요.

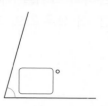

08 다음과 같이 각의 변이 각도기보다 짧게 그려진 경우에는 각도를 재기 어렵습니다. 이런 경우에는 각도를 재려면 어떻게 해야 하는지 설명하고, 각도를 재어 보세요.

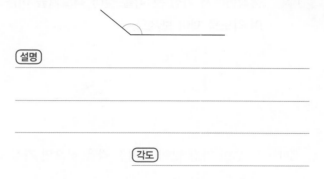

설명

각도

09 각도기를 이용하여 각 ㄴㅇㄷ의 크기를 재어 보세요.

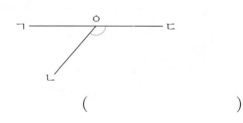

(　　　　　　　　　)

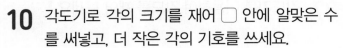
10 각도기로 각의 크기를 재어 ☐ 안에 알맞은 수를 써넣고, 더 작은 각의 기호를 쓰세요.

가   나

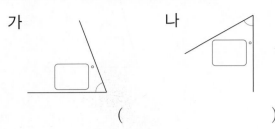

(   )

유형 04 도형에서 각도 재기

예제   삼각형에서 가장 큰 각을 찾아 각도기를 이용하여 각도를 재어 보세요.

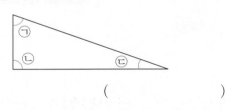

(   )

풀이   두 변이 가장 많이 벌어진 각을 찾으면 가장 큰 각은 ☐ 입니다. → ☐ °

11 각도기를 이용하여 여러 가지 사각형의 각도를 재어 보세요.

(1)

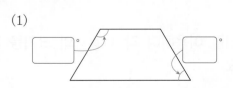

(2)

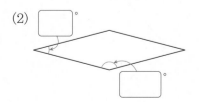

---

12 두 도형은 각의 크기가 각각 모두 같습니다. 각도기를 이용하여 한 각의 크기가 120°인 도형의 기호를 쓰세요.

가   나

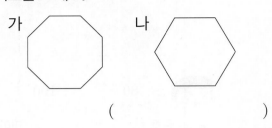

(   )

유형 05 예각과 둔각 알아보기

예제   관계있는 것끼리 이어 보세요.

(1)   (2)   (3)

·   ·   ·

·   ·   ·

예각   직각   둔각

풀이   • 예각: 각도가 0°보다 크고 ☐ 보다 작은 각

• 직각: ☐ °

• 둔각: 각도가 ☐ 보다 크고 180°보다 작은 각

13 그림에 표시된 각이 예각이면 '예', 둔각이면 '둔'이라고 ☐ 안에 써넣으세요.

14 바르게 설명한 사람의 이름을 쓰세요.

> 정한: 90°는 180°보다 작은 각이니까 예각
> 이야.
> 승철: 200°는 180°보다 큰 각이니까 둔각
> 이라고 할 수 없어.

(   )

15 도형에서 찾을 수 있는 예각, 둔각은 각각 몇 개
일까요?

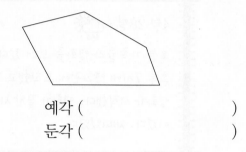

예각 (   )
둔각 (   )

16 다음에서 둔각은 모두 몇 개인지 풀이 과정을
(서술형) 쓰고, 답을 구하세요.

> 35°   145°   90°   70°   110°

(1단계) 둔각 알아보기

_____

_____

(2단계) 둔각은 모두 몇 개인지 구하기

_____

_____

답 _____

유형 **06**   예각과 둔각 그려 보기

(예제) 주어진 선분을 한 변으로 하여 둔각을 그리려고
합니다. 점 ㄱ과 이어야 할 점의 기호를 쓰세요.

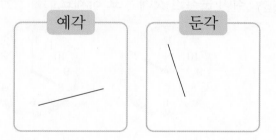

(   )

(풀이) 점 ㄱ과 점 가를 이으면 [   ],

점 나를 이으면 [   ],

점 다, 라, 마를 각각 이으면 [   ]입니다.

17 주어진 선분을 이용하여 예각과 둔각을 각각 그
려 보세요.

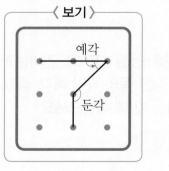

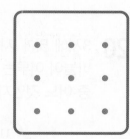

18 〈보기〉와 같이 나만의 패턴을 그리고, 예각과
(창의형) 둔각을 찾아 표시해 보세요.

유형 07 시계에서 예각, 직각, 둔각 알아보기

예제 시계의 긴바늘과 짧은바늘이 이루는 작은 쪽의 각이 예각인지 둔각인지 쓰세요.

(   )

풀이 시계의 긴바늘과 짧은바늘이 이루는 작은 쪽의 각이 직각보다 크고 ☐°보다 작으므로

☐ 입니다.

19 중요★ 시계의 긴바늘과 짧은바늘이 이루는 작은 쪽의 각이 둔각인 것에 ○표 하세요.

(   )   (   )

20 3시에 맞게 시곗바늘을 그리고, 긴바늘과 짧은바늘이 이루는 작은 쪽의 각이 예각, 직각, 둔각 중 어느 것인지 ☐ 안에 써넣으세요.

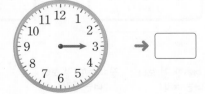 → ☐

21 다음과 같은 시각일 때 시계의 긴바늘과 짧은바늘이 이루는 작은 쪽의 각이 예각, 직각, 둔각 중 어느 것인지 쓰세요.

(1) 4시 → (   )

(2) 11시 → (   )

22 일기에 적힌 시각을 각각 시계에 나타내었을 때 시계의 긴바늘과 짧은바늘이 이루는 작은 쪽의 각이 예각인 시각을 쓰세요.

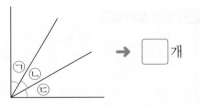

4월 28일 ☁

오늘 가족들과 영화를 보러 갔다.
오후 7시에 영화관에 도착했고 7시 15분에
영화가 시작했다. 영화가 끝난 시각은 8시 50분
이었다. 재미있었다.

(   )

+플러스 유형 08 크고 작은 예각과 둔각의 개수 구하기

예제 그림에서 찾을 수 있는 크고 작은 예각은 모두 몇 개일까요?

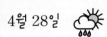 → ☐ 개

풀이 • 각 1개로 이루어진 예각:

㉠, ㉡, ㉢ → ☐ 개

• 각 2개로 이루어진 예각:

㉠+㉡, ㉡+㉢ → ☐ 개

→ 크고 작은 예각은 모두 ☐ 개입니다.

23 그림에서 찾을 수 있는 크고 작은 둔각은 모두 몇 개일까요?

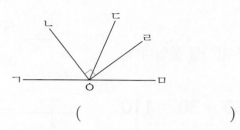

( )

24 →동서남북의 네 방향을 4방위라 하고 4방위는 다시 8방위, 16방위, 32방위로 나눌 수 있습니다.

그림은 16방위의 일부분을 나타낸 것입니다. 그림에서 찾을 수 있는 크고 작은 예각은 모두 몇 개일까요?

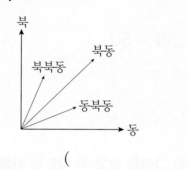

( )

유형 **09** **각도 어림하고 재기**

예제 각도를 어림하여 140°에 더 가까운 각의 기호를 쓰세요.

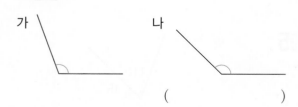

( )

풀이 90°와 비교하여 각도를 어림해 봅니다.

가: 각도가 □°보다 조금 큽니다.

나: 각도가 □°와 180°의 중간쯤 됩니다.

➜ 140°에 더 가까운 각은 □입니다.

25 (중요★) 의자의 각도를 어림하고 각도기로 재어 보세요.

어림한 각도: 약 □°

잰 각도: □°

26 가위로 만든 각도를 어림하고 각도기로 재어 보세요.

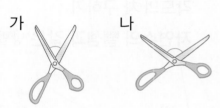

	가	나
어림한 각도	약 □°	약 □°
잰 각도	□°	□°

27 (서술형) 민준이와 서윤이가 각도를 어림했습니다. 각도기로 각의 크기를 재고 더 가깝게 어림한 사람은 누구인지 구하려고 합니다. 풀이 과정을 쓰고, 답을 구하세요.

민준: 약 120°

서윤: 약 135°

1단계 각의 크기 재기

_____

_____

2단계 더 가깝게 어림한 사람 구하기

_____

_____

답 _____

개념 확인하기

5 각도의 합과 차

각도의 합 구하기

자연수의 덧셈과 같은 방법으로 계산하고 단위(°)를 붙입니다.

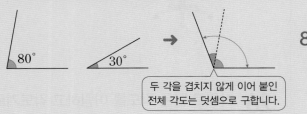

$$80° + 30° = 110°$$
80 + 30 = 110

두 각을 겹치지 않게 이어 붙인 전체 각도는 덧셈으로 구합니다.

직각 1개 → 90°
직각 2개 → 180°
    90 + 90
직각 3개 → 270°
    90 + 90 + 90
직각 4개 → 360°
    90 + 90 + 90 + 90

각도의 차 구하기

자연수의 뺄셈과 같은 방법으로 계산하고 단위(°)를 붙입니다.

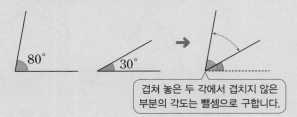

$$80° - 30° = 50°$$
80 - 30 = 50

겹쳐 놓은 두 각에서 겹치지 않은 부분의 각도는 뺄셈으로 구합니다.

[01~02] 그림을 보고 두 각도의 합을 구하세요.

01

$20 + 60 = \boxed{}$ → $20° + 60° = \boxed{}$°

02

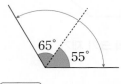

$55 + 65 = \boxed{}$ → $55° + 65° = \boxed{}$°

03 ☐ 안에 알맞은 수를 써넣으세요.

$30° + 70° = \boxed{}$°

$30 + 70 = \boxed{}$

[04~05] 그림을 보고 두 각도의 차를 구하세요.

04

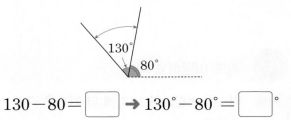

$130 - 80 = \boxed{}$ → $130° - 80° = \boxed{}$°

05

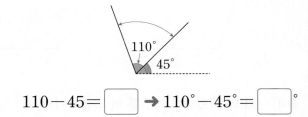

$110 - 45 = \boxed{}$ → $110° - 45° = \boxed{}$°

06 ☐ 안에 알맞은 수를 써넣으세요.

$90° - 35° = \boxed{}$°

$90 - 35 = \boxed{}$

6 삼각형의 세 각의 크기의 합

(1) 각도를 재어 알아보기

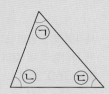

세 각의 크기를 각도기로 각각 재면
㉠=60°, ㉡=70°, ㉢=50°입니다.

(세 각의 크기의 합)=60°+70°+50°=180°

삼각형의 모양과 크기에 상관없이 삼각형의 세 각의 크기의 합은 항상 180°입니다.

(2) 삼각형을 잘라서 알아보기

삼각형을 잘라서 세 꼭짓점이 한 점에 모이도록 변끼리 이어 붙입니다.

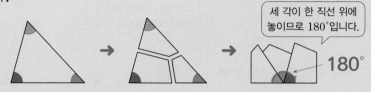

세 각이 한 직선 위에 놓이므로 180°입니다.

180°

삼각형에서 나머지 한 각의 크기 구하기

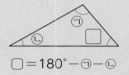

□=180°−㉠−㉡

> **삼각형의 세 각의 크기의 합**은 180°입니다.

2단원

---

01 삼각형의 세 각의 크기의 합을 구하세요.

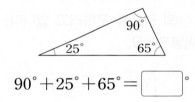

90°+25°+65°= ☐ °

02 삼각형의 세 각의 크기를 각도기로 각각 재고, 세 각의 크기의 합을 구하세요.

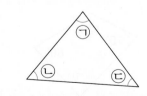

	㉠	㉡	㉢
각도	°	°	°

세 각의 크기의 합: ☐ °

[03~04] ㉠의 각도를 구하려고 합니다. ☐ 안에 알맞은 수를 써넣으세요.

03

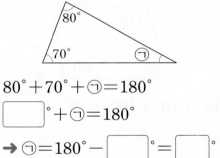

80°+70°+㉠=180°

☐ °+㉠=180°

→ ㉠=180°− ☐ °= ☐ °

04

㉠+90°+45°=180°

㉠+ ☐ °=180°

→ ㉠=180°− ☐ °= ☐ °

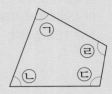

STEP 1 개념 **확인하기**

7 사각형의 네 각의 크기의 합

(1) 각도를 재어 알아보기

네 각의 크기를 각도기로 각각 재면
㉠=80°, ㉡=70°,
㉢=100°, ㉣=110°입니다.

(네 각의 크기의 합)=80°+70°+100°+110°=360°

사각형의 모양과 크기에 상관없이 사각형의 네 각의 크기의 합은 항상 360°입니다.

(2) 사각형을 잘라서 알아보기

사각형을 잘라서 네 꼭짓점이 한 점에 모이도록 변끼리 이어 붙입니다.

네 각이 모여 한 바퀴가 채워지므로 360°입니다.

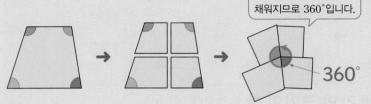

360°

사각형에서 나머지 한 각의 크기 구하기

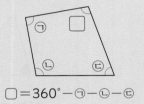

▱=360°−㉠−㉡−㉢

> **사각형의 네 각의 크기의 합**은 360°입니다.

---

01 사각형의 네 각의 크기의 합을 구하세요.

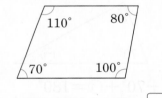

110°+70°+100°+80°=☐°

02 사각형의 네 각의 크기를 각도기로 각각 재고, 네 각의 크기의 합을 구하세요.

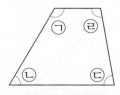

	㉠	㉡	㉢	㉣
각도	°	°	°	°

네 각의 크기의 합: ☐°

[03~04] ㉠의 각도를 구하려고 합니다. ☐ 안에 알맞은 수를 써넣으세요.

03

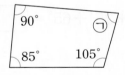

90°+85°+105°+㉠=360°

☐°+㉠=360°

➡ ㉠=360°−☐°=☐°

04

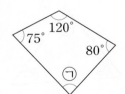

75°+㉠+80°+120°=360°

㉠+☐°=360°

➡ ㉠=360°−☐°=☐°

05 그림을 보고 두 각도의 합을 구하세요.

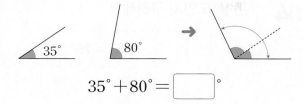

$$35° + 80° = \boxed{}°$$

06 그림을 보고 두 각도의 차를 구하세요.

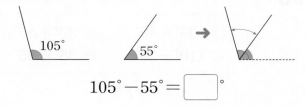

$$105° - 55° = \boxed{}°$$

[07~08] 각도의 합과 차를 구하세요.

07 $145° + 50° = \boxed{}°$

08 $85° - 20° = \boxed{}°$

09 두 각도의 합과 차를 각각 구하세요.

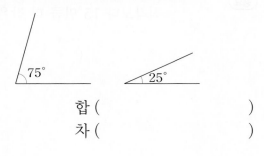

합 (   )

차 (   )

10 삼각형을 잘라서 세 꼭짓점이 한 점에 모이도록 변끼리 이어 붙였습니다. 삼각형의 세 각의 크기의 합을 구하세요.

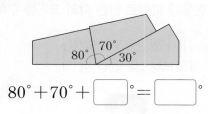

$$80° + 70° + \boxed{}° = \boxed{}°$$

11 사각형을 잘라서 네 꼭짓점이 한 점에 모이도록 변끼리 이어 붙였더니 그림과 같이 꼭 맞았습니다. 사각형의 네 각의 크기의 합을 구하세요.

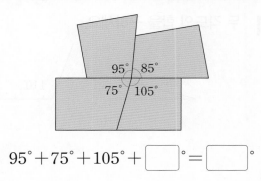

$$95° + 75° + 105° + \boxed{}° = \boxed{}°$$

[12~13] ☐ 안에 알맞은 수를 써넣으세요.

12

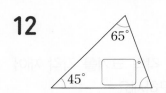

13

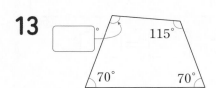

유형 **10** 각도의 합

예제 현우가 막대로 만든 각의 크기를 구하세요.

내가 만든 각의 크기는 45°보다 25°만큼 더 커.

현우

(   )

풀이 만든 각의 크기는 45°보다 □°만큼 더 큽니다. → 45° + □° = □°

01 두 각도의 합을 구하세요.

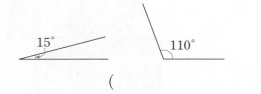

(   )

02 가장 큰 각도와 가장 작은 각도의 합을 구하세요.

45°   30°   120°

(   )

03 각도기를 이용하여 두 각의 크기를 각각 재어
중요★ 보고, 두 각도의 합을 구하세요.

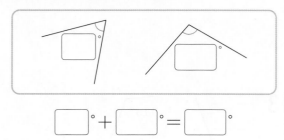

□° + □° = □°

04 ㉠은 몇 도인지 구하세요.

㉠ − 55° = 75°

(   )

05 각도의 합이 가장 큰 것을 찾아 기호를 쓰세요.

㉠ 105° + 40°   ㉡ 80° + 55°
㉢ 110° + 30°   ㉣ 35° + 95°

(   )

유형 **11** 각도의 차

예제 두 각도의 차를 구하세요.

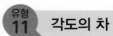

150°   45°

(   )

풀이 큰 각도에서 작은 각도를 뺍니다.

→ □° − □° = □°

06 다음에서 설명하는 각도를 구하세요.
중요★

직각보다 15°만큼 더 작은 각

(   )

07 관계있는 것끼리 이어 보세요.

(1) $85° - 40°$ • • $45°$

(2) $130° - 75°$ • • $55°$

08 각도의 차의 크기를 비교하여 ○ 안에 >, =, < 를 알맞게 써넣으세요.

$$95° - 35° \bigcirc 115° - 30°$$

09 (서술형) 각도기를 이용하여 가장 큰 각과 가장 작은 각의 크기를 재어 두 각도의 차를 구하려고 합니다. 풀이 과정을 쓰고, 답을 구하세요.

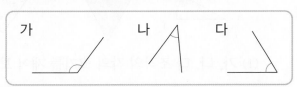

가 　 나 　 다

(1단계) 가장 큰 각과 가장 작은 각을 찾아 각도 재기

_____

(2단계) 두 각도의 차 구하기

_____

답 _____

10 ☐ 안에 알맞은 수를 써넣으세요.

$$55° + \boxed{}° = 170°$$

예제 시계의 긴바늘과 짧은바늘이 이루는 작은 쪽의 각도를 구하세요.

(　　　　　)

풀이 숫자가 쓰여진 눈금 3칸만큼은 90°이므로 숫자가 쓰여진 눈금 한 칸만큼은 ☐°입니다.

11 (중요★) 시계를 보고 잘못 말한 사람의 이름을 쓰세요.

민지: 시계의 긴바늘과 짧은바늘이 이루는 작은 쪽의 각도는 150°야.
승준: 시계의 긴바늘과 짧은바늘이 이루는 작은 쪽의 각도는 120°야.

(　　　　　)

12 시계를 보고 긴바늘과 짧은바늘이 이루는 작은 쪽의 각도의 합과 차를 각각 구하세요.

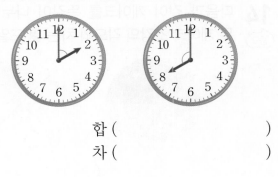

합 (　　　　　)
차 (　　　　　)

유형 **13** 똑같이 나눈 것에서 각도 구하기

예제 다음과 같이 호두파이를 똑같이 나누었습니다. 각 ㄱㅇㄴ의 크기는 몇 도일까요?

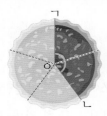

(   )

풀이 전체를 똑같이 5조각으로 나누었으므로 한 조각의 각도는 $360° ÷ 5 = \boxed{}°$입니다.

➡ (각 ㄱㅇㄴ) $= \boxed{}° × 2 = \boxed{}°$

13 은수는 다음과 같이 피자 한 판을 똑같이 여섯으로 나누고 그중 한 조각을 다시 똑같이 둘로 나누었습니다. 가장 작은 피자 한 조각에 표시된 각도를 구하세요.

(   )

14 다음과 같이 케이크를 똑같이 나누었습니다.
중요★ 두 케이크 조각의 각도의 차는 몇 도일까요?

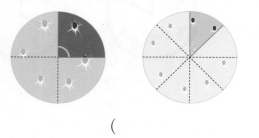

(   )

유형 **14** 주어진 각도로 여러 가지 각도 만들기

예제 두 각도의 합과 차를 이용하여 만들 수 <u>없는</u> 각도를 찾아 ✕표 하세요.

| 20° |
| 145° |
| 55° |

풀이
• 두 각도의 합: $100° + 45° = \boxed{}°$

• 두 각도의 차: $100° - 45° = \boxed{}°$

➡ 만들 수 없는 각도: $\boxed{}°$

15 주어진 세 조각의 각을 이용하여 여러 가지 각도를 만들려고 합니다. 물음에 답하세요.

가   나   다

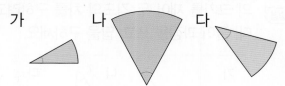

(1) 가, 나, 다 조각의 각의 크기를 재어 보세요.

• 가: $\boxed{}°$ • 나: $\boxed{}°$ • 다: $\boxed{}°$

(2) 가와 나 조각으로 만든 각의 크기를 구하세요.

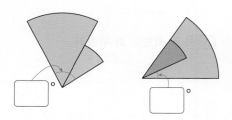

(3) 가, 나, 다 조각 중 2개를 이용하여 만들 수 있는 각도에 모두 색칠해 보세요.

| 10° | 95° | 100° | 70° | 20° |

16 세 각을 모두 한번씩만 사용하여 만들 수 있는 각도를 적고, 어떻게 만들었는지 설명해 보세요.
창의형

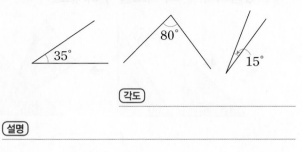

각도 _____

설명 _____

_____

^{+플러스}
유형
15 직선으로 이루어진 도형에서 각도 구하기

예제 ㉠의 각도를 찾아 ○표 하세요.

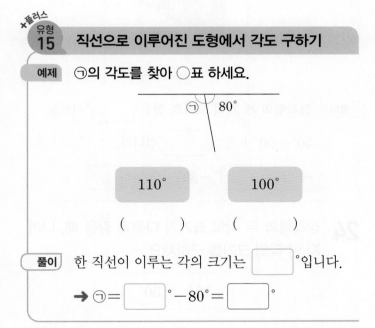

110°   100°

(   )   (   )

풀이 한 직선이 이루는 각의 크기는 [ ]°입니다.

→ ㉠= [ ]° − 80° = [ ]°

17 도형에서 ㉠의 각도를 구하세요.
중요★

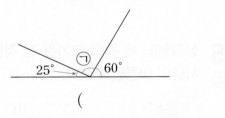

(   )

18 ☐ 안에 알맞은 수를 써넣으세요.

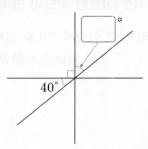

19 도형에서 ㉠과 ㉡의 각도를 비교하여 ○ 안에 >, =, <를 알맞게 써넣으세요.

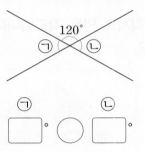

㉠   ㉡

[ ]° ○ [ ]°

20 도형에서 ㉠의 각도를 구하세요.

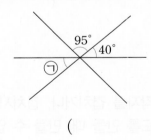

(   )

네가 180°인 것만 알면
두려울 게 없지!!

180°

유형 16 삼각자를 이용한 각도의 합과 차

예제 그림과 같이 삼각자 2개를 겹쳐서 각을 만들었습니다. ☐ 안에 알맞은 수를 써넣으세요.

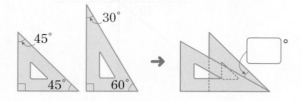

풀이 겹쳐진 두 각도는 45°와 ☐°입니다.

→ (겹쳐지지 않은 부분의 각도)

= 45° − ☐° = ☐°

21 두 삼각자로 만든 각도입니다. ㉠의 각도를 구하세요.

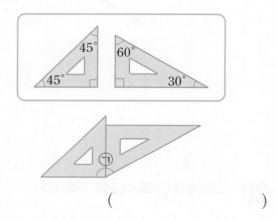

( )

22 두 삼각자를 겹치거나, 겹치지 않게 이어 붙여서 각도를 만들 때, 만들 수 없는 각도는 어느 것일까요? ( )

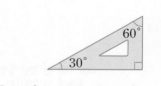

① 45°　　② 60°　　③ 75°
④ 120°　　⑤ 145°

23 삼각자 2개를 겹쳐서 다음과 같은 모양을 만들었습니다. ㉠의 각도를 구하세요.

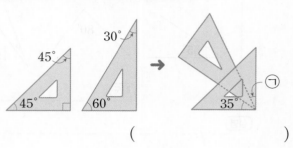

( )

유형 17 삼각형의 세 각의 크기의 합

예제 삼각형 모양의 종이에서 ㉠의 각도를 구하세요.

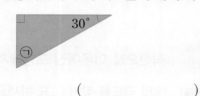

( )

풀이 삼각형의 세 각의 크기의 합은 ☐°이므로

30° + 90° + ㉠ = ☐°입니다.

→ ㉠ = ☐° − 30° − 90° = ☐°

24 삼각형의 두 각의 크기가 다음과 같을 때, 나머지 한 각의 크기를 구하세요.

85°	30°

( )

25 삼각형의 세 각의 크기를 잰 것입니다. 잘못 잰 사람의 이름을 쓰세요.

윤호	65°	40°	75°
예주	80°	30°	80°

( )

26 삼각형의 세 각의 크기의 합을 이용하여 ☐ 안에 알맞은 수를 써넣으세요.

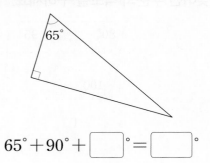

$$65° + 90° + \boxed{}° = \boxed{}°$$

27 삼각형에서 ㉠과 ㉡의 각도의 합을 구하세요.

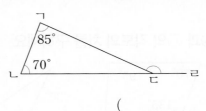

(   )

유형 18 삼각형을 활용하여 각도 구하기

예제 도형에서 각 ㄱㄷㄹ의 크기를 구하세요.

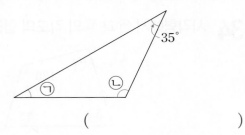

(   )

풀이 (각 ㄱㄷㄴ) = $\boxed{}° - 85° - 70° = \boxed{}°$

→ 한 직선이 이루는 각의 크기는 180°이므로

(각 ㄱㄷㄹ) = $180° - \boxed{}° = \boxed{}°$

입니다.

---

28 도형에서 각 ㄱㄴㄷ의 크기는 몇 도인지 풀이과정을 쓰고, 답을 구하세요.

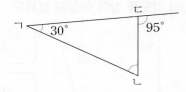

(1단계) 각 ㄱㄷㄴ의 크기 구하기

_____

_____

(2단계) 각 ㄱㄴㄷ의 크기 구하기

_____

_____

답 _____

29 삼각형 ㄱㄴㄷ의 세 각의 크기는 모두 같습니다. 각 ㄱㄴㄹ의 크기를 구하세요.

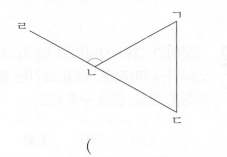

(   )

30 삼각형에서 ㉠과 ㉡의 각도의 합을 구하세요.

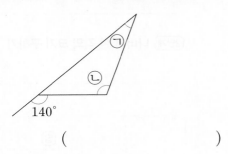

(   )

2 단원

유형 19 사각형의 네 각의 크기의 합

예제 ㉠의 각도를 찾아 색칠해 보세요.

100°

105°

풀이 사각형의 네 각의 크기의 합은 [ ]°이므로

$80° + 90° + ㉠ + 85° = $ [ ]°입니다.

→ ㉠ = [ ]° − 80° − 90° − 85°

= [ ]°

31 ○ 안에 >, =, <를 알맞게 써넣으세요.

 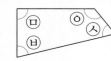

 ○

㉠+㉡+㉢+㉣ ○ ㉤+㉥+㉦+㉧

32 재윤이가 그린 사각형의 네 각의 크기를 잰 것
입니다. 나머지 한 각의 크기는 몇 도인지 풀이
과정을 쓰고, 답을 구하세요.

(서술형)

| 120° | 70° | 100° | □° |

(1단계) 사각형의 네 각의 크기의 합으로 식 세우기

_____

_____

(2단계) 나머지 한 각의 크기 구하기

_____

_____

답 _____

33 사각형 모양의 천 조각의 일부가 찢어졌습니다.
찢어진 부분의 각도를 구하세요.

(중요★)

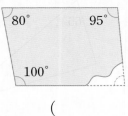

( )

34 사각형에서 ㉠과 ㉡의 각도의 합을 구하세요.

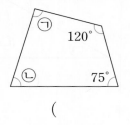

( )

35 ㉠과 ㉡의 각도의 차를 구하세요.

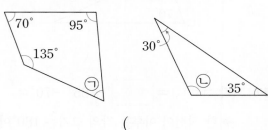

( )

유형 20 사각형을 활용하여 각도 구하기

예제 도형에서 ㉠의 각도를 구하세요.

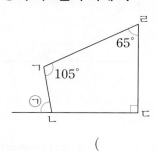

( )

풀이 (각 ㄱㄴㄷ) = ☐° − 105° − 90° − 65°

= ☐°

➜ 한 직선이 이루는 각의 크기는 180°이므로

㉠ = 180° − ☐° = ☐° 입니다.

36 도형에서 ☐ 안에 알맞은 수를 써넣으세요.

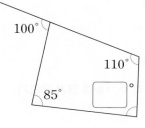

37 소하는 다음과 같이 가오리연을 만들었습니다. ㉠의 각도를 구하세요.

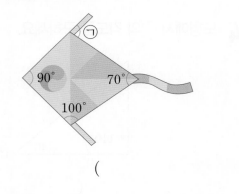

( )

38 도형에서 각 ㄱㄴㅁ의 크기를 구하세요.

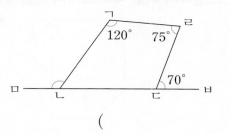

( )

+플러스 유형 21 도형에서 모든 각의 크기의 합 구하기

예제 도형에서 일곱 각의 크기의 합을 구하세요.

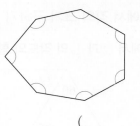

( )

풀이 오른쪽과 같이 도형을 삼각형

☐ 개로 나눌 수 있습니다.

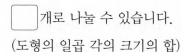

(도형의 일곱 각의 크기의 합)

= (삼각형의 세 각의 크기의 합) × ☐

= ☐° × ☐ = ☐°

39 중요★ 도형의 점 ㄱ과 이웃하지 않은 다른 꼭짓점을 잇는 선분을 모두 그어 삼각형으로 나누고, 다섯 각의 크기의 합을 구하세요.

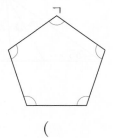

( )

2 STEP 유형 다잡기

40 도형에서 여덟 각의 크기의 합을 구하세요.

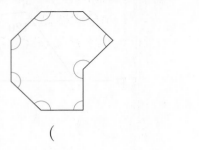

( )

+플러스
유형
22 도형에서 각의 크기 구하기

예제 도형에서 ㉠과 ㉡의 각도의 합을 구하세요.

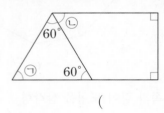

( )

풀이 전체 도형을 사각형 1개로 생각합니다.
$60° + ㉡ + ㉠ + 90° + 90° = 360°$
→ $㉠ + ㉡ = 360° - 60° - 90° - \boxed{}°$
$= \boxed{}°$

41 삼각형 ㄱㄴㄷ에서 ▲로 표시된 4개의 각의 크기가 모두 같을 때, ▲의 각의 크기를 구하세요.

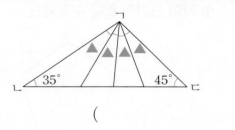

( )

42 도형에서 ☐ 안에 알맞은 수를 써넣으세요.
 중요★

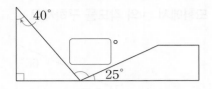

43 사각형 ㄱㄴㄷㄹ은 직사각형입니다. 각 ㅇㄱㄹ
서술형 의 크기는 몇 도인지 풀이 과정을 쓰고, 답을 구하세요.

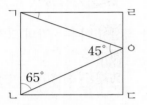

1단계 각 ㄴㄱㅇ의 크기 구하기

_____

_____

2단계 각 ㅇㄱㄹ의 크기 구하기

_____

_____

답 _____

44 도형에서 ㉠의 각도를 구하세요.

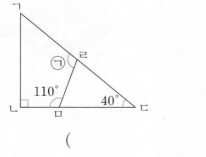

( )

+플러스
유형 23 종이를 접었을 때의 각도 구하기

예제 직사각형 모양의 종이를 접은 것입니다. ㉠과 ㉡의 각도를 각각 구하세요.

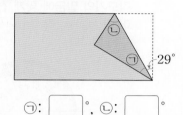

㉠: ☐°, ㉡: ☐°

풀이 • 접힌 부분의 각도와 접히기 전의 각도가 같으므로 ㉠ = ☐°입니다.

• ㉡ = $180° - 90° -$ ☐° = ☐°

45 색종이를 다음과 같이 세 번 접었을 때 만들어지는 각의 크기를 구하세요.

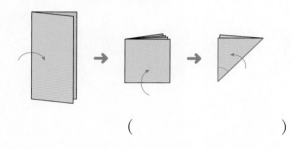

( )

46 똑같이 반으로 접은 종이를 펼쳤을 때 ☐ 안에 알맞은 수를 써넣으세요.

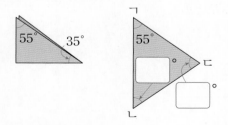

47 직사각형 모양의 종이를 다음과 같이 접었을 때 ☐ 안에 알맞은 수를 써넣으세요.

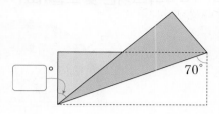

48 똑같이 반으로 접은 종이를 펼쳤습니다. 그림을 보고 바르게 설명한 것을 모두 찾아 기호를 쓰세요.

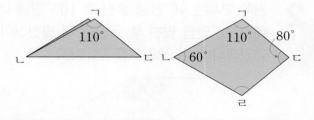

㉠ 각 ㄱㄷㄴ의 크기는 각 ㄱㄷㄹ의 크기의 2배이므로 160°입니다.
㉡ 각 ㄴㄱㄷ의 크기와 각 ㄴㄹㄷ의 크기는 같습니다.
㉢ 각 ㄱㄴㄷ의 크기는 30°입니다.

( )

49 직사각형 모양의 종이를 다음과 같이 접었을 때 ㉠의 각도를 구하세요.

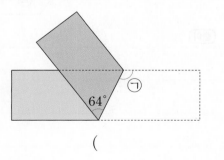

( )

문제 강의

각도기로 각도 재기

1 각 ㄱㄴㄷ의 크기는 몇 도일까요?

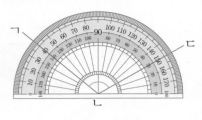

(   )

각의 한 변이 각도기의 밑금과 맞춰져 있지 않으면?

각도기의 밑금에 맞게 선분 ㄴㄹ을 그어 각 ㄱㄴㄹ, 각 ㄷㄴㄹ의 크기를 각각 구해 봅니다.

부채에서 각도의 합과 차 구하기

2 왼쪽 부채는 46°만큼 펼친 후 105°만큼 더 펼쳤습니다. 오른쪽 부채는 72°만큼 펼친 후 ㉠만큼 더 펼쳤더니 두 부채의 펼친 각도가 같았습니다. ㉠의 각도를 구하세요.

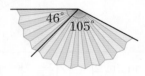 

(   )

도형에서 각도의 합 구하기

(서술형)

3 도형에서 ㉠과 ㉡의 각도의 합은 얼마인지 풀이 과정을 쓰고, 답을 구하세요.

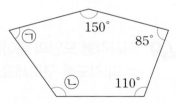

풀이

_____

_____

_____

_____

답 _____

4 삼각형의 한 각이 둔각일 때 될 수 있는 각 찾기

한 각의 크기가 50°이고 다른 한 각이 둔각인 삼각형을 그리려고 합니다. 다음 중 나머지 한 각이 될 수 있는 각을 모두 찾아 쓰세요.

$$40° \quad 20° \quad 45° \quad 35° \quad 50°$$

(   )

해결 tip

삼각형의 한 각이 둔각이라면?

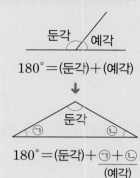

180° = (둔각) + (예각)
↓
180° = (둔각) + ㉠ + ㉡
　　　　　　　　　　 (예각)

5 직선을 크기가 똑같은 각으로 나누고 각도의 차 구하기   서술형

직선을 크기가 똑같은 각 9개로 나눈 것입니다. 각 ㄱㅇㄷ과 각 ㄴㅇㄹ의 크기의 차는 몇 도인지 풀이 과정을 쓰고, 답을 구하세요.

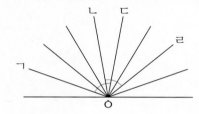

(풀이)

_____

_____

_____

_____

(답) _____

직선을 크기가 똑같은 각으로 나누면?

한 직선이 이루는 각의 크기가 180°인 것을 이용해 작은 각 한 개의 각도를 구합니다.
㉠ = 180° ÷ 5 = 36°

6 시계에서 예각 찾기

오후 1시부터 오후 4시까지 30분 간격인 시각 중에서 시계의 긴바늘과 짧은바늘이 이루는 작은 쪽의 각이 예각인 경우는 모두 몇 번인지 구하세요.

(   )

7 삼각자를 겹쳤을 때의 각도 구하기

삼각자 가, 나를 다음과 같이 겹쳤습니다. ㉠의 각도를 구하세요.

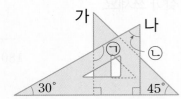

(1) ㉡의 각도를 구하세요.

(   )

(2) ㉠의 각도를 구하세요.

(   )

해결 tip

겹쳤을 때 생기는 각도를 구하려면?

사각형의 네 각의 크기의 합이 360˚인 것을 이용합니다.

→ ㉠+90˚+90˚+㉡=360˚

8 사각형에서 각도 구하기

사각형 ㄱㄴㄷㄹ에서 각 ㄱㄴㄷ과 각 ㄱㄹㄷ을 각각 반으로 나누는 선을 그어 만나는 점을 ㅁ이라 할 때, 각 ㄴㅁㄹ의 크기를 구하세요.

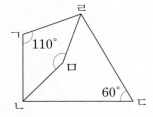

(1) 각 ㄱㄴㄷ과 각 ㄱㄹㄷ의 크기의 합을 구하세요.

(   )

(2) 각 ㄱㄴㅁ과 각 ㄱㄹㅁ의 크기의 합을 구하세요.

(   )

(3) 각 ㄴㅁㄹ의 크기를 구하세요.

(   )

01 각도를 재어 보세요.

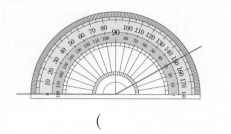

( )

02 각의 크기가 가장 큰 각을 찾아 기호를 쓰세요.

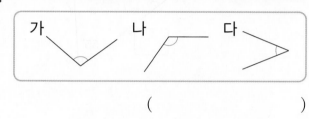

( )

03 각도기를 이용하여 각도를 재어 보세요.

04 그림을 보고 ▢ 안에 알맞은 수를 써넣으세요.

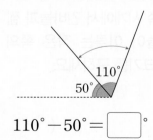

$110° - 50° = $ ▢ $°$

05 예각을 모두 찾아 ○표 하세요.

| 119° | 62° | 90° | 77° |

( ) ( ) ( ) ( )

06 각도를 어림하고 각도기로 재어 보세요.

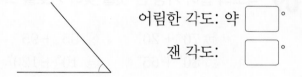

어림한 각도: 약 ▢ °

잰 각도: ▢ °

07 도형판에 만든 두 삼각형의 세 각의 크기의 합을 비교해 보세요.
서술형

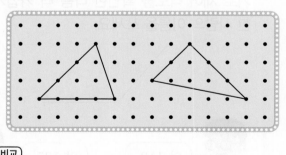

비교

08 다음 중 예각, 직각, 둔각에 대한 설명으로 <u>틀린</u> 것을 고르세요. (   )

① 예각은 둔각보다 작습니다.
② 둔각은 직각보다 큽니다.
③ 크기가 45°인 각은 예각입니다.
④ 크기가 210°인 각은 둔각입니다.
⑤ 각도가 0°보다 크고 직각보다 작은 각을 예각이라고 합니다.

09 각도의 합이 가장 큰 것을 찾아 기호를 쓰세요.

> ㉠ 70°+20°   ㉡ 55°+95°
> ㉢ 80°+65°   ㉣ 10°+120°

(   )

10 도율이와 연서가 각도를 어림한 것입니다. 각도 기로 재어 각도를 확인한 다음 더 가깝게 어림한 사람의 이름을 쓰세요.

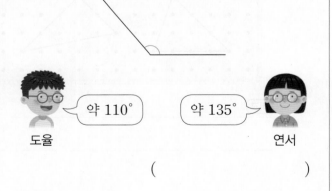

약 110° 도율   약 135° 연서

(   )

11 시계의 긴바늘과 짧은바늘이 이루는 작은 쪽의 각이 둔각인 것을 찾아 기호를 쓰세요.

> ㉠ 10시 30분   ㉡ 9시
> ㉢ 4시 30분   ㉣ 6시

(   )

12 ☐ 안에 알맞은 수를 써넣으세요.

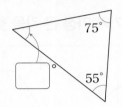

13 사각형에서 ㉠과 ㉡의 각도의 합을 구하세요.

(   )

14 오른쪽 시계에서 긴바늘과 짧은바늘이 이루는 작은 쪽의 각의 크기를 구하세요.

(   )

15 그림에서 찾을 수 있는 크고 작은 예각은 모두 몇 개일까요?

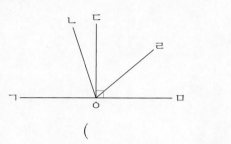

(   )

18 도형에서 ㉠의 각도를 구하세요.

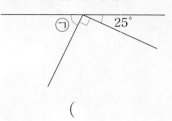

(   )

16 그림과 같이 삼각자 2개를 겹쳐서 각을 만들었습니다. ☐ 안에 알맞은 수를 써넣으세요.

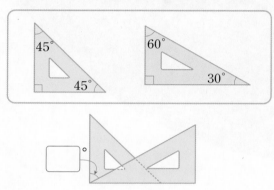

19 (서술형) 오른쪽 도형에서 표시된 각의 크기의 합을 구하려고 합니다. 풀이 과정을 쓰고, 답을 구하세요.

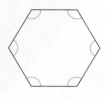

풀이

답 _____

17 (서술형) 도형에서 각 ㄱㄴㄹ의 크기는 몇 도인지 풀이 과정을 쓰고, 답을 구하세요.

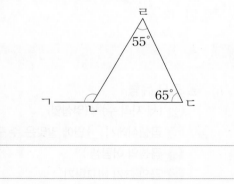

풀이

답 _____

20 도형에서 ㉠의 각도를 구하세요.

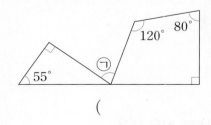

(   )

3

곱셈과 나눗셈

학습을 끝낸 후
색칠하세요.

개념
확인하기

유형
다잡기
유형 01~12

★ 중요 유형

02 (세 자리 수)×(몇십몇)

06 곱셈식에서 ☐ 안에 알맞은 수 구하기

11 곱셈의 어림셈

12 곱의 크기 비교하기

⊙ 이전에 배운 내용

[3-2] 곱셈

(세 자리 수)×(한 자리 수)

(두 자리 수)×(두 자리 수)

[3-2] 나눗셈

(두 자리 수)÷(한 자리 수)

(세 자리 수)÷(한 자리 수)

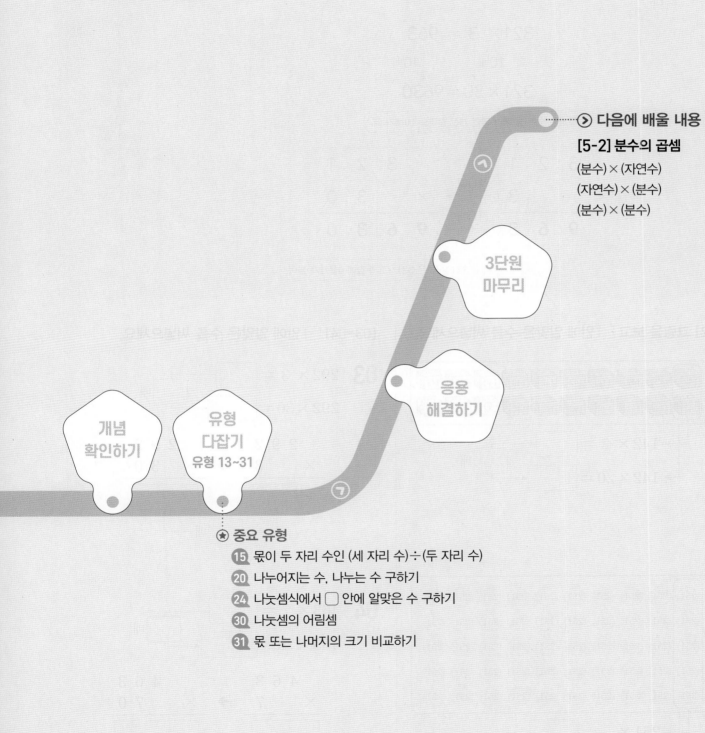

다음에 배울 내용

[5-2] 분수의 곱셈

(분수) × (자연수)

(자연수) × (분수)

(분수) × (분수)

3단원
마무리

응용
해결하기

개념
확인하기

유형
다잡기
유형 13~31

STEP 1 개념 확인하기

1 (세 자리 수)×(몇십)

321×30 계산하기

(세 자리 수)×(몇십)은 (세 자리 수)×(몇)의 값에 0을 1개 붙입니다.

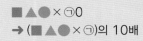

■▲●×㉠0
→ (■▲●×㉠)의 10배

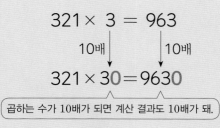

$321 \times 3 = 963$

10배 ↓   10배 ↓

$321 \times 30 = 9630$

곱하는 수가 10배가 되면 계산 결과도 10배가 돼.

	3	2	1
×			3
	9	6	3

10배 →
10배 →

	3	2	1
×		3	0
	9	6	3	0

321×30은 321×3의 값에 0을 1개 붙여.

[01~02] 그림을 보고 ☐ 안에 알맞은 수를 써넣으세요.

01

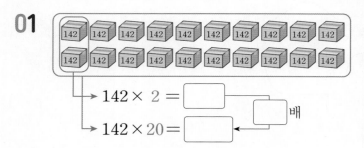

$142 \times 2 = \boxed{}$

☐배

$142 \times 20 = \boxed{}$

02

$251 \times 5 = \boxed{}$

☐배

$251 \times 50 = \boxed{}$

[03~04] ☐ 안에 알맞은 수를 써넣으세요.

03

$292 \times 3 = \boxed{}$

☐배

$292 \times 30 = \boxed{}$

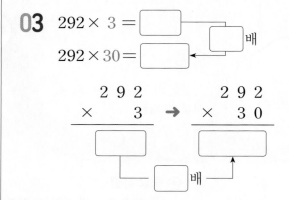

04

$463 \times 7 = \boxed{}$

☐배

$463 \times 70 = \boxed{}$

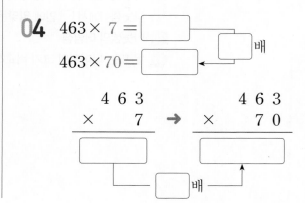

---

2 (세 자리 수)×(몇십몇)

326×27 계산하기

곱하는 수 27을 20과 7로 나누어 곱해지는 수 326과 각각 곱하고 그 결과를 더합니다.

■▲●×㉠㉡
→ (■▲●×㉠0)과
　(■▲●×㉡)의 합

		3	2	6
	×		2	7
326×7	**2**	**2**	**8**	**2**

→

		3	2	6
	×		2	7
		2	2	8	2
326×20	**6**	**5**	**2**	**0**

일의 자리의 0은 생략할 수 있어.

→

		3	2	6
	×		2	7
		2	2	8	2
		6	5	2	
	8	**8**	**0**	**2**

2282+6520

[01~03] ☐ 안에 알맞은 수를 써넣으세요.

01
188×40　188×1

$188 \times 41 = \boxed{} + \boxed{}$

$= \boxed{}$

02
217×30　217×4

$217 \times 34 = \boxed{} + \boxed{}$

$= \boxed{}$

03
405×60　405×9

$405 \times 69 = \boxed{} + \boxed{}$

$= \boxed{}$

[04~06] ☐ 안에 알맞은 수를 써넣으세요.

04

```
    1 5 3
  ×   2 5
  ─────────
  [      ]  ← 153×5
  [      ]  ← 153×20
  ─────────
  [      ]
```

05

```
    4 8 2
  ×   3 7
  ─────────
  [      ]  ← 482×7
  [      ]  ← 482×30
  ─────────
  [      ]
```

06

```
    7 1 9
  ×   4 6
  ─────────
  [      ]  ← 719×6
  [      ]  ← 719×40
  ─────────
  [      ]
```

3 곱셈의 어림셈

398 × 21 어림셈하기

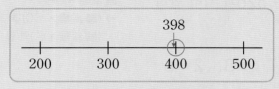

398을 몇백으로 어림하면

약 400입니다.

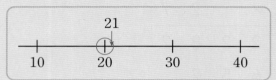

21을 몇십으로 어림하면

약 20입니다.

> 수를 어림할 때 가장 가까운 몇십, 몇백으로 어림합니다.

어림셈 400 × 20 = **8000**

398 × 21을 400 × 20으로 어림하여 계산하면 **약 8000**입니다.

[01~02] 주어진 곱을 어림셈으로 구하려고 합니다. 수를 어림하여 그림에 ○표 하고, ☐ 안에 알맞은 수를 써넣으세요.

01 702 × 40

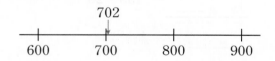

702를 몇백으로 어림하면 약 ☐ 이므로

702 × 40을 어림하여 계산하면

약 ☐ 입니다.

02 500 × 28

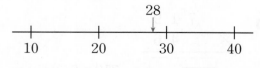

28을 몇십으로 어림하면 약 ☐ 이므로

500 × 28을 어림하여 계산하면

약 ☐ 입니다.

[03~04] 주어진 곱을 어림셈으로 구하려고 합니다. ☐ 안에 알맞은 수를 써넣으세요.

03 199 × 32

199를 몇백으로 어림한 값: 약 200

32를 몇십으로 어림한 값: 약 ☐

→ 199 × 32를 어림셈으로 구하면

☐ × ☐ = ☐ 이므로

약 ☐ 입니다.

04 601 × 59

601을 몇백으로 어림한 값: 약 ☐

59를 몇십으로 어림한 값: 약 60

→ 601 × 59를 어림셈으로 구하면

☐ × ☐ = ☐ 이므로

약 ☐ 입니다.

유형 01 (세 자리 수)×(몇십)

예제 빈칸에 알맞은 수를 써넣으세요.

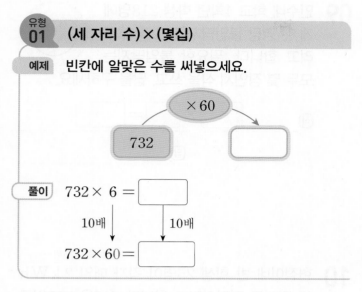

×60

732

풀이 $732 \times 6 =$ ☐

10배 ↓   10배 ↓

$732 \times 60 =$ ☐

01 계산해 보세요.

(1) 416×20

(2) 225×40

02 계산 결과를 찾아 이어 보세요.

(1) 900×20 •

(2) 480×50 •

• 24000

• 15000

• 18000

03 ㉡은 ㉠의 몇 배일까요?

중요★

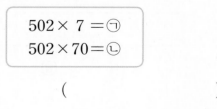

$502 \times 7 = ㉠$
$502 \times 70 = ㉡$

(   )

04 빨간색 장미에 쓰여진 두 수의 곱을 구하세요.

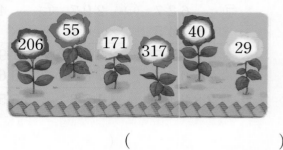

206 55 171 317 40 29

(   )

05 가장 큰 수와 가장 작은 수의 곱을 찾아 색칠해 보세요.

100   300   30

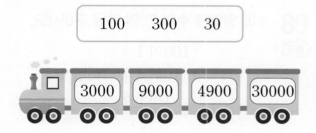

3000 9000 4900 30000

유형 02 (세 자리 수)×(몇십몇)

예제 두 수의 곱을 구하세요.

119   82

(   )

풀이

119×80 119×2

$119 \times 82 =$ ☐ $+$ ☐

$=$ ☐

06 빈칸에 알맞은 수를 써넣으세요.

×	15	24
236		

07 계산이 잘못된 것을 찾아 기호를 쓰세요.

㉠	6 2 7	㉡	2 9 7	㉢	4 8 1
×	4 5	×	6 8	×	7 4
	3 1 3 5		2 3 7 6		1 9 2 4
	2 5 0 8		1 7 8 2		3 3 6 7
	2 8 2 1 5		4 1 5 8		3 5 5 9 4

( )

08 ♥에 알맞은 수와 72의 곱을 구하세요.

중요★

100이 1개 ┐
10이 4개 ┤이면 ♥
1이 6개 ┘

( )

유형 **03** 실생활 속 (세 자리 수)×(몇십몇)

예제 성재는 가게에서 750원짜리 구슬을 14개 샀습니다. 구슬의 값은 모두 얼마일까요?

( )

풀이 (성재가 산 구슬의 값)
=(구슬 한 개의 값)×(산 구슬의 수)
= ☐ × ☐
= ☐ (원)

---

09 민수네 학교 4학년 학생 218명에게 한 명당 붙임딱지를 12장씩 주려고 합니다. 필요한 붙임딱지는 모두 몇 장인지 식을 쓰고, 답을 구하세요.

식 ☐ × ☐ = ☐

답 _____

전력량의 단위 ┐

10 현정이네 반 학생 25명이 각자 매일 $2\,kWh$씩 전기를 절약하려고 합니다. 1년을 365일로 계산한다면 현정이네 반 학생들이 1년 동안 절약할 수 있는 전력량은 몇 kWh일까요?

( )

---

11 어느 제과점에서 초콜릿 케이크를 만들기 위해 980 g씩 들어 있는 밀가루 25봉지와 120 g씩 들어 있는 코코아 42봉지를 사 왔습니다. 밀가루와 코코아의 무게는 모두 몇 g인지 풀이 과정을 쓰고, 답을 구하세요.

서술형

1단계 밀가루와 코코아의 무게 각각 구하기

_____

_____

2단계 밀가루와 코코아의 무게의 합 구하기

_____

_____

답 _____

+플러스
유형 04 수를 만들어 곱 구하기

예제 수 카드 1 , 3 , 5 , 7 , 8 을 한 번씩 모두 사용하여 만든 가장 큰 세 자리 수와 가장 작은 두 자리 수의 곱을 구하세요.

( )

풀이 8>7>5>3>1이므로

가장 큰 세 자리 수: ⬜ ,

가장 작은 두 자리 수: ⬜ 입니다.

➡ ⬜ × ⬜ = ⬜

12 수 카드 0 , 2 , 5 , 8 , 9 를 한 번씩 모두 사용하여 만들 수 있는 가장 작은 세 자리 수와 가장 큰 두 자리 수의 곱을 구하려고 합니다. ⬜ 안에 알맞은 수를 써넣으세요.

⬜ × ⬜ = ⬜

13
(서술형) 초록색 상자에서 공 3개를 꺼내 가장 큰 세 자리 수를 만들고, 노란색 상자에서 공 2개를 꺼내 가장 작은 두 자리 수를 만들었습니다. 만든 두 수의 곱은 얼마인지 풀이 과정을 쓰고, 답을 구하세요.

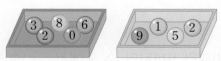

(1단계) 만든 두 수 구하기

_____

_____

(2단계) 만든 두 수의 곱 구하기

_____

_____

답

+플러스
유형 05 겹치게 이어 붙였을 때 길이 구하기

예제 그림과 같이 길이가 125 cm인 색 테이프 14장을 12 cm씩 겹쳐서 한 줄로 길게 이어 붙였습니다. 이어 붙인 색 테이프의 전체 길이는 몇 cm일까요?

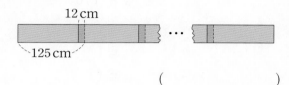

( )

풀이 (색 테이프 14장의 길이의 합)

= ⬜ × ⬜ = ⬜ (cm)

(겹친 부분의 수)=14−1=13(군데)
(겹친 부분의 길이의 합)

= ⬜ ×13= ⬜ (cm)

➡ (이어 붙인 색 테이프의 전체 길이)

= ⬜ − ⬜ = ⬜ (cm)

14 길이가 150 cm인 끈 17개를 18 cm씩 겹쳐서 한 줄로 길게 늘어놓았습니다. 늘어놓은 끈의 전체 길이는 몇 cm일까요?

( )

15 길이가 1 m 45 cm인 철사 12개를 9 cm씩 겹쳐서 한 줄로 길게 이어 붙였습니다. 이어 붙인 철사의 전체 길이는 몇 cm일까요?

( )

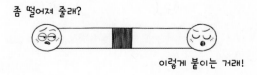

좀 떨어져 줄래?

이렇게 붙이는 거래!

+플러스 유형 06 곱셈식에서 □ 안에 알맞은 수 구하기

예제 ⊙, ⓒ, ⓒ에 알맞은 수를 각각 구하세요.

$$\begin{array}{r} 6\ 2\ 7 \\ \times\quad ⊙\ 0 \\ \hline ⓒ\ ⓒ\ 8\ 1\ 0 \end{array}$$

⊙ (   )

ⓒ (   )

ⓒ (   )

풀이 • $7 \times ⊙$에서 곱의 일의 자리 숫자가 1이므로

$⊙ = \boxed{}$입니다.

• $627 \times \boxed{} = ⓒⓒ81$에서

$627 \times \boxed{} = \boxed{}$이므로

$ⓒ = \boxed{}$, $ⓒ = \boxed{}$입니다.

---

16 □ 안에 알맞은 수를 써넣으세요.

$$\begin{array}{r} 2\ \boxed{}\ 6 \\ \times\quad 6\ 0 \\ \hline 1\ 4\ 7\ \boxed{}\ \boxed{} \end{array}$$

---

17 ⊙~ⓔ에 알맞은 수를 각각 구하세요.

$$\begin{array}{r} 5\ 1\ \boxed{⊙} \\ \times\quad \boxed{ⓒ}\ 9 \\ \hline 4\ 6\ \boxed{ⓒ}\ 6 \\ 3\ 0\ \boxed{ⓔ}\ 4\quad \\ \hline 3\ 5\ 4\ 6\ 6 \end{array}$$

⊙ (   ), ⓒ (   )

ⓒ (   ), ⓔ (   )

+플러스 유형 07 크기 비교에서 □ 안에 알맞은 수 구하기

예제 ■에 들어갈 수 있는 자연수 중에서 가장 작은 수를 구하세요.

$$\boxed{200 \times ■ > 14300}$$

(   )

풀이 $200 \times 70 = \boxed{}$이므로 ■에 70보다 큰

수를 넣어 확인할 수 있습니다.

$200 \times 71 = \boxed{} \bigcirc 14300$

$200 \times 72 = \boxed{} \bigcirc 14300$

➡ 따라서 ■에 들어갈 수 있는 자연수 중에서

가장 작은 수는 $\boxed{}$입니다.

---

18 □ 안에 들어갈 수 있는 자연수 중에서 가장 큰 수를 구하세요.

$$\boxed{300 \times □ < 17800}$$

(   )

---

19 0부터 9까지의 수 중에서 □ 안에 들어갈 수 있는 수는 모두 몇 개일까요?

$$\boxed{489 \times 6□ < 30000}$$

(   )

플러스 유형 08 곱이 가장 큰(작은) 곱셈식 만들기

예제 공에 쓰여 있는 수를 한 번씩 모두 사용하여 (세 자리 수)×(두 자리 수)의 곱셈식을 만들려고 합니다. 곱이 가장 클 때의 곱을 구하세요.

( )

풀이 곱이 가장 큰 곱셈식을 만들려면
㉠㉡㉢×㉣㉤에서 ㉠, ㉣에 큰 수를 놓아야 합니다.

962×83= ⬚ ,

862×93= ⬚ ,

932×86= ⬚ ,

832×96= ⬚

따라서 곱이 가장 클 때의 곱은 ⬚ 입니다.

20 1부터 5까지의 수를 ⬚ 안에 한 번씩 모두 써넣어 곱셈식을 만들려고 합니다. 곱이 가장 작게 되도록 ⬚ 안에 알맞은 수를 써넣고, 곱을 구하세요.

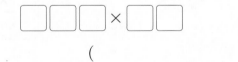

( )

21 6장의 수 카드 중 5장을 골라 한 번씩 사용하여 (세 자리 수)×(두 자리 수)의 곱셈식을 만들려고 합니다. 곱이 가장 클 때의 곱을 구하세요.

| 5 | 0 | 3 | 7 | 1 | 6 |

( )

플러스 유형 09 몇 개까지 살 수 있는지 구하기

예제 500원짜리 동전이 74개 있습니다. 이 돈으로 10000원짜리 가방을 몇 개까지 살 수 있는지 구하세요.

( )

풀이 (가지고 있는 돈)

=500×74= ⬚⬚⬚00(원)

➡ 10000원짜리 가방을 ⬚ 개까지 살 수 있습니다.

22 100원짜리 동전이 86개 있습니다. 이 돈으로 600원짜리 자를 몇 개까지 살 수 있는지 구하세요.

( )

23 서술형 재하는 한 봉지에 720원인 과자를 15봉지 사고 15000원을 냈습니다. 남은 돈으로 400원짜리 사탕을 사려고 합니다. 사탕을 몇 개까지 살 수 있는지 풀이 과정을 쓰고, 답을 구하세요.

720원   400원

1단계 과자를 사고 남은 돈 구하기

_____

_____

2단계 사탕을 몇 개까지 살 수 있는지 구하기

_____

_____

_____

답 _____

3 단원

유형 10 곱셈과 관련된 문제 만들기

예제 지혁이와 예빈이가 '150×15'와 관련된 문제를 만든 것입니다. 바르게 만든 사람의 이름을 쓰고, 그때 결과를 계산해 보세요.

> 지혁: 길이가 150 cm인 철사와 15 cm인 철사를 샀습니다. 철사는 모두 몇 cm일까요?
>
> 예빈: 길이가 150 cm인 철사를 15개 샀습니다. 철사는 모두 몇 cm일까요?

(   ), (   )

풀이 • 지혁: 150 ◯ 15 = ☐ (cm)

• 예빈: 150 ◯ 15 = ☐ (cm)

따라서 바르게 만든 사람은 ☐ 입니다.

---

24 미나는 '130×22'와 관련된 문제를 다음과 같이 만들었습니다. ☐에 알맞은 수를 써넣고, 답을 구하세요.

> 귤이 한 상자에 130개씩 들어 있습니다. 상자 ☐개에 들어 있는 귤은 모두 몇 개일까요?

미나

(   )

---

25 생활에서 '990×37'과 관련된 문제를 만들고, 답을 구하세요.
창의형

문제 _____

_____

_____

답 _____

유형 11 곱셈의 어림셈

예제 301×18이 약 얼마인지 어림셈으로 구하세요.

약 (   )

풀이 301을 몇백으로 어림하면 약 ☐ ,

18을 몇십으로 어림하면 약 ☐ 입니다.

어림셈으로 구하면 ☐ × ☐ = ☐

이므로 약 ☐ 입니다.

---

26 596×22를 어림셈으로 구한 값을 찾아 ◯표 하세요.

9000	12000	20000

---

27 882×30이 약 얼마인지 어림셈으로 구하고, 실제로 계산해 보세요.

어림셈	실제 계산
_____	8 8 2 × 3 0

---

28 한 개의 무게가 404 g인 접시 50개의 무게를 어림셈으로 구하려고 합니다. 404를 어림하여 그림에 ◯표 하고, ☐ 안에 알맞은 수를 써넣으세요.

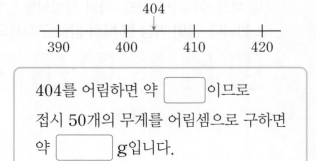

404를 어림하면 약 ☐ 이므로 접시 50개의 무게를 어림셈으로 구하면 약 ☐ g입니다.

29 탁구공이 한 상자에 203개씩 38상자 있습니다. 탁구공은 약 몇 개인지 어림셈으로 구하세요.

203은 [ ]에 가깝고, 38은 [ ]에 가까우므로 어림셈으로 구하면 [ ] × [ ] = [ ] 입니다.

따라서 탁구공은 약 [ ] 개입니다.

30 주경이가 692 × 28을 어림한 것입니다. 주경이가 어림한 방법과 같은 방법으로 802 × 21을 어림해 보세요.

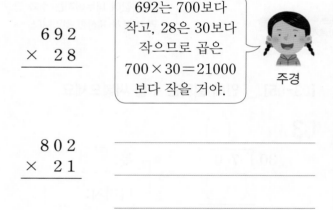

```
  6 9 2
×   2 8
```

692는 700보다 작고, 28은 30보다 작으므로 곱은 700 × 30 = 21000 보다 작을 거야.

주경

```
  8 0 2
×   2 1
```

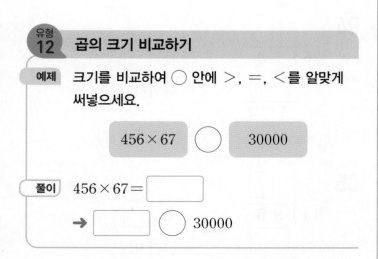

유형 12 곱의 크기 비교하기

예제 크기를 비교하여 ◯ 안에 >, =, <를 알맞게 써넣으세요.

456 × 67 ◯ 30000

풀이 456 × 67 = [ ]

→ [ ] ◯ 30000

31 곱의 크기를 비교하여 ◯ 안에 >, =, <를 알맞게 써넣으세요.

437 × 22 ◯ 141 × 91

32 계산 결과가 작은 것부터 차례로 ◯ 안에 1, 2, 3을 써넣으세요.

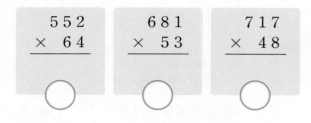

```
  5 5 2        6 8 1        7 1 7
×   6 4      ×   5 3      ×   4 8
```

◯   ◯   ◯

33 어림셈으로 구한 값의 크기를 비교하여 더 큰 것의 기호를 쓰려고 합니다. 풀이 과정을 쓰고, 답을 구하세요.

㉠ 501 × 41   ㉡ 304 × 72

1단계 ㉠, ㉡을 어림셈으로 구한 값 각각 구하기

_____

_____

_____

_____

2단계 어림셈으로 구한 값의 크기 비교하기

_____

_____

답 _____

3 단원

4 (두 자리 수)÷(두 자리 수)

49 ÷ 12 계산하기

12와 몫의 곱이 49보다 크지 않으면서 나머지는 12보다 작아야
합니다.

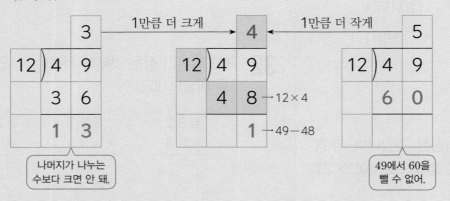

1만큼 더 크게 → 1만큼 더 작게

12×4

49−48

나머지가 나누는
수보다 크면 안 돼.

49에서 60을
뺄 수 없어.

나눗셈식 $49 \div 12 = 4 \cdots 1$ → 몫: 4, 나머지: 1

확인 $12 \times 4 = 48$, $48 + 1 = 49$ ― 나누어지는 수와 같으므로
계산을 바르게 했습니다.

나눗셈식에서 나머지는 항상 나누
는 수보다 작습니다.

나누는 수와 몫의 곱에 나머지를
더한 값이 나누어지는 수와 같으
면 바르게 계산한 것입니다.

---

01 그림을 보고 ☐ 안에 알맞은 수를 써넣으세요.

$$80 \div 20 = \boxed{}$$

02 표의 빈칸에 알맞은 수를 써넣고, $52 \div 15$를 계
산해 보세요.

×	2	3	4	5
15				

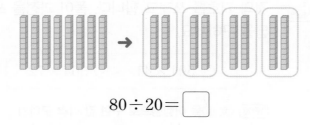

$$15\,)\,5\,2$$

[03~05] ☐ 안에 알맞은 수를 써넣으세요.

03

$$30\,)\,7\,0$$

→ 몫: ☐
  나머지: ☐

04

$$26\,)\,7\,8$$

→ 몫: ☐
  나머지: ☐

05

$$14\,)\,9\,5$$

→ 몫: ☐
  나머지: ☐

5 (세 자리 수)÷(두 자리 수)⑴ ▶ 몫이 한 자리 수인 경우

156÷32 계산하기

(나누는 수)×(몫)을 나누어지는 수와 비교하여 몫을 크게 또는 작게 하면서 계산합니다.

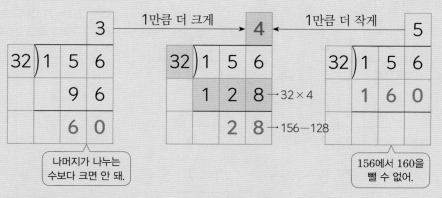

나눗셈식 $156 \div 32 = 4 \cdots 28$ → 몫: 4, 나머지: 28

확인 $32 \times 4 = 128$, $128 + 28 = 156$

나눗셈의 몫과 나머지를 구한 후 계산한 결과가 맞는지 확인합니다.

---

01 그림을 보고 ◯ 안에 알맞은 수를 써넣으세요.

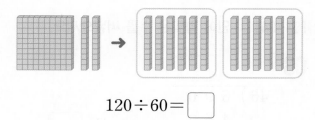

$$120 \div 60 = \boxed{}$$

[02~03] 왼쪽 곱셈식을 이용하여 나눗셈을 하려고 합니다. ◯ 안에 알맞은 수를 써넣으세요.

02

$50 \times 5 = \boxed{}$

$50 \times 6 = \boxed{}$ → $300 \div 50 = \boxed{}$

$50 \times 7 = \boxed{}$

03

$90 \times 5 = 450$
$90 \times 6 = 540$
$90 \times 7 = 630$
$90 \times 8 = 720$

→
$$90 \overline{)639}$$

[04~06] ◯ 안에 알맞은 수를 써넣으세요.

04

$$25 \overline{)175}$$
→ 몫: ◻ 나머지: ◻

05

$$42 \overline{)386}$$
→ 몫: ◻ 나머지: ◻

06

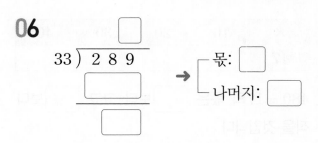

$$33 \overline{)289}$$
→ 몫: ◻ 나머지: ◻

6 (세 자리 수)÷(두 자리 수)⑵ ▶ 몫이 두 자리 수인 경우

547÷35 계산하기

몫의 십의 자리 수부터 구하고, 남는 수를 다시 35로 나누어 몫의
일의 자리 수와 나머지를 구합니다.

547÷35에서
35×10=350,
35×20=700이므로
몫은 10보다 크고 20보다 작습
니다.

			1	
35)	5	4	7	
	3	5	0	←35×10
		1	9	7	←547-350

→

		1	5
35)	5	4	7
	3	5	0
	1	9	7
	1	7	5	←35×5
		2	2	←197-175

→

몫↗
		1	5
35)	5	4	7
	3	5	
	1	9	7
	1	7	5
		2	2
나머지↗

나눗셈식 547÷35=15…22 ➡ 몫: 15, 나머지: 22

확인 35×15=525, 525+22=547

[01~02] 표의 빈칸에 알맞은 수를 써넣고, 나눗셈의 몫
을 어림해 보세요.

01 705÷23

×	10	20	30	40
23				

705÷23의 몫은 ☐보다 크고 ☐보다
작을 것입니다.

02 480÷17

×	10	20	30	40
17				

480÷17의 몫은 ☐보다 크고 ☐보다
작을 것입니다.

[03~04] ☐ 안에 알맞은 수를 써넣으세요.

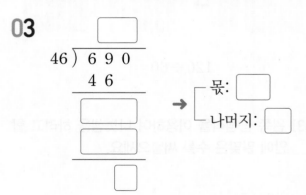

03

```
      ☐ ☐
46 ) 6 9 0
     4 6
    ┌─────┐
    │ ☐ ☐ │
    └─────┘
    ┌─────┐
    │ ☐ ☐ │
    └─────┘
       ☐
```
→ 몫: ☐
  나머지: ☐

04

```
      ☐ ☐
32 ) 8 4 6
     6 4
    ┌─────┐
    │ ☐ ☐ │
    └─────┘
    ┌─────┐
    │ ☐ ☐ │
    └─────┘
       ☐
```
→ 몫: ☐
  나머지: ☐

7 나눗셈의 어림셈

297÷32 어림셈하기

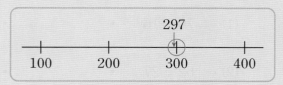

297을 몇백으로 어림하면
약 300입니다.

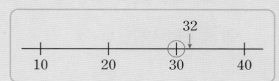

32를 몇십으로 어림하면
약 30입니다.

어림셈 300÷30=**10**

297÷32를 300÷30으로 어림하여 계산하면 몫은 **약 10**입니다.

㉠㉡㉢÷㉣㉤에서 몫의 자리 수 알아보기
• ㉠㉡<㉣㉤이면 몫은 한 자리 수입니다.
• ㉠㉡=㉣㉤이거나 ㉠㉡>㉣㉤ 이면 몫은 두 자리 수입니다.

실제로 계산하면
297÷32=9…9입니다.

3 단원

[01~02] 나눗셈의 몫을 어림셈으로 구하려고 합니다. 수를 어림하여 그림에 ○표 하고, ☐ 안에 알맞은 수를 써넣으세요.

01 718÷90

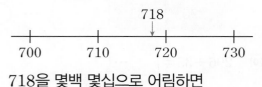

718을 몇백 몇십으로 어림하면

약 ☐ 이므로 718÷90을 어림하여

계산하면 약 ☐ 입니다.

02 350÷53

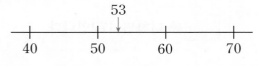

53을 몇십으로 어림하면 약 ☐ 이므로

350÷53을 어림하여 계산하면

약 ☐ 입니다.

[03~04] 〈보기〉와 같이 어림해 보세요.

〈보기〉
502÷22
502는 약 500, 22는 약 20으로 어림하면 500÷20=25이므로 약 25입니다.

03 403÷18

403은 약 ☐, 18은 약 ☐으로

어림하면 ☐÷☐=☐이므로

약 ☐입니다.

04 699÷71

699는 약 ☐, 71은 약 ☐으로

어림하면 ☐÷☐=☐이므로

약 ☐입니다.

유형 13 (두 자리 수)÷(두 자리 수)

예제 큰 수를 작은 수로 나누었을 때의 몫을 구하세요.

$$\boxed{82} \quad \boxed{15}$$

( )

풀이 82 > 15이므로

$82 \div 15 = \boxed{} \cdots \boxed{}$ 에서 몫은 $\boxed{}$ 입니다.

01 계산해 보세요.

(1) $72 \div 18$

(2) $54 \div 21$

02 계산을 하고, 계산 결과가 맞는지 확인해 보세요.

중요★

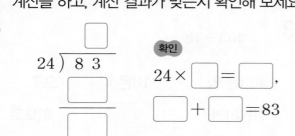

확인

$24 \times \boxed{} = \boxed{}$,

$\boxed{} + \boxed{} = 83$

03 몫이 6인 나눗셈식의 기호를 쓰세요.

$$\boxed{\quad \bigcirc\ 95 \div 12 \qquad \bigcirc\!\!\!\!\bigcirc\ 89 \div 13 \quad}$$

( )

04 나눗셈의 나머지를 찾아 이어 보세요.

(1) $\boxed{70 \div 16}$ • • $\boxed{8}$

(2) $\boxed{62 \div 27}$ • • $\boxed{7}$

(3) $\boxed{64 \div 19}$ • • $\boxed{6}$

유형 14 몫이 한 자리 수인 (세 자리 수)÷(두 자리 수)

예제 $\boxed{}$ 안에 몫을 써넣고, $\bigcirc$ 안에 나머지를 써넣으세요.

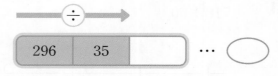

풀이 $296 \div 35 = \boxed{} \cdots \boxed{}$

➜ 몫: $\boxed{}$, 나머지: $\boxed{}$

05 계산을 하고, 계산 결과가 맞는지 확인해 보세요.

$$60\,)\overline{\,4\ 7\ 2\,}$$

$60 \times \boxed{} = \boxed{}$ 이고 여기에 나머지

$\boxed{}$ 를 더하면 472입니다.

06 _{중요} 큰 수를 작은 수로 나누었을 때의 몫과 나머지를 각각 구하세요.

| 91 | 638 |

몫 (   )
나머지 (   )

07 _{서술형} 몫이 다른 하나를 찾아 기호를 쓰려고 합니다. 풀이 과정을 쓰고, 답을 구하세요.

| ㉠ $330 \div 46$ | ㉡ $236 \div 32$ | ㉢ $410 \div 51$ |

[1단계] 나눗셈의 몫과 나머지 구하기

_____

_____

[2단계] 몫이 다른 하나 찾기

_____

_____

답 _____

_{유형} **15** **몫이 두 자리 수인 (세 자리 수)÷(두 자리 수)**

예제 785를 32로 나눈 몫과 나머지를 각각 구하세요.

몫 (   )
나머지 (   )

풀이 $785 \div 32 = \boxed{} \cdots \boxed{}$ 이므로

몫은 $\boxed{}$, 나머지는 $\boxed{}$ 입니다.

---

08 빈칸에 알맞은 몫을 써넣으세요.

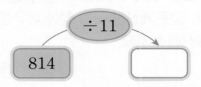

09 ☐ 안에 알맞은 식의 기호를 써넣으세요.

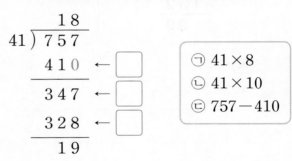

㉠ 41×8
㉡ 41×10
㉢ $757 - 410$

10 나누어떨어지는 나눗셈의 몫을 구하세요.

| $773 \div 64$ | $629 \div 17$ |

(   )

11 가운데 ◆ 안의 수를 분홍색 원 안의 수로 나누어 몫은 큰 원의 빈 곳에, 나머지는 ☐ 안에 써넣으세요.

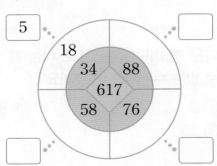

12 수호는 $951 \div 38$을 다음과 같이 계산했습니다. 잘못 계산한 곳을 찾아 이유를 쓰고, 바르게 계산해 보세요.
(서술형)

바르게 계산

```
        2 4
  38 ) 9 5 1
        7 6
      1 9 1
      1 5 2
          3 9
```
→
```
  38 ) 9 5 1
```

이유

---

14 어떤 수를 57로 나눌 때 나머지가 될 수 있는 수 중 가장 큰 수는 얼마일까요?
(중요★)

( )

15 다음 나눗셈을 하였을 때 나올 수 있는 나머지의 합을 구하세요.

$$\square \div 13$$

( )

유형 **16** 나올 수 있는 나머지 구하기

예제 어떤 수를 15로 나눌 때 나머지가 될 수 없는 수를 모두 찾아 ✕표 하세요.

| 5 | 18 | 10 | 12 | 15 | 7 |

풀이 나머지는 항상 나누는 수보다 (작아야 , 커야) 합니다.

→ 어떤 수를 15로 나눌 때 나머지가 될 수 없는 수는 ☐ , ☐ 입니다.

13 다음 중 어떤 수를 21로 나눌 때 나머지가 될 수 없는 수는 어느 것일까요? ( )

① 2   ② 11   ③ 8
④ 25   ⑤ 20

유형 **17** 실생활 속 나눗셈

예제 우유 $560\,\mathrm{mL}$를 한 명이 $80\,\mathrm{mL}$씩 나누어 마시려고 합니다. 몇 명이 나누어 마실 수 있을까요?

( )

풀이 (나누어 마실 수 있는 사람 수)
= (전체 우유의 양)
÷ (한 명이 마시는 우유의 양)
= $560 \div$ ☐ = ☐ (명)

16 도자기 만들기 체험에 68명이 참여하려고 합니다. 한 회에 17명씩 참여할 수 있다면 몇 회 만에 체험을 마칠 수 있을까요?

( )

17 시은이는 전체 쪽수가 264쪽인 책을 하루에 24쪽씩 읽으려고 합니다. 책을 모두 읽으려면 며칠이 걸릴까요?

(걸리는 날수)

$$= \boxed{} \div 24 = \boxed{} \text{(일)}$$

18 감자 203 kg을 한 상자에 15 kg씩 포장하여 판매하려고 합니다. 몇 상자까지 판매할 수 있는지 식을 쓰고, 답을 구하세요.

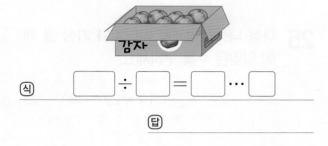

(식) $\boxed{} \div \boxed{} = \boxed{} \cdots \boxed{}$

(답) _____

19 장식 하나를 만드는 데 색 테이프가 16 cm 필요합니다. 색 테이프 86 cm로는 장식을 몇 개까지 만들 수 있고, 남는 색 테이프는 몇 cm인지 차례로 쓰세요.

(   ), (   )

유형 18 **적어도 몇 개 필요한지 구하기**

예제 색연필 551자루를 한 상자에 12자루씩 담으려고 합니다. 색연필을 모두 담으려면 상자는 적어도 몇 개 필요할까요?

(   )

풀이 $551 \div 12 = \boxed{} \cdots \boxed{}$

남은 11자루도 상자에 담아야 하므로 상자는 적어도 $\boxed{} + 1 = \boxed{}$ (개) 필요합니다.

20 (서술형) 메추리알 700개를 한 번에 40개씩 나누어 삶으려고 합니다. 메추리알을 모두 삶으려면 적어도 몇 번 삶아야 하는지 풀이 과정을 쓰고, 답을 구하세요.

1단계 나눗셈식 세우기

_____

_____

2단계 메추리알을 모두 삶으려면 적어도 몇 번 삶아야 하는지 구하기

_____

(답) _____

21 소민이네 학교 4학년 남학생 182명과 여학생 174명이 케이블카를 타려고 합니다. 케이블카 한 대에 43명씩 탄다고 할 때 케이블카는 적어도 몇 번 운행해야 하는지 구하세요.

(   )

+플러스
유형 19 수를 만들어 나눗셈하기

예제 수 카드 2 , 4 , 5 중 2장을 한 번씩 사용하여 가장 큰 두 자리 수를 만들었습니다. 만든 두 자리 수를 13으로 나누었을 때의 몫과 나머지를 차례로 쓰세요.

( ), ( )

풀이 $5>4>2$이므로 만들 수 있는 가장 큰 두 자리 수는 ☐ 입니다.

→ ☐ ÷ 13 = ☐ ⋯ ☐

22 수 카드 1 , 2 , 4 , 6 , 8 을 한 번씩 모
중요★ 두 사용하여 가장 큰 세 자리 수와 가장 작은 두 자리 수를 만들었습니다. 만든 수를 이용하여 (세 자리 수)÷(두 자리 수)의 식을 만들고, 계산해 보세요.

☐ ÷ ☐ = ☐

23 수 카드 3 , 4 , 6 , 7 , 9 를 한 번씩 모
서술형 두 사용하여 가장 작은 세 자리 수와 가장 큰 두 자리 수를 만들었습니다. 만든 수를 이용하여 (세 자리 수)÷(두 자리 수)의 식을 만들 때 몫과 나머지는 각각 얼마인지 풀이 과정을 쓰고, 답을 구하세요.

(1단계) 가장 작은 세 자리 수와 가장 큰 두 자리 수 만들기

_____

_____

(2단계) 나눗셈식을 만들고 몫과 나머지 구하기

_____

_____

답 몫: _____ , 나머지: _____

+플러스
유형 20 나누어지는 수, 나누는 수 구하기

예제 다음 나눗셈식에서 ■에 알맞은 수를 구하세요.

$918 ÷ ■ = 34$

( )

풀이 $918 ÷ ■ = 34$ → $■ × ☐ = 918$

→ $■ = 918 ÷ ☐$

= ☐

24 어떤 수를 45로 나누면 몫은 21이고, 나머지는
중요 39입니다. 어떤 수를 구하세요.

( )

25 다음 나눗셈식에서 나머지가 가장 클 때 ☐ 안에 알맞은 수를 구하세요.

$☐ ÷ 14 = 29 ⋯ ★$

( )

26 나머지가 있는 (세 자리 수)÷(두 자리 수)의 나눗셈식입니다. ☐ 안에 들어갈 수 있는 수를 모두 구하세요.

$4☐4 ÷ 30 = 14 ⋯ ▲$

( )

+플러스 유형 21 실생활 속 나누어지는 수 구하기

예제 풀을 한 상자에 14개씩 나누어 담았더니 6상자가 되고 2개가 남았습니다. 풀은 모두 몇 개일까요?

(   )

풀이 풀 수를 ▲개라 하면

▲÷14=□ ⋯ □ 입니다.

14×□=□, □+□=□

따라서 풀은 □개입니다.

27 유미네 학교 4학년 학생들이 공룡 박물관 체험 학습을 가기 위해 28인승 버스에 나누어 탔습니다. 버스 7대에는 빈자리 없이 모두 타고, 나머지 한 대에는 10명이 탔다면 체험 학습에 가는 학생은 모두 몇 명일까요?

(   )

28 서술형 사탕을 한 봉지에 18개씩 나누어 담았더니 7봉지가 되고 9개가 남았습니다. 이 사탕을 다시 한 봉지에 15개씩 나누어 담는다면 몇 봉지가 되는지 풀이 과정을 쓰고, 답을 구하세요.

[1단계] 전체 사탕 수 구하기

_____

_____

[2단계] 한 봉지에 15개씩 담으면 몇 봉지가 되는지 구하기

_____

_____

답 _____

+플러스 유형 22 나누어지는 수와 나머지의 관계

예제 420은 70으로 나누어떨어집니다. 420보다 큰 수 중에서 70으로 나누었을 때 나머지가 33이 되는 가장 작은 수를 구하세요.

(   )

풀이

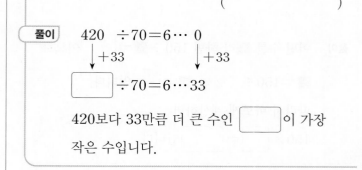

$420 \div 70 = 6 \cdots 0$

$+33$ $+33$

$\boxed{} \div 70 = 6 \cdots 33$

420보다 33만큼 더 큰 수인 □이 가장 작은 수입니다.

29 518은 37로 나누어떨어집니다. 518보다 큰 수 중에서 37로 나누었을 때 나머지가 30이 되는 가장 작은 수를 구하세요.

(   )

30 주어진 나눗셈식을 이용하여 ♣에 알맞은 수를 구하세요.

$737 \div 19 = 38 \cdots 15$

↓

$♣ \div 19 = 38 \cdots 0$

(   )

나누어떨어지는 문입니다.
몫은 통과, 나머지는 들어갈 수 없어요!

나눗셈
몫
나누어떨어지는 문

+플러스
유형 23 바르게 계산한 값 구하기

예제 150에 어떤 수를 곱해야 하는데 잘못하여 나누었더니 몫이 25로 나누어떨어졌습니다. 바르게 계산한 값을 구하세요.

( )

풀이 어떤 수를 ■라 하면 150÷■=☐이므로

■=150÷☐, ■=☐입니다.

따라서 바르게 계산하면

150×☐=☐입니다.

31 어떤 수에 15를 곱해야 하는데 잘못하여 나누었더니 몫이 33이고, 나머지가 5였습니다. 바르게 계산했을 때의 값을 구하세요.
(중요★)

( )

32 준호가 바르게 계산했을 때의 몫과 나머지를 각각 구하세요.

어떤 수를 14로 나누어야 하는데 잘못하여 곱하였더니 644가 되었어.

준호

몫 ( )
나머지 ( )

33 어떤 수를 36으로 나누어야 할 것을 잘못하여 63으로 나누었더니 몫이 7이고, 나머지가 41이었습니다. 바르게 계산했을 때의 몫과 나머지는 각각 얼마인지 풀이 과정을 쓰고, 답을 구하세요.
(서술형)

(1단계) 어떤 수 구하기

_____

_____

(2단계) 바르게 계산했을 때의 몫과 나머지 각각 구하기

_____

_____

답 몫: , 나머지:

+플러스
유형 24 나눗셈식에서 ☐ 안에 알맞은 수 구하기

예제 나누어떨어지는 나눗셈이 되도록 ㉠, ㉡에 알맞은 수를 각각 구하세요.

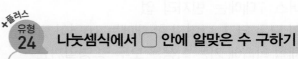

㉠ ( )
㉡ ( )

풀이 나누어떨어지므로 17×㉠의 일의 자리 숫자가

2인 경우를 찾으면 ㉠=☐입니다.

2㉡2÷17=16이므로 17×16=2㉡2입니다.

17×16=272이므로 ㉡=☐입니다.

34 ☐ 안에 알맞은 수를 써넣으세요.

```
            3
  ☐5) 8 ☐
      ☐ 5
        6
```

35 다음 나눗셈식은 나누어떨어집니다. ☐ 안에 알맞은 수를 써넣으세요.

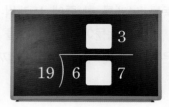

36 다음 식을 보고 ★에 들어갈 수 있는 수 중에서 가장 작은 수를 구하세요.

$$24\overline{\smash{)}19\bigstar}$$
$$19\square$$
$$\square$$

(   )

37 (세 자리 수)÷(두 자리 수)의 계산식입니다. ☐ 안에 알맞은 수를 써넣으세요.

$$3\square\overline{\smash{)}91\square}$$

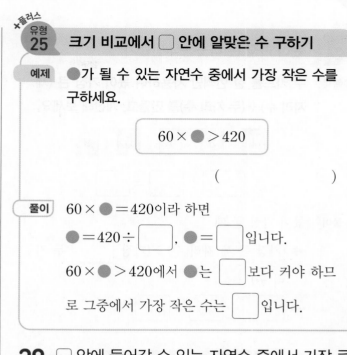

+플러스
유형 25 크기 비교에서 ☐ 안에 알맞은 수 구하기

예제 ●가 될 수 있는 자연수 중에서 가장 작은 수를 구하세요.

$$60 \times ● > 420$$

(   )

풀이 $60 \times ● = 420$이라 하면

$● = 420 ÷ \boxed{}$, $● = \boxed{}$입니다.

$60 \times ● > 420$에서 ●는 $\boxed{}$보다 커야 하므로 그중에서 가장 작은 수는 $\boxed{}$입니다.

38 ☐ 안에 들어갈 수 있는 자연수 중에서 가장 큰 수를 구하세요.

$$24 \times ☐ < 96$$

(   )

39 1부터 9까지의 자연수 중에서 ☐ 안에 들어갈 수 있는 수는 모두 몇 개일까요?

$$16 \times ☐ > 768 ÷ 16$$

(   )

3
단원

예제 수 카드를 한 번씩만 사용하여 몫이 가장 큰 (세 자리 수)÷(두 자리 수)를 만들고, 계산해 보세요.

| 1 | 3 | 7 | 5 | 9 |

$$\boxed{} \div \boxed{} = \boxed{}$$

풀이 몫이 가장 클 때

→ (가장 큰 세 자리 수)÷(가장 $\boxed{}$ 두 자리 수)

→ $\boxed{} \div \boxed{} = \boxed{}$

40 수 카드 2 , 8 , 0 , 7 , 4 를 한 번씩만 사용하여 몫이 가장 큰 (세 자리 수)÷(두 자리 수)를 만들었습니다. 만든 나눗셈식의 몫과 나머지를 각각 구하세요.

몫 (   )
나머지 (   )

41 서술형 수 카드 중 4장을 골라 한 번씩만 사용하여 몫이 가장 큰 (두 자리 수)÷(두 자리 수)를 만들려고 합니다. 만든 나눗셈식의 몫과 나머지의 합은 얼마인지 풀이 과정을 쓰고, 답을 구하세요.

| 1 | 7 | 9 | 2 | 3 |

1단계 몫이 가장 큰 나눗셈식 세우기

_____

_____

2단계 몫과 나머지의 합 구하기

_____

_____

_____

답 _____

예제 바둑돌 84개를 한 줄에 15개씩 놓으려고 합니다. 남는 바둑돌이 없도록 줄을 만들려면 바둑돌은 적어도 몇 개 더 있어야 할까요?

(   )

풀이 $84 \div 15 = \boxed{} \cdots \boxed{}$ 이므로 15개씩

$\boxed{}$ 줄이 되고 바둑돌 $\boxed{}$ 개가 남습니다.

한 줄을 채우려면 바둑돌은 적어도

$15 - \boxed{} = \boxed{}$ (개) 더 있어야 합니다.

42 중요★ 바나나 139개를 37명의 학생들에게 똑같이 나누어 주었더니 몇 개가 모자랐습니다. 바나나를 남김없이 똑같이 나누어 주기 위해서는 바나나가 적어도 몇 개 더 필요할까요?

(   )

43 사탕 524개를 한 봉지에 35개씩 나누어 담으려고 합니다. 남는 사탕이 없도록 봉지에 모두 담으려면 사탕은 적어도 몇 개 더 있어야 할까요?

(   )

+플러스

유형 28 필요한 가로수의 수 구하기

예제 길이가 528 m인 도로의 한쪽에 33 m 간격으로 가로수를 심으려고 합니다. 도로의 처음과 끝에 반드시 가로수를 심을 때 필요한 가로수는 몇 그루일까요? (단, 가로수의 두께는 생각하지 않습니다.)

(   )

풀이 도로 한쪽에 심는 가로수 사이의 간격의 수는

$528 \div 33 = $ ▢ (군데)입니다.

➡ 도로 한쪽에 심는 데 필요한 가로수는

▢ $+1=$ ▢ (그루)입니다.

44 길이가 336 m인 길의 양쪽에 16 m 간격으로 깃발을 꽂으려고 합니다. 길의 처음부터 끝까지 깃발을 모두 꽂는다면 필요한 깃발은 몇 개일까요? (단, 깃발의 두께는 생각하지 않습니다.)

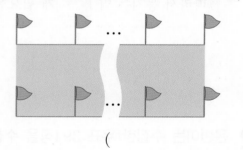

(   )

45 길이가 437 m인 도로의 양쪽에 처음부터 끝까지 같은 간격으로 가로등을 48개 설치했습니다. 가로등 사이의 간격은 몇 m일까요? (단, 가로등의 두께는 생각하지 않습니다.)

(   )

유형 29 나눗셈과 관련된 문제 만들기

예제 '520÷40'과 관련된 문제를 만들려고 합니다. 이어질 문장으로 알맞은 것의 기호를 쓰고, 문제의 답을 구하세요.

문제 젤리 520개를 한 상자에 40개씩 담으려고 합니다.

> ㉠ 필요한 상자는 몇 개일까요?
> ㉡ 상자 10개에 담은 젤리는 몇 개일까요?

(   ), (   )

풀이 ㉠ (필요한 상자 수)$=520 \div 40=$ ▢ (개)

㉡ (상자 10개에 담은 젤리 수)

$=40 \times 10=$ ▢ (개)

따라서 이어질 문장으로 알맞은 것은 (㉠ , ㉡)이고, 문제의 답은 ▢ 개입니다.

46 '720÷30'과 관련된 문제를 만든 것입니다. 바르게 만든 사람의 이름을 쓰세요.

> 준영: 720 g인 버터를 30조각으로 똑같이 나누었습니다. 버터 한 조각은 몇 g일까요?
> 태희: 720 g인 버터에서 30 g을 사용하였습니다. 남은 버터는 몇 g일까요?

(   )

47 주어진 수와 낱말을 이용하여 나눗셈 문제를 만들고 답을 구하세요.

창의형

| 25 | 900 | 연필 |

문제

_____

답

유형
30 **나눗셈의 어림셈**

예제 나눗셈의 몫을 어림셈으로 구하려고 합니다. 어림셈으로 구한 몫을 찾아 ○표 하세요.

$$357 \div 30$$

| 10 | 12 | 15 |

풀이 357은 약 360으로 어림할 수 있습니다.
어림셈으로 구하면 [ ] ÷ 30 = [ ] 이므로 약 [ ] 입니다.

48 497 ÷ 50의 몫을 어림셈으로 구하세요.

497은 약 500이므로 어림셈으로 구하면
[ ] ÷ 50 = [ ] 입니다.
→ 497 ÷ 50의 몫은 어림셈으로 구한 몫보다 (클 , 작을) 것입니다.

49 595 ÷ 30의 몫을 어림셈으로 구하고, 어림셈으로 구한 몫을 이용하여 실제 몫을 구하세요.

몫 어림셈하기	실제 몫 구하기
[ ][ ] 30) [ ] 0 0	[ ][ ] 30) 5 9 5

50 몫이 한 자리 수인 나눗셈에 ○표, 몫이 두 자리 수인 나눗셈에 △표 하세요.

| 514 ÷ 30 | 310 ÷ 40 | 496 ÷ 21 |

(   )   (   )   (   )

51 구슬 302개를 한 봉지에 21개씩 넣으려고 합니다. 봉지는 약 몇 개 필요한지 어림셈으로 구하세요.
(중요★)

302는 [ ] 에 가깝고, 21은 [ ] 에 가까우므로 어림셈으로 구하면
[ ] ÷ [ ] = [ ] 입니다.
따라서 봉지는 약 [ ] 개 필요합니다.

52 은빈이는 수집한 우표 394장을 수첩 한 면에 10장씩 붙여서 정리하려고 합니다. 42쪽인 수첩은 우표를 모두 정리하는 데 충분할지 어림셈으로 구하세요.

어림셈 [ ] ÷ 10 = [ ]

42쪽인 수첩은 우표를 모두 정리하는 데 (충분합니다 , 부족합니다).

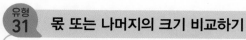 **31** 몫 또는 나머지의 크기 비교하기

예제 몫의 크기를 비교하여 ◯ 안에 >, =, <를 알 맞게 써넣으세요.

$$74 \div 12 \quad \bigcirc \quad 77 \div 13$$

풀이 $74 \div 12 = \boxed{} \cdots \boxed{}$

$77 \div 13 = \boxed{} \cdots \boxed{}$

몫의 크기를 비교하면 $\boxed{} \bigcirc \boxed{}$ 입니다.

53 몫이 가장 작은 나눗셈을 찾아 색칠해 보세요.

$240 \div 40$

$220 \div 30$

$430 \div 80$

54 나머지가 더 작은 나눗셈식을 만든 사람은 누구 인지 풀이 과정을 쓰고, 답을 구하세요.

서술형

$265 \div 15$ $530 \div 14$

규민   연서

1단계 나눗셈의 몫과 나머지 구하기

_____

_____

2단계 나머지가 더 작은 나눗셈식을 만든 사람 찾기

_____

_____

답 _____

55 몫이 큰 것부터 차례로 ◯ 안에 1, 2, 3을 써넣 으세요.

중요★

$21 \overline{)86}$ $32 \overline{)98}$ $17 \overline{)88}$

56 어림셈으로 구한 몫의 크기를 비교하여 몫이 작 은 것부터 차례로 기호를 쓰세요.

㉠ $507 \div 19$ ㉡ $629 \div 31$ ㉢ $708 \div 52$

(   )

57 나머지가 큰 것부터 차례로 글자를 쓰면 어떤 단어가 되는지 쓰세요.

비	$257 \div 58$
무	$605 \div 23$
환	$582 \div 64$
유	$713 \div 42$

(   )

문제 강의

합이 있는 곱 구하기

1 리아가 4월과 5월 두 달 동안 한 줄넘기 횟수는 몇 번인지 구하세요.

나는 매일 줄넘기를 250번씩 했어.

리아

(   )

해결 tip

월별 날수는?

1월	2월	3월	4월
31일	28(29)일	31일	30일
5월	6월	7월	8월
31일	30일	31일	31일
9월	10월	11월	12월
30일	31일	30일	31일

책의 쪽수 구하기

2 준영이는 306쪽인 위인전을 하루에 18쪽씩 읽어서 모두 읽었고, 은진이는 역사책을 준영이와 같은 기간 동안 하루에 24쪽씩 읽어서 모두 읽었습니다. 은진이가 읽은 역사책은 몇 쪽인지 구하세요.

(   )

거스름돈 구하기

서술형

3 어느 문구점에 제기가 한 상자에 15개씩 4상자 있습니다. 이 제기의 반은 한 개 950원이고 나머지는 한 개 800원입니다. 제기를 모두 사고 60000원을 냈다면 거스름돈으로 얼마를 받아야 하는지 풀이 과정을 쓰고, 답을 구하세요.

풀이 _____

_____

_____

_____

답 _____

■분을 시간으로 나타내려면?

60분＝1시간입니다.

■분

↓

■÷60＝몫…나머지

↓

몫시간 나머지분

시간을 몇 시간 몇 분으로 나타내기

4 서빈이가 매일 농구를 75분씩 했습니다. 서빈이가 일주일 동안 농구를 한 시간은 모두 몇 시간 몇 분일까요?

(   )

기호를 사용하여 나타낸 식 계산하기

5 기호 ◆, ●를 다음과 같이 약속했습니다. (516◆27)과 (640●77)의 곱은 얼마일까요?

> ㉠◆㉡＝(㉠을 ㉡으로 나누었을 때의 몫)
> ㉢●㉣＝(㉢을 ㉣로 나누었을 때의 나머지)

(   )

터널을 빠져나가는 데 걸리는 시간 구하기   서술형

6 길이가 235 m인 열차가 1초에 48 m를 가는 빠르기로 달리고 있습니다. 이 열차가 길이가 485 m인 터널에 들어가서 완전히 빠져나가는 데 걸리는 시간은 몇 초인지 풀이 과정을 쓰고, 답을 구하세요.

풀이

_____

_____

_____

_____

답 _____

열차가 터널을 완전히 빠져나가는 데 움직이는 거리는?

들어가서 완전히
빠져나가는 거리

➜ (터널의 길이)＋(열차의 길이)

7 짝을 짓고 남은 학생 수 구하기

학생 292명이 짝짓기 놀이를 하였습니다. 첫 번째 경기에서 12명씩 짝짓기 놀이를 하였고, 통과한 학생끼리 두 번째 경기에서 21명씩 짝짓기 놀이를 하였습니다. 두 경기에서 탈락한 학생은 모두 몇 명인지 구하세요.

(1) 첫 번째 경기에서 탈락한 학생은 몇 명인지 구하세요.

( )

(2) 두 번째 경기에서 탈락한 학생은 몇 명인지 구하세요.

( )

(3) 두 경기에서 탈락한 학생은 모두 몇 명인지 구하세요.

( )

해결 tip

■명씩 짝을 지으면?

(학생 수) ÷ ■ = ▲ ··· ●
└ 짝을 이룬 묶음 수

➔ (통과한 학생 수) = ■ × ▲ (명)
(탈락한 학생 수) = ● 명

8 범위 안의 수 중 조건을 만족하는 수 구하기

다음 조건을 모두 만족하는 수를 구하세요.

> • 200보다 크고 300보다 작은 수입니다.
> • 40으로 나누었을 때 나머지가 가장 큰 수입니다.
> • 각 자리의 숫자의 합은 14입니다.

(1) 40으로 나누었을 때 나올 수 있는 가장 큰 나머지를 구하세요.

( )

(2) 200보다 크고 300보다 작은 수이면서 40으로 나누었을 때 나머지가 가장 큰 수를 모두 구하세요.

( )

(3) 조건을 모두 만족하는 수를 구하세요.

( )

01 ☐ 안에 알맞은 수를 써넣으세요.

$635 \times 5 =$ ☐
$635 \times 50 =$ ☐ } 10배

05 빈칸에 알맞은 수를 써넣으세요.

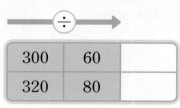

300	60	
320	80	

02 왼쪽 곱셈식을 이용하여 계산해 보세요.

$16 \times 3 = 48$
$16 \times 4 = 64$
$16 \times 5 = 80$
$16 \times 6 = 96$

$16 \overline{)79}$

06 $952 \div 34$를 계산한 것입니다. 다음 계산에서 <u>잘못된</u> 부분을 찾아 바르게 계산해 보세요.

바르게 계산

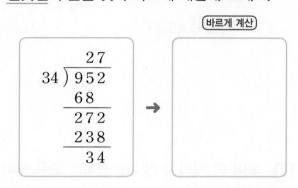

03 계산해 보세요.

(1)
$\begin{array}{r} 740 \\ \times 30 \\ \hline \end{array}$

(2)
$\begin{array}{r} 526 \\ \times 48 \\ \hline \end{array}$

07 $795 \div 40$의 몫을 어림셈으로 구하려고 합니다. ☐ 안에 알맞은 수를 써넣으세요.

어림셈 $800 \div 40 =$ ☐

795는 ☐ 보다 작으므로 $795 \div 40$의 몫은 ☐ 보다 작을 것입니다.

04 406×20을 어림셈으로 구한 값을 찾아 ○표 하세요.

6000	8000	9000

08 곱의 크기를 비교하여 ○ 안에 >, =, <를 알맞게 써넣으세요.

$$800 \times 20 \quad \bigcirc \quad 392 \times 41$$

09 몫이 같은 것끼리 이어 보세요.

(1) $110 \div 18$ •   • $134 \div 19$

(2) $177 \div 24$ •   • $221 \div 26$

(3) $362 \div 45$ •   • $216 \div 36$

10 몫이 한 자리 수인 나눗셈식을 모두 찾아 ○표 하세요.

$176 \div 99$	$547 \div 29$	$316 \div 31$
$659 \div 70$	$486 \div 51$	$890 \div 63$

11 어떤 수를 62로 나눌 때 나머지가 될 수 있는 수 중 가장 큰 수는 얼마일까요?

( )

12 지웅이네 학교 학생 596명이 운동장에 줄을 서려고 합니다. 30줄로 나누어 선다면 한 줄에 약 몇 명씩 서면 되는지 어림셈으로 구하세요.

약 ( )

13 대추를 83 kg 수확하여 한 상자에 15 kg씩 담아 팔려고 합니다. 대추를 몇 상자까지 팔 수 있는지 식을 쓰고, 답을 구하세요.

식 _____

답 _____

14 서술형 다음 수 카드를 한 번씩 모두 사용하여 만들 수 있는 가장 큰 세 자리 수와 가장 작은 두 자리 수의 곱은 얼마인지 풀이 과정을 쓰고, 답을 구하세요.

5	7	2	4	8

풀이 _____

_____

_____

답 _____

15 어느 공장에서 초콜릿은 한 상자에 30개씩 300상자, 사탕은 한 상자에 265개씩 35상자를 만들었습니다. 초콜릿과 사탕 중에서 더 많이 만든 것은 무엇일까요?

( )

16 다음 나눗셈식에서 ♥에 알맞은 수를 구하세요.

$$♥ \div 52 = 9 \cdots 51$$

( )

17 (서술형) 재우네 집에 있는 시계는 매시간 정각에 종을 한 번씩 울립니다. 이 시계의 종은 120일 동안 모두 몇 번 울리는지 풀이 과정을 쓰고, 답을 구하세요.

(풀이)

_____

_____

_____

(답) _____

18 □ 안에 알맞은 수를 써넣으세요.

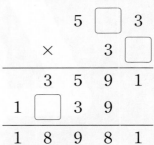

```
        5 □ 3
    ×     3 □
    ─────────
      3 5 9 1
    1 □ 3 9
    ─────────
    1 8 9 8 1
```

19 어떤 수를 43으로 나누어야 할 것을 잘못하여 34로 나누었더니 몫이 9이고, 나머지가 18이었습니다. 바르게 계산했을 때의 몫과 나머지를 각각 구하세요.

몫 ( )

나머지 ( )

20 (서술형) 길이가 616 m인 길의 한쪽에 11 m 간격으로 광고판을 설치하려고 합니다. 길의 처음과 끝에 반드시 광고판을 설치할 때 필요한 광고판은 몇 개인지 풀이 과정을 쓰고, 답을 구하세요. (단, 광고판의 두께는 생각하지 않습니다.)

(풀이)

_____

_____

_____

(답) _____

4

평면도형의 이동

학습을 끝낸 후 색칠하세요.

개념 확인하기

유형 다잡기 유형 01~19

★ 중요 유형

02 평면도형 뒤집기

06 평면도형 돌리기

10 처음 도형 그리기

12 도형을 움직인 방법 설명하기

15 수 카드를 움직였을 때 만들어지는 수 구하기

17 점을 이동하기

이전에 배운 내용

[3-1] 평면도형

각, 직각 알아보기

직각삼각형 알아보기

직사각형, 정사각형 알아보기

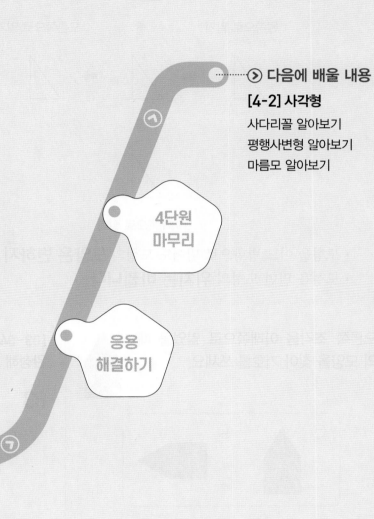

다음에 배울 내용

4단원
마무리

응용
해결하기

1 평면도형 밀기

도형을 여러 방향으로 밀기

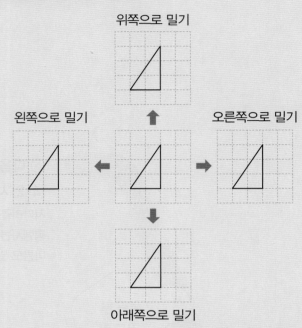

위쪽으로 밀기

왼쪽으로 밀기 ← → 오른쪽으로 밀기

아래쪽으로 밀기

┌ 변하지 않는 것: 모양
└ 변하는 것: 위치

도형을 여러 번 밀어도 도형의 모양은 변하지 않습니다.

예) 도형을 오른쪽으로 밀고 아래쪽으로 밀기

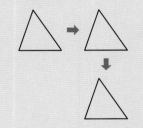

- 도형을 어느 방향으로 밀어도 도형의 **모양은 변하지 않습니다.**
- 도형을 밀면 도형의 **위치는 바뀝니다.**

---

01 오른쪽 조각을 아래쪽으로 밀었을 때의 모양을 찾아 기호를 쓰세요.

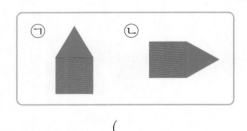

㉠　　　㉡

(　　　　　　　)

02 〈 보기 〉의 도형을 위쪽으로 밀었을 때의 도형에 ○표 하세요.

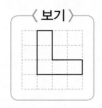
〈 보기 〉

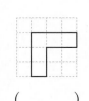　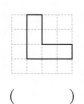

(　　　)　(　　　)

[03~04] 도형을 주어진 방향으로 밀었을 때의 도형을 완성해 보세요.

03

 ➡

04

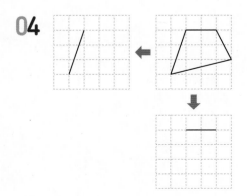

2 평면도형 뒤집기
도형을 여러 방향으로 뒤집기

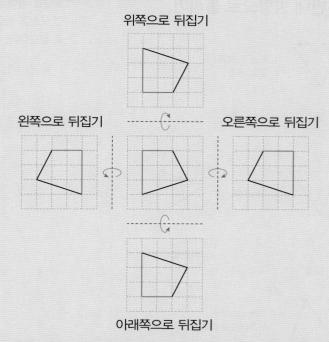

위쪽으로 뒤집기

왼쪽으로 뒤집기   오른쪽으로 뒤집기

아래쪽으로 뒤집기

┌ (왼쪽으로 뒤집은 도형)
│ =(오른쪽으로 뒤집은 도형)
└ (위쪽으로 뒤집은 도형)
   =(아래쪽으로 뒤집은 도형)

도형을 여러 번 뒤집기
- 도형을 같은 방향으로 2번, 4번, 6번, … 뒤집으면 처음 도형과 같습니다.
- 도형을 같은 방향으로 3번, 5번, 7번, … 뒤집으면 1번 뒤집은 도형과 같습니다.

- 도형을 **왼쪽** 또는 **오른쪽**으로 뒤집으면 도형의 **왼쪽과 오른쪽**이 서로 바뀝니다.
- 도형을 **위쪽** 또는 **아래쪽**으로 뒤집으면 도형의 **위쪽과 아래쪽**이 서로 바뀝니다.

4 단원

---

01 오른쪽 조각을 위쪽으로 뒤집었을 때의 모양을 찾아 기호를 쓰세요.

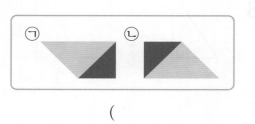

㉠   ㉡

(   )

02 〈보기〉의 도형을 왼쪽으로 뒤집었을 때의 도형에 ○표 하세요.

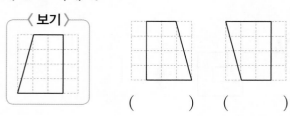

〈보기〉

(   ) (   )

03 도형을 아래쪽과 오른쪽으로 뒤집었을 때의 도형을 각각 완성해 보세요.

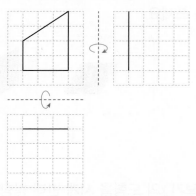

3 평면도형 돌리기

도형을 시계 방향 또는 시계 반대 방향으로 돌리기

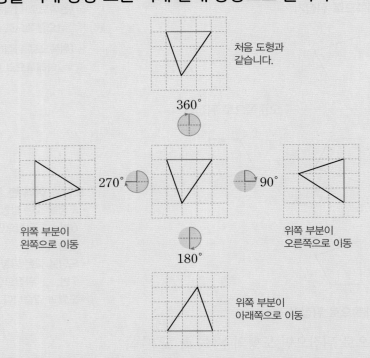

화살표 끝이 가리키는 곳이 같으면 도형을 돌렸을 때의 도형이 서로 같습니다.

도형을 시계 방향으로 90°, 180°, 270°, 360°만큼 돌리면 도형의 위쪽 부분이 **오른쪽 → 아래쪽 → 왼쪽 → 위쪽**으로 이동합니다.

도형을 방향으로 돌리면 도형의 위쪽 부분이 왼쪽 → 아래쪽 → 오른쪽 → 위쪽으로 이동합니다.

---

01 오른쪽 조각을 시계 방향으로 90°만큼 돌렸을 때의 모양을 찾아 기호를 쓰세요.

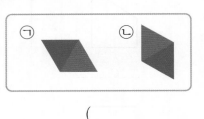

( )

02 〈보기〉의 도형을 시계 반대 방향으로 90°만큼 돌렸을 때의 도형에 ○표 하세요.

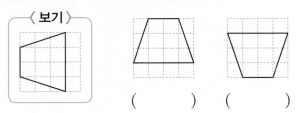

( ) ( )

[03~04] 도형을 주어진 방향으로 돌렸을 때의 도형을 완성해 보세요.

03

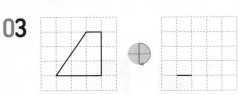

04

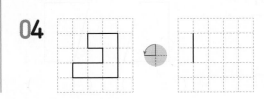

4 점의 이동

점이 이동한 위치 알아보기

주어진 방향과 거리에 따라 점을 이동합니다.

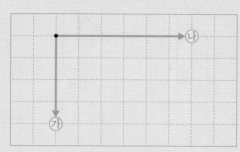

점을 **아래쪽으로 4칸**
이동 ➡ ㉮
점을 **오른쪽으로 6칸**
이동 ➡ ㉯

점이 이동한 방향은 '왼쪽, 오른쪽, 위쪽, 아래쪽'으로, 점이 이동한 거리는 '몇 칸'으로 나타낼 수 있습니다.

점을 어떻게 이동해야 하는지 설명하기

어느 방향으로 얼마나 이동했는지 **이동한 방향**과 **거리**를 포함하여 설명합니다.

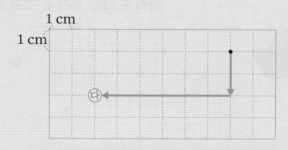

점을 ㉣로 이동하려면 **아래쪽으로 2 cm, 왼쪽으로 6 cm** 이동해야 합니다.

왼쪽으로 6 cm, 아래쪽으로 2 cm 이동한 것으로 설명할 수도 있습니다.

[01~03] 점을 어느 방향으로 몇 칸 이동한 것인지 ▢ 안에 알맞은 수를 써넣으세요.

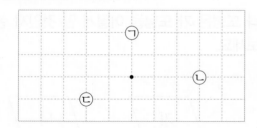

01 점을 위쪽으로 ▢ 칸 이동하면 ㉠에 옵니다.

02 점을 오른쪽으로 ▢ 칸 이동하면 ㉡에 옵니다.

03 점을 왼쪽으로 ▢ 칸, 아래쪽으로 ▢ 칸 이동하면 ㉢에 옵니다.

[04~05] 점을 어떻게 이동해야 하는지 ▢ 안에 알맞은 수나 말을 써넣으세요.

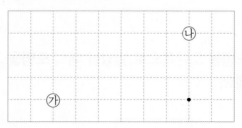

04 점을 ㉮로 이동하려면 ▢ 쪽으로 ▢ 칸 이동해야 합니다.

05 점을 ㉯로 이동하려면 ▢ 쪽으로 ▢ 칸 이동해야 합니다.

유형
01 **평면도형 밀기**

예제 조각을 아래쪽으로 밀었을 때의 모양을 찾아
○표 하세요.

（　　）　（　　）

풀이 조각을 아래쪽으로 밀어도 모양은
(변합니다 , 변하지 않습니다).

01 조각을 밀었을 때의 모양을 보고 알맞은 말에
중요★ ○표 하세요.

(1) 조각을 밀면 모양은
(변합니다 , 변하지 않습니다).
(2) 조각을 밀면 위치는
(바뀝니다 , 바뀌지 않습니다).

02 도형을 오른쪽으로 밀었을 때의 도형을 그려 보
세요.

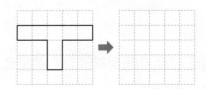

03 〈 보기 〉의 도형을 위쪽으로 밀었을 때의 도형을
바르게 그린 사람의 이름을 쓰세요.

진규　　　　세정

（　　　　　　　　　）

04 도형을 왼쪽으로 밀고, 다시 아래쪽으로 밀었을
때의 도형을 차례로 그려 보세요.

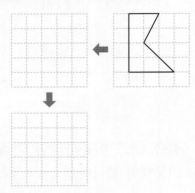

05 나 도형은 가 도형을 어떻게 민 것인지 설명해
서술형 보세요.

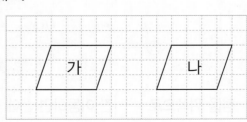

설명

유형 02 평면도형 뒤집기

예제 도형을 어떻게 움직였는지 알맞은 말에 ○표 하세요.

처음 도형   움직인 도형

> 처음 도형을 (위쪽 , 오른쪽)으로 뒤집었습니다.

풀이 도형의 왼쪽과 오른쪽이 서로 바뀌었으므로 (위쪽 , 오른쪽)으로 뒤집었습니다.

06 오른쪽 도형을 주어진 방향으로 뒤집었을 때의 도형을 찾아 이어 보세요.

(1) 왼쪽   (2) 아래쪽

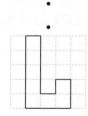   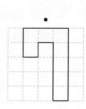

07 가운데 도형을 왼쪽으로 뒤집었을 때의 도형과 오른쪽으로 뒤집었을 때의 도형을 각각 그려 보세요.

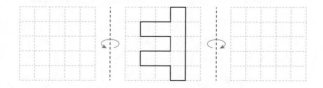

유형 03 도형을 여러 번 뒤집기

예제 도형을 위쪽으로 2번 뒤집었을 때의 도형을 그려 보세요.

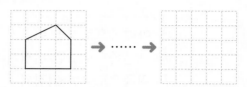

풀이 도형을 위쪽으로 뒤집으면 [   ]과 아래쪽이 서로 바뀝니다.

→ 도형을 위쪽으로 2번 뒤집은 도형은 처음 도형과 (같습니다 , 다릅니다).

08 도형을 왼쪽으로 뒤집고 다시 왼쪽으로 뒤집었을 때의 도형을 차례로 그린 후 알맞은 말에 ○표 하세요.

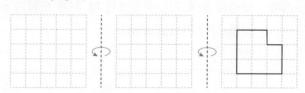

> 도형을 왼쪽으로 2번 뒤집었을 때의 도형은 처음 도형과 (같습니다 , 다릅니다).

09 도형을 오른쪽으로 뒤집은 뒤 위쪽으로 뒤집었을 때의 도형을 그려 보세요.

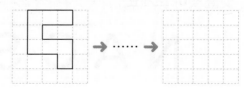

10 오른쪽 도형을 다음과 같이 뒤집었을 때의 도형이 나머지와 다른 하나를 찾아 기호를 쓰세요.

ㄱ 아래쪽으로 2번 뒤집기
ㄴ 오른쪽으로 3번 뒤집기
ㄷ 위쪽으로 4번 뒤집기

(   )

유형 04 뒤집어도 같게 보이는 것 찾기

예제 도형을 왼쪽으로 뒤집었을 때 처음 도형과 같은 것을 찾아 기호를 쓰세요.

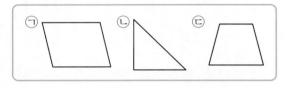

(   )

풀이 도형을 왼쪽으로 뒤집으면 도형의 왼쪽과
[   ]이 서로 바뀝니다.

➡ 도형의 왼쪽과 오른쪽이 같은 도형을 찾으면
[   ]입니다.

11 오른쪽으로 뒤집어도 모양이 처음과 같은 알파벳을 찾아 쓰세요.

N A C S

(   )

12 아래쪽으로 뒤집어도 처음과 같은 글자가 되는 것은 모두 몇 개인지 풀이 과정을 쓰고, 답을 구하세요.
(서술형)

가 다 라 아 파

[1단계] 아래쪽으로 뒤집은 모양 각각 구하기

_____

_____

[2단계] 아래쪽으로 뒤집어도 처음과 같은 글자는 모두 몇 개인지 구하기

_____

_____

답 _____

유형 05 도장 찍기

예제 도장에 왼쪽과 같은 모양을 새겨 종이에 찍었을 때 생기는 모양을 그려 보세요.

풀이 종이에 찍었을 때 생기는 모양은 도장에 새긴 모양을 [   ]이나 오른쪽으로 뒤집었을 때의 모양과 같습니다.

13 종이에 도장을 찍은 것입니다. 연우와 지민이 중에서 도장을 찍은 사람은 누구일까요?

연우

지민

(   )

14 오른쪽과 같은 글자가 찍히려면 도장에 어떤 모양을 새겨야 하는지 알맞은 것에 ○표 하세요.

(   )　 (   )　 (   )

유형 **06** 평면도형 돌리기

예제 오른쪽 조각을 시계 방향으로 90°만큼 돌렸을 때의 모양을 찾아 기호를 쓰세요.

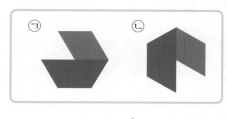

(   )

풀이 조각을 시계 방향으로 90°만큼 돌리면 조각의 위쪽 부분이 [   ]으로 이동합니다.

---

15 다음에서 알맞은 도형을 골라 □ 안에 기호를 써넣으세요.

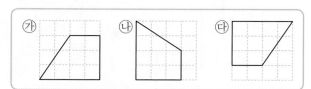

(1) ㉮ 도형을 시계 방향으로 180°만큼 돌리면 [   ] 도형이 됩니다.

(2) ㉯ 도형을 시계 반대 방향으로 90°만큼 돌리면 [   ] 도형이 됩니다.

---

16 도형을 시계 방향으로 180°만큼 돌렸을 때의 도형을 그려 보세요.

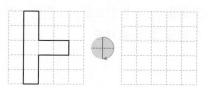

---

17 창의형 다음의 낱말을 사용하여 도형을 돌리기 하는 방법을 쓰고, 돌렸을 때의 도형을 그려 보세요.

> 시계 방향, 시계 반대 방향,
> 90°, 180°, 270°, 360°

방법

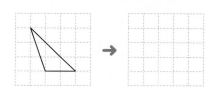

---

18 왼쪽 도형을 시계 반대 방향으로 90°, 180°, 270°만큼 돌렸을 때의 도형을 찾아 이어 보세요.

(1)

(2)

(3)

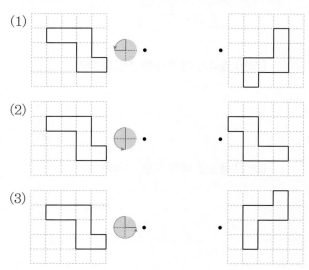

유형
07 **도형을 여러 번 돌리기**

예제 도형을 시계 방향으로 $90°$만큼 4번 돌렸을 때의 도형을 그려 보세요.

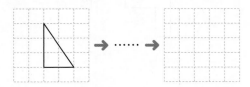

풀이 시계 방향으로 $90°$만큼 4번 돌린 도형은 처음 도형과 (같습니다 , 다릅니다).

19 도형을 시계 방향으로 $90°$만큼 5번 돌렸을 때의 도형을 그려 보세요.

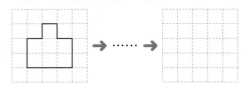

20 도형을 시계 반대 방향으로 $90°$만큼 10번 돌렸을 때의 도형을 그리려고 합니다. 풀이 과정을 쓰고, 도형을 그려 보세요.
서술형

1단계 돌리기 한 횟수를 간단히 하기

_____

_____

2단계 돌렸을 때의 도형 그리기

_____

_____

유형
08 **평면도형을 돌리는 방향의 관계**

예제 ☐ 안에 알맞은 수를 써넣으세요.

도형을 시계 방향으로 $180°$만큼 돌린 도형과 시계 반대 방향으로 ☐ °만큼 돌린 도형은 항상 같습니다.

풀이 화살표의 끝이 가리키는 위치가 같으면 도형을 돌렸을 때의 도형이 서로 같습니다.

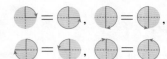

21 도형을 돌렸을 때 생기는 도형이 같은 것끼리 이어 보세요.
중요★

(1) ⊘ •   • ⊘

(2) ⊘ •   • ⊘

(3) ⊘ •   • ⊘

22 왼쪽 도형을 어떻게 돌리면 오른쪽 도형이 되는지 알맞은 것을 모두 찾아 기호를 쓰세요.

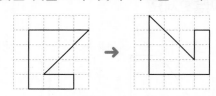

⊙ 시계 방향으로 $90°$만큼 돌리기
ⓛ 시계 반대 방향으로 $90°$만큼 돌리기
ⓒ 시계 방향으로 $270°$만큼 돌리기
ⓔ 시계 반대 방향으로 $270°$만큼 돌리기

(   )

+플러스 유형 09 돌린 도형이 처음 도형과 같은 것 찾기

예제 도형을 시계 방향으로 180°만큼 돌린 도형이 처음 도형과 같은 것의 기호를 쓰세요.

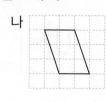

가　　나

(　　　　　)

풀이 시계 방향으로 180°만큼 돌리면 도형의 위쪽

부분이 ▢ 쪽으로 이동합니다.

따라서 시계 방향으로 180°만큼 돌린 도형이

처음 도형과 같은 것은 ▢ 입니다.

23 진호와 영서가 그린 도형입니다. 도형을 시계 반대 방향으로 180°만큼 돌린 도형이 처음 도형과 같은 것을 그린 사람의 이름을 쓰세요.

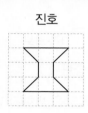　

진호　　　　영서

(　　　　　)

24 시계 방향으로 90°만큼 돌린 도형이 처음 도형과 같은 것을 찾아 기호를 쓰세요.

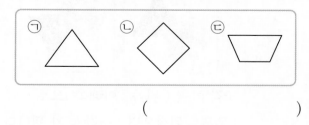

(　　　　　)

+플러스 유형 10 처음 도형 그리기

예제 어떤 도형을 오른쪽으로 뒤집은 도형입니다. 처음 도형을 그려 보세요.

처음 도형　　　뒤집은 도형

풀이 처음 도형은 오른쪽으로 뒤집은 도형을

(왼쪽 , 위쪽)으로 뒤집기 하여 그립니다.

25 어떤 도형을 시계 방향으로 90°만큼 돌린 도형입니다. 처음 도형을 그려 보세요.

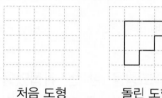　

처음 도형　　　돌린 도형

26 승연이가 조각 ㉠을 시계 반대 방향으로 90°만큼 5번 돌렸더니 조각 ㉡과 같은 모양이 되었습니다. 처음 조각 ㉠을 그려 보세요.

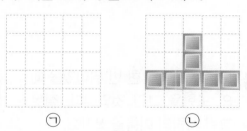

㉠　　　　㉡

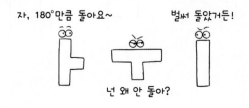

자, 180°만큼 돌아요~　　　벌써 돌았거든!

넌 왜 안 돌아?

+플러스
유형 11 도형을 움직여서 나올 수 없는 도형 찾기

예제 오른쪽 도형을 돌렸을 때 나올 수 없는 도형을 찾아 기호를 쓰세요.

 ㉠ 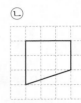 ㉡ 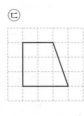 ㉢

(   )

풀이 ㉠ 위쪽 또는 아래쪽으로 뒤집기

㉡ 시계 반대 방향으로 [ ]°만큼 돌리기

㉢ 시계 방향으로 [ ]°만큼 돌리기

27 중요★ 오른쪽 도형을 한 번 뒤집었을 때 나올 수 없는 도형을 찾아 기호를 쓰세요.

㉠ ㉡ ㉢
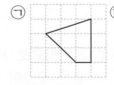   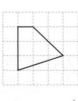

(   )

28 오른쪽 도형을 한 번 뒤집었을 때의 도형을 그린 것입니다. 잘못 그린 사람의 이름을 쓰세요.

채윤   성태   인수
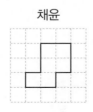 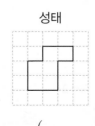 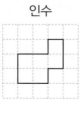

(   )

29 오른쪽 글자를 돌렸을 때 나올 수 없는 모양을 찾아 기호를 쓰세요.

 두

㉠ 바   ㉡ 늪   ㉢ 쿠

(   )

+플러스
유형 12 도형을 움직인 방법 설명하기

예제 도형을 움직인 방법을 설명해 보세요.

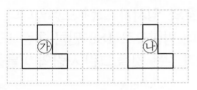
㉮   ㉯

㉮ 도형은 ㉯ 도형을 [ ]쪽으로 (밀었습니다 , 뒤집었습니다).

풀이 ㉮ 도형은 ㉯ 도형과 모양은 변하지 않고, 위치만 왼쪽으로 이동했습니다.

➡ [ ]쪽으로 (밀기 , 뒤집기)

30 중요★ 조각 ㉯는 조각 ㉮를 움직인 모양입니다. 알맞은 말에 ○표 하세요.

 ㉮   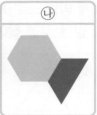 ㉯

조각 ㉮를 (왼쪽 , 아래쪽)으로 (밀면 , 뒤집으면) 조각 ㉯가 됩니다.

31 오른쪽 도형은 왼쪽 도형을 어떻게 돌린 것인지 알맞은 각도에 ○표 하세요.

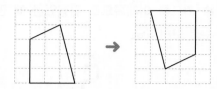

오른쪽 도형은 왼쪽 도형을 시계 방향으로 (90°, 180°, 270°)만큼 돌렸습니다.

32 왼쪽 도형을 움직였더니 오른쪽 도형이 되었습니다. 움직인 방법을 찾아 기호를 쓰세요.

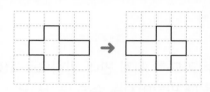

> ㉠ 위쪽으로 밀기
> ㉡ 오른쪽으로 뒤집기
> ㉢ 시계 방향으로 90°만큼 돌리기

( )

33 도율이와 미나가 조각으로 돌리기를 하였습니다. 조각을 어느 방향으로 얼마만큼 돌렸는지 ☐ 안에 알맞게 써넣으세요.

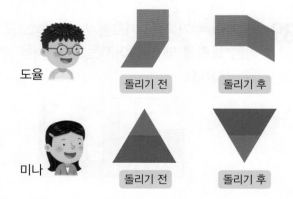
도율
돌리기 전   돌리기 후

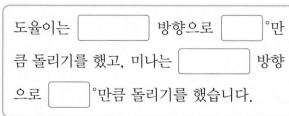
미나
돌리기 전   돌리기 후

도율이는 [ ] 방향으로 [ ]°만큼 돌리기를 했고, 미나는 [ ] 방향으로 [ ]°만큼 돌리기를 했습니다.

⁺플러스
유형 13 규칙에 따라 움직이기

예제 도형을 이동한 규칙에 따라 마지막 칸에 알맞은 도형을 그려 보세요.

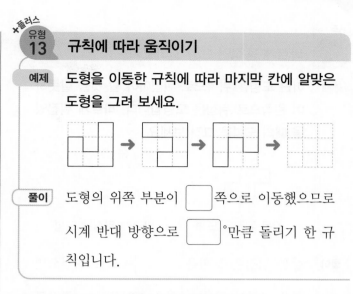

풀이 도형의 위쪽 부분이 [ ]쪽으로 이동했으므로 시계 반대 방향으로 [ ]°만큼 돌리기 한 규칙입니다.

34 일정한 규칙에 따라 도형을 이동했습니다. 마지막 칸에 알맞은 도형을 그려 보세요.

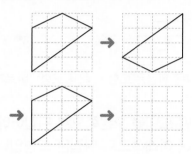

35 일정한 규칙에 따라 도형이 변하고 있습니다.
서술형 규칙을 설명하고, 첫째 칸에 알맞은 도형을 그려 보세요.

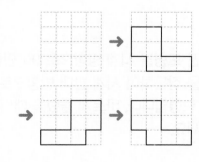

설명

---

4. 평면도형의 이동   **119**

+플러스
유형 14 바르게 움직인 도형 알아보기

예제 어떤 도형을 위쪽으로 뒤집어야 할 것을 잘못하여 왼쪽으로 뒤집은 도형입니다. 바르게 뒤집었을 때의 도형을 그려 보세요.

잘못 뒤집은 도형　　　바르게 뒤집은 도형

풀이 잘못 뒤집은 도형을 ☐쪽으로 뒤집으면 처음 도형이 됩니다. 처음 도형을 ☐쪽으로 뒤집은 도형을 그립니다.

잘못 뒤집은 도형　　처음 도형　　바르게 뒤집은 도형

36 중요★ 어떤 도형을 오른쪽으로 뒤집어야 할 것을 잘못하여 아래쪽으로 뒤집은 도형입니다. 처음 도형과 바르게 뒤집었을 때의 도형을 각각 그려 보세요.

잘못 뒤집은 도형　　처음 도형　　바르게 뒤집은 도형

37 어떤 도형을 시계 방향으로 90°만큼 돌려야 할 것을 잘못하여 시계 반대 방향으로 90°만큼 돌린 도형입니다. 바르게 돌렸을 때의 도형을 그려 보세요.

잘못 돌린 도형　　　바르게 돌린 도형

 +플러스
유형 15 수 카드를 움직였을 때 만들어지는 수 구하기

예제 수 카드를 아래쪽으로 뒤집었을 때 만들어지는 수를 구하세요.

$$51$$

(　　　　　　)

풀이 5를 아래쪽으로 뒤집기: ☐

1을 아래쪽으로 뒤집기: ☐

→ ☐

38 중요★ 수 카드를 시계 반대 방향으로 180°만큼 돌렸을 때 만들어지는 수를 구하세요.

$$615$$

(　　　　　　)

39 세 자리 수가 적힌 카드를 시계 방향으로 180° 만큼 돌렸을 때 만들어지는 수와 처음 수의 합을 구하세요.

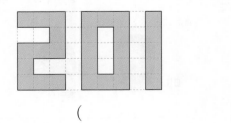

(　　　　　　)

40
서술형
오른쪽 수 카드를 왼쪽으로 뒤집은 수와 아래쪽으로 뒤집은 수의 차를 구하려고 합니다. 풀이 과정을 쓰고, 답을 구하세요.

(1단계) 왼쪽으로 뒤집은 수와 아래쪽으로 뒤집은 수 각각 구하기

_____

_____

(2단계) 두 수의 차 구하기

_____

_____

(답) _____

41 세 장의 수 카드 **2**, **6**, **8** 을 각각 시계 반대 방향으로 180°만큼 돌렸습니다. 돌린 수 카드를 한 번씩만 사용하여 만들 수 있는 가장 큰 세 자리 수를 구하세요.

(   )

+플러스
유형 16 **조각으로 직사각형 만들기**

예제 밀기를 이용하여 정사각형을 완성하려고 합니다. 빈 곳에 알맞은 조각에 ○표 하세요.

(   ) (   )

풀이 각각의 조각을 빈 곳에 밀었을 때 꼭 맞게 겹쳐 지는 조각을 찾습니다.

[42~43] 조각을 이동하여 직사각형 모양을 완성하려고 합니다. 물음에 답하세요.

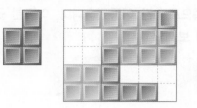

42 빨간색 조각을 어느 쪽으로 밀어야 할까요?

(   )

43 파란색 조각을 어느 쪽으로 뒤집어야 할까요?

(   )

44
서술형
왼쪽 조각을 움직여 오른쪽 직사각형을 완성하려고 합니다. 어떻게 움직여야 하는지 설명해 보세요.

  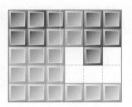

(설명) _____

_____

2 STEP 유형 다잡기

유형 17 점을 이동하기

예제 점을 왼쪽으로 6칸 이동했습니다. 이동한 곳에 점을 찍어 보세요.

풀이 이동하는 방향과 거리에 맞게 점을 찍습니다.

45 검은색 바둑돌을 위쪽으로 3칸, 오른쪽으로 5칸 이동했습니다. 이동한 바둑돌의 위치를 찾아 색칠해 보세요.

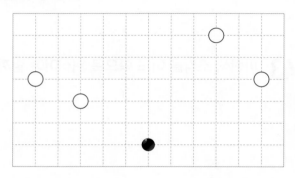

46 점을 왼쪽으로 8 cm, 아래쪽으로 4 cm 이동했습니다. 이동한 곳에 점을 찍어 보세요.

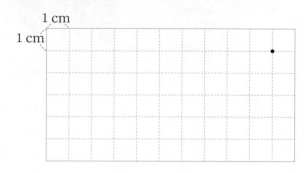

47 준호의 설명을 보고 이동한 곳에 점을 찍어 보세요.

점 ㄱ을 위쪽으로 2 cm, 오른쪽으로 7 cm 이동했어.

준호

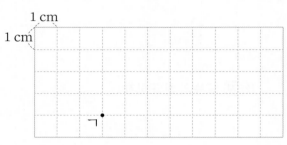

유형 18 처음 점의 위치 알아보기

예제 처음 점을 오른쪽으로 8칸 이동한 곳에 찍은 것입니다. 처음 점이 있었던 곳에 점을 찍어 보세요.

풀이 처음 점의 위치는 이동한 점의 위치에서
(왼쪽 , 오른쪽)으로 ☐ 칸 이동한 곳입니다.

48 처음 점을 왼쪽으로 5 cm 이동한 곳에 찍은 것입니다. 처음 점이 있었던 곳에 점을 찍어 보세요.

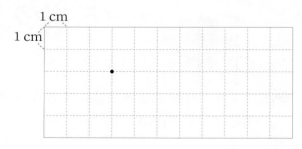

49 처음 점을 아래쪽으로 3 cm, 오른쪽으로 9 cm 이동한 곳에 찍은 것입니다. 처음 점이 있던 곳에 점을 찍어 보세요.

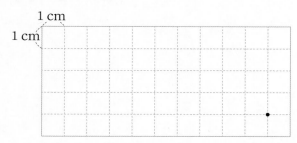

유형 19 **어떻게 움직여야 하는지 알아보기**

예제 비행기를 도착점까지 이동하려고 합니다. ☐ 안에 알맞은 수나 말을 써넣으세요.

➡ ☐ 쪽으로 ☐ 칸 이동해야 합니다.

풀이 어느 방향으로 얼마나 이동했는지 이동한 방향과 거리를 포함하여 설명합니다.

50 구슬을 ㉮로 이동하려면 어느 쪽으로 몇 cm 이동해야 하는지 ☐ 안에 알맞은 수나 말을 써넣으세요.

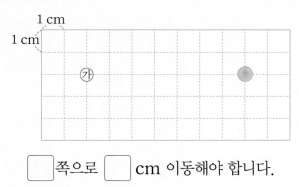

☐ 쪽으로 ☐ cm 이동해야 합니다.

51 출발점에서 바둑돌을 이동하여 그림과 같이 도착하였습니다. 어떻게 이동했는지 바르게 말한 사람의 이름을 쓰세요.

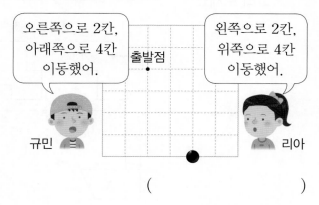

( )

52 공깃돌을 ㉮로 이동했습니다. 어떻게 이동했는지 ☐ 안에 알맞은 수나 말을 써넣고, 이동한 거리는 모두 몇 cm인지 구하세요.

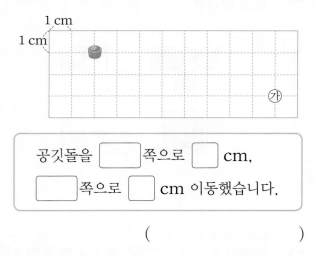

공깃돌을 ☐ 쪽으로 ☐ cm,
☐ 쪽으로 ☐ cm 이동했습니다.

( )

53 점 ㄱ을 점 ㄴ으로 이동하려면 어떻게 이동해야 하는지 설명해 보세요.

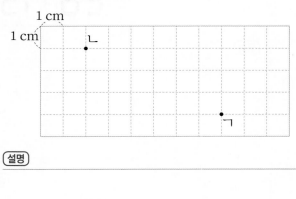

설명

문제
강의

같은 방법으로 도형 이동하기

1 〈 보기〉와 같은 방법으로 주어진 도형을 이동하였을 때의 도형을
그려 보세요.

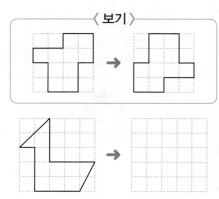

조각을 골라 직사각형 만들기

2 주어진 조각 중 3개를 골라 돌리거나 밀기를 이용하여 직사각형을
채워 보세요.

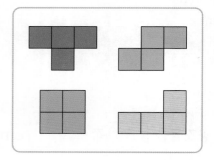
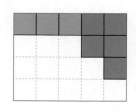

돌리거나 밀기를 이용하여 직사각형을
채우려면?

• 돌리기: 시계 방향(또는 시계 반대 방
향)으로 90˚, 180˚, 270˚만큼 돌려가
며 직사각형을 채웁니다.
• 밀기: 모양이 변하지 않으므로 조각 모
양 그대로 채웁니다.

덧셈식 카드를 뒤집어 계산하기
서술형

3 덧셈식 카드를 오른쪽으로 뒤집었을 때 만들어지는 식의 계산 결과
는 얼마인지 풀이 과정을 쓰고, 답을 구하세요.

$$28+15$$

풀이

답

한 번 움직인 방법으로 나타내기

4 오른쪽 도형을 왼쪽으로 7번 뒤집고, 위쪽으로 3번 뒤집었을 때의 도형은 도형을 한 번 움직인 도형과 같습니다. 한 번 움직인 방법을 바르게 나타낸 것의 기호를 쓰세요.

> ㉠ 시계 방향으로 90°만큼 돌리기
> ㉡ 시계 방향으로 180°만큼 돌리기

(   )

이동한 두 바둑돌의 위치 알아보기

5 현우와 주경이는 출발점에서 바둑돌을 다음과 같이 이동하였습니다. 현우의 바둑돌을 주경이의 바둑돌 위치로 이동하려고 합니다. 모눈을 따라 가장 짧은 거리로 이동한다면 이동하는 거리는 모두 몇 cm인지 구하세요.

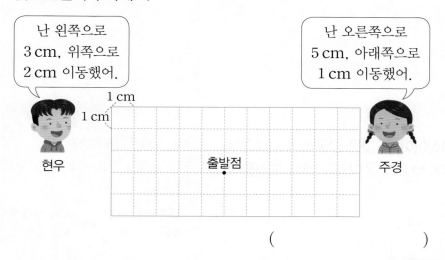

(   )

규칙을 찾아 빈 곳에 올 모양 구하기 <서술형>

6 규칙에 따라 글자를 뒤집은 것입니다. 아홉째에 올 모양은 무엇인지 풀이 과정을 쓰고, 답을 구하세요.

풀이

_____

_____

답

해결 tip

여러 번 뒤집은 도형은?

같은 방향으로 짝수 번 뒤집은 도형	=	처음 도형

| 같은 방향으로 홀수 번 뒤집은 도형 | = | 1번 뒤집은 도형 |

▲째에 올 모양을 구하려면?

몇 개가 반복되는 규칙인지 찾습니다.

●■★ ●■★ ●■★ …

3개가 반복되는 규칙이므로 열다섯째에 올 모양은 셋째 모양과 같은 ★입니다.

움직인 모양과 처음 모양이 같은 알파벳 구하기

7 다음 알파벳 중 오른쪽으로 뒤집어도, 시계 방향으로 180°만큼 돌려도 처음 모양과 같은 것을 모두 찾아 쓰세요.

D H M I T X Z

(1) 오른쪽으로 뒤집어도 처음 모양과 같은 것을 모두 찾아 쓰세요.

(   )

(2) 시계 방향으로 180°만큼 돌려도 처음 모양과 같은 것을 모두 찾아 쓰세요.

(   )

(3) 오른쪽으로 뒤집어도, 시계 방향으로 180°만큼 돌려도 처음 모양과 같은 것을 모두 찾아 쓰세요.

(   )

해결 tip

바르게 움직인 도형 그리기

8 어떤 도형을 오른쪽으로 3번 뒤집어야 할 것을 잘못하여 시계 방향으로 270°만큼 돌린 도형입니다. 바르게 움직였을 때의 도형을 그려 보세요.

잘못 움직인 도형

처음 도형을 구하려면?
잘못 움직인 것과 반대 방향으로 움직입니다.

시계 방향으로 돌림	↔	시계 반대 방향으로 돌림

(1) 처음 도형을 그려 보세요.

(2) 바르게 움직인 도형을 그려 보세요.

01 오른쪽 조각을 왼쪽으로 밀었을 때의 모양은 어느 것일까요?

( )

① ②  ③

④ ⑤

02 오른쪽 도형을 위쪽으로 뒤집은 도형을 찾아 기호를 쓰세요.

㉠ ㉡ ㉢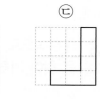

( )

03 도형을 오른쪽과 아래쪽으로 각각 밀었을 때의 도형을 그려 보세요.

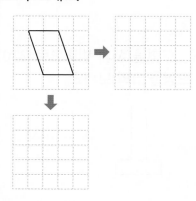

04 점을 오른쪽으로 5칸 이동했습니다. 이동한 곳에 점을 찍어 보세요.

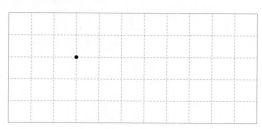

05 도형을 왼쪽으로 뒤집었을 때의 도형을 그려 보세요.

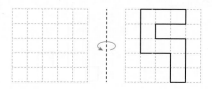

06 도형을 시계 방향으로 90°만큼 돌렸을 때의 도형을 그려 보세요.

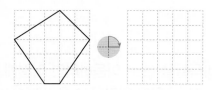

07 오른쪽 수 카드를 각각 오른쪽으로 뒤집은 모양과 시계 반대 방향으로 180°만큼 돌렸을 때의 모양을 그려 보세요.

뒤집은 모양 돌린 모양

08 왼쪽 도형을 돌렸더니 오른쪽 도형이 되었습니다. 어떻게 돌린 것인지 ⊕에 화살표를 그려 보세요.

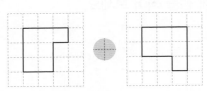

09 ^{서술형} 가운데 도형을 왼쪽으로 뒤집은 도형과 오른쪽으로 뒤집은 도형을 각각 그리고, 알게 된 점을 쓰세요.

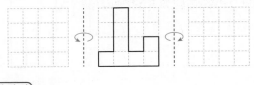

알게 된 점

_____

10 바둑돌을 ㉮로 이동하려면 어떻게 이동해야 하는지 ☐ 안에 알맞은 수를 써넣으세요.

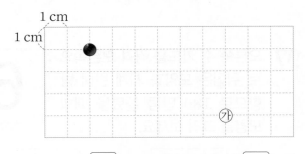

오른쪽으로 ☐ cm, 아래쪽으로 ☐ cm 이동해야 합니다.

11 어떤 도형을 시계 반대 방향으로 180°만큼 돌린 도형입니다. 처음 도형을 그려 보세요.

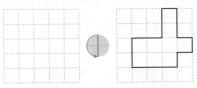

12 왼쪽 모양이 새겨진 도장을 종이에 찍었을 때 찍힌 모양을 그려 보세요.

13 오른쪽으로 뒤집은 모양이 처음과 같은 알파벳을 찾아 기호를 쓰세요.

( )

14 다음 도형을 시계 방향으로 270°만큼 5번 돌린 도형을 그려 보세요.

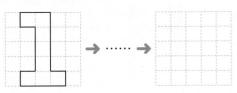

15 3장의 수 카드를 모두 한 번씩 사용하여 가장 작은 세 자리 수를 만들었습니다. 만든 수를 오른쪽으로 뒤집었을 때 생기는 수를 구하세요.

(   )

16 자동차를 위쪽으로 4 cm 이동한 후 다시 왼쪽으로 9 cm 이동했습니다. 이동한 자동차의 위치를 찾아 기호를 쓰고, 자동차가 이동한 거리는 모두 몇 cm인지 구하세요.

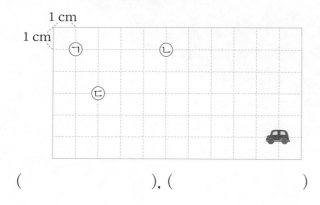

(   ), (   )

17 글자 '군'을 한 번 돌렸더니 오른쪽과 같이 '곤'이 되었습니다. 돌린 방법을 설명해 보세요.

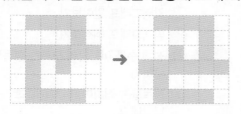

설명

18 처음 도형을 움직인 방법을 잘못 설명한 것을 찾아 기호를 쓰세요.

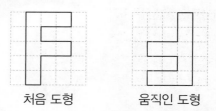

처음 도형   움직인 도형

┌─────────────────────────────────┐
│ ㉠ 시계 반대 방향으로 90°만큼 2번 돌립 │
│   니다.   │
│ ㉡ 오른쪽으로 뒤집고, 위쪽으로 뒤집습니다. │
│ ㉢ 시계 방향으로 270°만큼 4번 돌립니다. │
└─────────────────────────────────┘

(   )

19 규칙에 따라 빈 곳에 알맞은 도형을 그려 보세요.

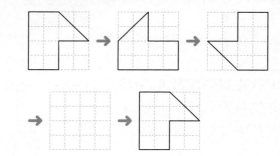

20 오른쪽 수 카드를 오른쪽으로 뒤집은 수와 위쪽으로 뒤집은 수의 차를 구하려고 합니다. 풀이 과정을 쓰고, 답을 구하세요.

21

풀이

답

5

막대그래프

⊙ **다음에 배울 내용**

[4-2] 꺾은선그래프

꺾은선그래프로 나타내기
꺾은선그래프 해석하기

5단원
마무리

응용
해결하기

1 막대그래프 알아보기

조사한 자료의 수량을 막대 모양으로 나타낸 그래프를 **막대그래프**라고 합니다.

가 보고 싶은 나라별 학생 수

나라	미국	영국	스위스	호주	합계
학생 수(명)	6	9	3	5	23

가 보고 싶은 나라별 학생 수

- 가로와 세로가 나타내는 것 ➜ 가로: **나라**, 세로: **학생 수**
- 막대의 길이: 가 보고 싶은 나라별 학생 수
- 세로 **눈금 한 칸**의 크기: **5÷5=1**(명)
  └ 세로 눈금 5칸이 5명을 나타냅니다.

표와 막대그래프 비교하기

표	항목별 조사한 수, 합계를 알기 쉽습니다.
막대그래프	항목별 조사한 수의 크기를 한눈에 비교하기 쉽습니다.

[01~04] 승윤이네 학교 4학년 학생들이 좋아하는 악기를 조사하여 나타낸 그래프입니다. 물음에 답하세요.

좋아하는 악기별 학생 수

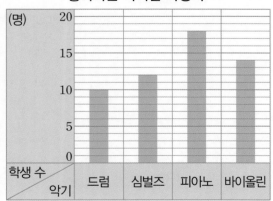

01 위와 같이 조사한 자료의 수량을 막대 모양으로 나타낸 그래프를 무엇이라고 할까요?

( )

02 막대그래프에서 가로와 세로는 각각 무엇을 나타낼까요?

가로 ( )
세로 ( )

03 막대의 길이는 무엇을 나타낼까요?

( )

04 세로 눈금 한 칸은 몇 명을 나타낼까요?

( )

2 막대그래프로 나타내기

종류별 책 수

종류	위인전	동화책	시집	만화책	합계
책 수(권)	5	7	2	1	15

① 가로와 세로에 무엇을 나타낼지 정하기
② 눈금의 단위와 눈금 한 칸의 크기 정하기
③ 조사한 수에 맞게 막대 그리기
④ 조사한 내용에 알맞은 제목 붙이기 →제목은 처음에 써도 됩니다.

그래프의 가로와 세로를 바꾸어 막대를 가로로 나타낼 수도 있습니다.

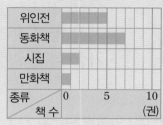

[01~02] 소담이네 반 학생들이 배우는 운동을 조사하여 나타낸 표를 보고 막대그래프로 나타내려고 합니다. 물음에 답하세요.

배우는 운동별 학생 수

운동	태권도	수영	발레	축구	합계
학생 수(명)	10	3	4	7	24

01 막대그래프의 가로에 운동을 나타낸다면 세로에는 무엇을 나타내야 할까요?

( )

02 세로 눈금 한 칸이 1명을 나타내도록 막대그래프를 완성해 보세요.

[03~04] 규서네 반 학생들이 좋아하는 꽃을 조사하여 나타낸 표를 보고 막대그래프로 나타내려고 합니다. 물음에 답하세요.

좋아하는 꽃별 학생 수

꽃	튤립	수국	장미	합계
학생 수(명)	9	5	6	20

03 막대그래프의 세로에 꽃을 나타낸다면 가로에는 무엇을 나타내야 할까요?

( )

04 가로 눈금 한 칸이 1명을 나타내도록 막대그래프를 완성해 보세요.

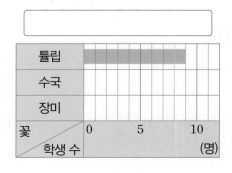

3 막대그래프 해석하기

학교의 종류별 나무 수

막대의 길이로 항목 간의 크기를 비교하기 쉽습니다.
• 막대의 길이가 길수록 자료의 수가 많습니다.
• 막대의 길이가 짧을수록 자료의 수가 적습니다.

• **소나무**의 수: **8그루**
• 6그루 심어져 있는 나무: 은행나무
• **가장 많이** 심어져 있는 나무: **벚나무** ──막대의 길이가 가장 긴 나무
• **가장 적게** 심어져 있는 나무: **느티나무** ──막대의 길이가 가장 짧은 나무

[01~03] 마을별 다문화 가구 수를 조사하여 나타낸 막대그래프입니다. 물음에 답하세요.

마을별 다문화 가구 수

01 다문화 가구 수가 가장 많은 마을은 어디일까요?

( )

02 다문화 가구 수가 가장 적은 마을은 어디일까요?

( )

03 라 마을의 다문화 가구 수는 몇 가구일까요?

( )

[04~06] 인호네 반 학생들이 존경하는 위인을 조사하여 나타낸 막대그래프입니다. 물음에 답하세요.

존경하는 위인별 학생 수

위인	학생 수
세종대왕	
이순신	
신사임당	
장영실	

04 가로 눈금 한 칸은 몇 명을 나타낼까요?

( )

05 가장 많은 학생들이 존경하는 위인은 누구일까요?

( )

06 두 번째로 많은 학생들이 존경하는 위인은 누구일까요?

( )

4 자료를 수집하여 막대그래프로 나타내기

1단계 조사 주제와 자료 수집 방법 정하기

좋아하는 계절

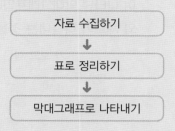

붙임딱지 붙이기 방법으로 자료를 수집했어.

자료 수집 방법: 직접 손들기, 붙임딱지 붙이기, 설문지 작성하기 등

2단계 수집한 자료를 표로 정리하기

좋아하는 계절별 학생 수

계절	봄	여름	가을	겨울	합계
학생 수(명)	7	5	3	8	23

3단계 표를 보고 막대그래프로 나타내기

좋아하는 계절별 학생 수

자료를 수집하여 막대그래프로 나타내기

> 자료 수집하기
> ↓
> 표로 정리하기
> ↓
> 막대그래프로 나타내기

표의 합계와 조사한 학생 수가 같은지 확인합니다.

5 단원

[01~03] 승현이네 반 학생들이 좋아하는 색깔을 조사한 것입니다. 물음에 답하세요.

좋아하는 색깔

승현	진영	상미	창훈	소연	선형	민호
재민	성욱	준영	상모	세민	수현	연주
윤정	영민	현정	희연	호영	상호	미소

▨ : 빨간색, ▨ : 파란색, ▨ : 초록색, ▨ : 노란색

01 조사한 자료를 보고 표를 완성해 보세요.

좋아하는 색깔별 학생 수

색깔	빨간색	파란색	초록색	노란색	합계
학생 수(명)	5	3			

02 01의 표를 보고 막대그래프로 나타낼 때 가로에 색깔을 나타낸다면 세로에는 무엇을 나타내야 할까요?

(   )

03 01의 표를 보고 막대그래프를 완성해 보세요.

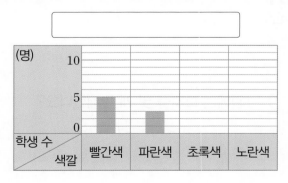

유형 01 **막대그래프 알아보기**

예제 은솔이네 반 학생들이 가 보고 싶은 산을 조사하여 나타낸 막대그래프입니다. 막대그래프의 가로와 세로가 나타내는 것을 알맞게 이어 보세요.

가 보고 싶은 산별 학생 수

(1) 가로 • • 학생 수

(2) 세로 • • 산

풀이 막대그래프의 (가로 , 세로)는 조사한 항목을, (가로 , 세로)는 항목별 수량을 나타냅니다.

[01~02] 어느 모자 판매점의 일별 모자 판매량을 조사하여 나타낸 막대그래프입니다. 물음에 답하세요.

일별 모자 판매량

01 세로 눈금 한 칸은 몇 개를 나타낼까요?
중요★
( )

02 4일에는 모자를 몇 개 판매했나요?
( )

[03~06] 재원이네 가족이 과수원에 가서 딴 사과의 무게를 조사하여 나타낸 표와 막대그래프입니다. 물음에 답하세요.

사과의 무게

가족	재원	예원	엄마	아빠	합계
무게(kg)	5	4	7	11	27

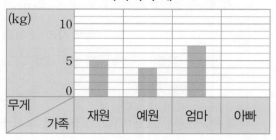

사과의 무게

03 막대그래프의 가로와 세로는 각각 무엇을 나타낼까요?

가로 ( )

세로 ( )

04 막대의 길이는 무엇을 나타낼까요?
( )

05 재원이네 가족이 딴 사과의 전체 무게는 몇 kg일까요?
( )

06 아빠가 딴 사과의 무게를 그래프에 나타낸다면 몇 칸으로 나타내야 할까요?
( )

유형
02 막대가 가로인 막대그래프

예제 어느 해 자동차 판매량을 나타낸 막대그래프입니다. 막대의 길이가 나타내는 것에 ○표 하세요.

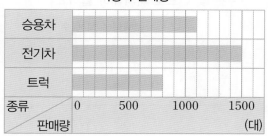

자동차 판매량

종류	종류별 판매량
( )	( )

풀이 막대의 길이는 자동차 종류별 판매량을 나타냅니다.

[07~08] 행복 농장에서 기르는 동물 수를 조사하여 나타낸 막대그래프입니다. 물음에 답하세요.

기르는 동물 수

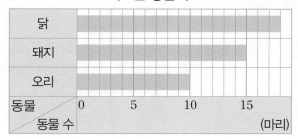

07 행복 농장에서 기르는 닭은 몇 마리일까요?

(   )

08 조사한 동물은 모두 몇 마리일까요?
중요★

(   )

유형
03 표, 그림그래프, 막대그래프의 비교

예제 표와 막대그래프 중 가장 많이 있는 필기구를 한눈에 알아보는 데 더 편리한 것에 ○표 하세요.

필기구별 개수

필기구	개수(개)
연필	5
볼펜	2
색연필	3
합계	10

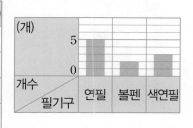

(표 , 막대그래프)

풀이 필기구 수의 많고 적음을 한눈에 알 수 있는 것은 (표 , 막대그래프)입니다.

[09~10] 민규와 친구들이 받고 싶은 생일 선물을 조사하여 나타낸 표와 막대그래프입니다. 물음에 답하세요.

받고 싶은 생일 선물별 학생 수

선물	게임기	인형	로봇	책	합계
학생 수(명)	7	5	6	3	21

받고 싶은 생일 선물별 학생 수

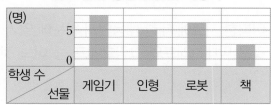

09 받고 싶은 생일 선물별 학생 수를 쉽게 알 수
중요★ 있는 것은 표와 막대그래프 중 어느 것일까요?

(   )

10 표와 막대그래프의 공통점을 찾아 기호를 쓰세요.

> ⊙ 학생 수를 막대의 길이로 나타냈습니다.
> ⓛ 학생들이 받고 싶은 생일 선물별 학생 수를 나타냈습니다.

(   )

[11~13] 승지네 학교에서 과학 발명왕 대회에 참가한 학년별 학생 수를 조사하여 나타낸 것입니다. 물음에 답하세요.

과학 발명왕 대회에 참가한 학년별 학생 수

과학 발명왕 대회에 참가한 학년별 학생 수

학년	학생 수
3학년	😊😊😊😊😊
4학년	😊😊😊😊😊😊
5학년	
6학년	😊😊😊😊😊😊😊😊😊

😊 10명 😊 1명

11 위의 막대그래프와 그림그래프를 완성해 보세요.

12 어떠한 자료에 대한 내용인지 한눈에 알기 쉬운 것은 막대그래프와 그림그래프 중 어느 것일까요?

( )

13 _{서술형} 위의 막대그래프와 그림그래프를 보고 같은 점과 다른 점을 설명해 보세요.

같은 점

다른 점

유형 **04** **막대그래프로 나타내기**

예제 표를 보고 막대그래프로 나타내려고 합니다. 세로 눈금 한 칸이 1명을 나타낸다면 B형의 학생 수는 몇 칸으로 나타내야 할까요?

혈액형별 학생 수

혈액형	A형	B형	AB형	O형	합계
학생 수 (명)	10	8	4	8	30

( )

풀이 B형의 학생 수: ☐ 명

세로 눈금 한 칸이 1명을 나타내므로 B형의 학생 수는 ☐ 칸으로 나타내야 합니다.

[14~15] 윤석이네 반 학생들이 좋아하는 과일을 조사하여 나타낸 표입니다. 물음에 답하세요.

좋아하는 과일별 학생 수

과일	복숭아	키위	바나나	사과	합계
학생 수(명)	12	5	6	9	32

14 _{중요★} 가로 눈금 한 칸이 1명을 나타낸다면 막대그래프의 가로 눈금은 적어도 몇 칸이 되어야 할까요?

( )

15 위의 표를 보고 막대그래프를 완성해 보세요.

좋아하는 과일별 학생 수

[16~17] 찬기가 월별로 읽은 책 수를 조사하여 나타낸 표입니다. 물음에 답하세요.

월별 읽은 책 수

월	3월	4월	5월	6월	합계
책 수(권)	8	16	14	10	48

16 막대그래프의 세로에 책 수를 나타낸다면 가로에는 무엇을 나타내야 할까요?

(   )

17 위의 표를 보고 읽은 책 수가 많은 월부터 차례로 막대그래프로 나타내세요.

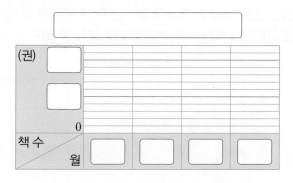

18 2020년 일본 도쿄 하계 올림픽의 나라별 메달 수를 나타낸 표를 보고, 메달 하나를 정하여 나라별 메달 수를 막대그래프로 나타내세요.
(창의형)

도쿄 하계 올림픽 나라별 메달 수

나라＼메달	금	은	동	합계
대한민국	6	4	10	20
폴란드	4	5	5	14
이란	3	2	2	7

나라별 [ ]메달 수

유형 05 막대그래프의 눈금 한 칸의 크기를 바꾸어 나타내기

예제 다음 막대그래프를 세로 눈금 한 칸이 2명을 나타내도록 바꿔서 나타낸다면 1반의 일기 쓴 학생 수는 몇 칸으로 나타내야 할까요?

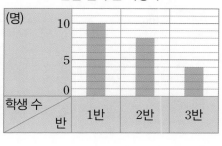

반별 일기 쓴 학생 수

(   )

풀이 1반의 일기 쓴 학생 수: [ ]명

세로 눈금 한 칸이 2명을 나타내도록 바꿔서 나타낸다면 1반의 일기 쓴 학생 수는

[ ]÷2＝[ ](칸)으로 나타내야 합니다.

19 도민이와 친구들의 50 m 달리기 기록을 조사하여 나타낸 막대그래프입니다. 세로 눈금 한 칸을 2초로 하여 막대그래프로 나타내세요.

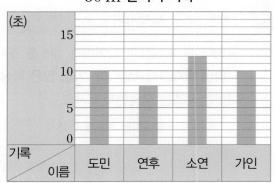

50 m 달리기 기록

50 m 달리기 기록

20 어느 회사의 월별 텔레비전 판매량을 조사하여
서술형 나타낸 막대그래프입니다. 세로 눈금 한 칸을
5대로 하여 막대그래프로 나타내면 5월의 텔레
비전 판매량은 몇 칸으로 나타내야 하는지 풀이
과정을 쓰고, 답을 구하세요.

월별 텔레비전 판매량

1단계 5월의 텔레비전 판매량 구하기

_____

_____

2단계 5월의 텔레비전 판매량은 몇 칸으로 나타내야 하는
지 구하기

_____

_____

답

유형 06 **막대그래프 해석하기**

예제 윤하네 반 학생들이 좋아하는 채소를 조사하여
나타낸 막대그래프입니다. 가장 많은 학생이 좋
아하는 채소는 무엇인지 쓰세요.

좋아하는 채소별 학생 수

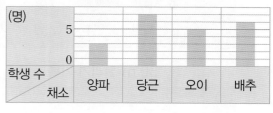

( )

풀이 막대의 길이가 길수록 학생 수가 많습니다.

➔ 가장 많은 학생이 좋아하는 채소: ☐

---

21 수영이와 친구들의 장래희망을 조사하여 나타낸
막대그래프입니다. 학생 수가 운동 선수의 2배
인 장래희망은 무엇인지 쓰세요.

장래희망별 학생 수

( )

[22~23] 어느 지역에서 일주일 동안 발생한 쓰레기 양을
조사하여 나타낸 막대그래프입니다. 물음에 답하세요.

발생한 쓰레기 양

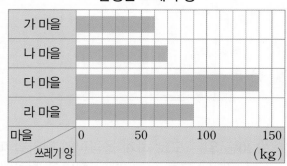

22 발생한 쓰레기 양이 나 마을보다 많은 마을을
모두 쓰세요.

( )

23 막대그래프를 보고 알 수 있는 내용이 <u>아닌</u> 것
중요★ 을 찾아 기호를 쓰세요.

┌─────────────────────────────┐
│ ㉠ 막대의 길이는 쓰레기 양을 나타냅니다. │
│ ㉡ 가 마을과 나 마을에서 발생한 쓰레기 │
│   양은 모두 150 kg입니다.   │
│ ㉢ 발생한 쓰레기 양이 많은 마을부터 차 │
│   례로 쓰면 다, 라, 나, 가 마을입니다. │
└─────────────────────────────┘

( )

24 서술형 지온이네 학교의 4학년 반별 남학생 수를 조사하여 나타낸 막대그래프입니다. 막대그래프에서 알 수 있는 사실을 2가지 쓰세요.

반별 남학생 수

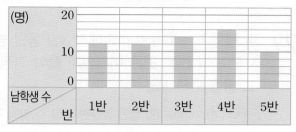

_____

_____

_____

유형
07 막대그래프 활용하기

예제 어느 편의점에서 하루 동안 판매한 아이스크림을 조사하여 나타낸 막대그래프입니다. 이 편의점에서 아이스크림을 1가지 맛만 추가로 주문한다면 어느 맛의 아이스크림을 주문하는 것이 좋을까요?

아이스크림 맛별 판매량

(   )

풀이 가장 (많이 , 적게) 팔린 아이스크림을 주문하는 것이 좋을 것 같습니다.

→ [   ] 맛

25 중요★ 정우네 모둠 학생들의 줄넘기 횟수를 조사하여 나타낸 막대그래프입니다. 정우네 모둠의 줄넘기 대표 선수를 정한다면 누가 하는 것이 좋을까요?

줄넘기 횟수

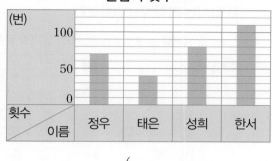

(   )

26 주경이네 가족이 여행지로 고민 중인 네 도시의 8월 평균 최고 기온을 조사하여 나타낸 막대그래프입니다. 여행지로 어느 도시를 선택하는 것이 좋을까요?

규민

주경

8월 평균 최고 기온

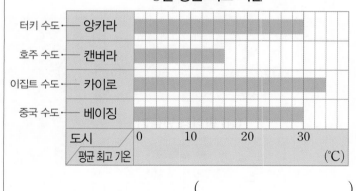

(   )

유형
08 **두 막대그래프의 내용 알아보기**

예제 어느 해 5월과 6월의 날씨를 조사하여 나타낸 막대그래프입니다. 5월과 6월에 가장 많이 기록된 날씨는 각각 무엇일까요?

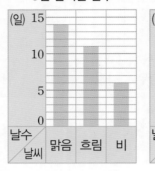
5월 날씨별 날수

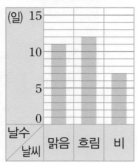
6월 날씨별 날수

5월 (   ), 6월 (   )

풀이 각 막대그래프에서 막대의 길이가 가장 긴 날씨를 찾습니다.

→ 5월: ☐ , 6월: ☐

[27~29] 과학의 달 행사에서 2개의 체험 부스를 방문한 사람 수를 조사하여 나타낸 막대그래프입니다. 물음에 답하세요.

(가) 종이 가습기 만들기

(나) 만화경 만들기

27 토요일에 두 체험 부스에 방문한 사람은 모두 몇 명일까요?

(   )

---

28 만화경 만들기보다 종이 가습기 만들기에 방문한 사람이 더 많은 요일을 쓰세요.

(   )

29
서술형 두 체험 부스 (가), (나) 중에서 3일 동안 방문한 사람이 더 많은 곳은 어디인지 풀이 과정을 쓰고, 답을 구하세요.

1단계 (가), (나)에 3일 동안 방문한 사람 수 각각 구하기

_____

_____

2단계 어느 체험 부스에 방문한 사람이 더 많은지 구하기

_____

_____

답 _____

+플러스
유형
09 **두 가지 항목을 나타낸 막대그래프**

예제 4명의 학생이 풍선 터트리기 놀이를 한 후 각각 터트린 풍선과 남은 풍선을 조사하여 나타낸 막대그래프입니다. 남은 풍선이 터트린 풍선보다 더 많은 학생은 누구일까요?

터트린 풍선과 남은 풍선 수

■ 터트린 풍선 ■ 남은 풍선

(   )

풀이 파란색: 터트린 풍선, 분홍색: 남은 풍선

→ ☐ 색 막대의 길이가 ☐ 색 막대의 길이보다 더 긴 학생을 찾으면 ☐ 입니다.

30 효은이네 학교의 방과 후 수업별 학생 수를 조사하여 나타낸 막대그래프입니다. 남학생 수와 여학생 수의 차가 가장 큰 방과 후 수업은 무엇일까요?

방과 후 수업별 학생 수

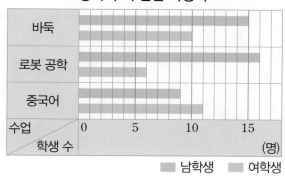

( )

31 작년에 3학년부터 6학년까지 태윤이네 학교로 전학 온 학생 수를 조사하여 나타낸 막대그래프입니다. 전학 온 남학생은 여학생보다 몇 명 더 많은지 풀이 과정을 쓰고, 답을 구하세요.

전학 온 학생 수

[1단계] 전학 온 남학생 수와 여학생 수 각각 구하기

＿＿＿＿＿＿＿＿＿＿＿＿＿＿＿＿＿＿＿＿

＿＿＿＿＿＿＿＿＿＿＿＿＿＿＿＿＿＿＿＿

[2단계] 전학 온 남학생은 여학생보다 몇 명 더 많은지 구하기

＿＿＿＿＿＿＿＿＿＿＿＿＿＿＿＿＿＿＿＿

＿＿＿＿＿＿＿＿＿＿＿＿＿＿＿＿＿＿＿＿

답 ＿＿＿＿＿＿＿＿＿＿＿＿＿＿＿

+플러스
유형 **10** 필요한 개수 구하기

예제 오토바이에 주차 등록 스티커를 붙이려고 할 때, 다음 세 마을에서 필요한 스티커는 적어도 몇 장일까요?

마을별 오토바이 수

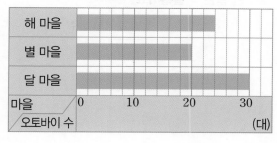

( )

풀이 가로 눈금 한 칸의 크기: ▢ 대

각 마을의 오토바이 수의 합을 구하면

$24 + 20 + ▢ = ▢$ (대)이므로

스티커는 적어도 ▢ 장 필요합니다.

[32~33] 성호네 모둠 학생들이 한 달 동안 읽은 책 수를 조사하여 나타낸 막대그래프입니다. 물음에 답하세요.

한 달 동안 읽은 책 수

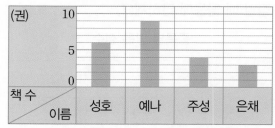

32 성호네 모둠 4명의 학생들이 한 달 동안 읽은 책 수는 몇 권일까요?

( )

33 한 달 동안 읽은 책 1권마다 칭찬 붙임딱지를 2장씩 나누어 주려고 합니다. 칭찬 붙임딱지는 적어도 몇 장 필요할까요?

( )

^{+플러스}
유형 11 전체 수를 이용하여 모르는 항목의 수 구하기

예제 주혜가 월별로 수영을 한 날수를 조사하여 나타낸 막대그래프입니다. 주혜가 5월부터 8월까지 수영을 한 날이 모두 30일일 때, 8월에 수영을 한 날은 며칠일까요?

월별 수영한 날수

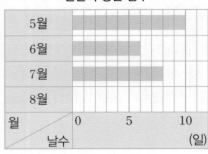

(   )

풀이 수영한 날수는 5월에 □ 일, 6월에 □ 일,

7월에 □ 일이므로 8월에 수영을 한 날은

$30 - □ - □ - □ = □$ (일)입니다.

[34~35] 은재가 체육 대회에서 종목별로 받은 점수를 조사하여 나타낸 막대그래프입니다. 종목별 점수의 합이 29점일 때 물음에 답하세요.

종목별 받은 점수

34 공 던지기 종목의 점수는 몇 점일까요?
중요★
(   )

35 점수가 두 번째로 낮은 종목은 무엇일까요?

(   )

^{+플러스}
유형 12 눈금의 크기가 다른 막대그래프 비교하기

예제 윤영이의 오래매달리기 기록을 조사하여 나타낸 막대그래프입니다. 가장 오래 매달린 기록은 몇 초일까요?

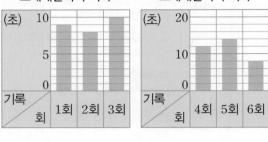

(   )

풀이 1회: □ 초, 2회: □ 초, 3회: □ 초,

4회: □ 초, 5회: □ 초, 6회: □ 초

→ 가장 오래 매달린 기록: □ 초

36 두 모둠의 제기차기 횟수를 조사하여 나타낸 막대그래프입니다. 제기차기를 가장 많이 한 학생은 누구인지 풀이 과정을 쓰고, 답을 구하세요.
서술형

준희네 모둠   재하네 모둠

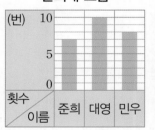 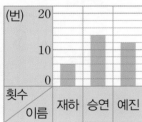

1단계 학생들의 제기차기 횟수 구하기

_____

_____

2단계 제기차기를 가장 많이 한 학생 구하기

_____

_____

답 _____

유형 13 자료를 수집하여 막대그래프로 나타내기

예제 조사한 자료를 보고 막대그래프로 나타내세요.

모양 카드

모양별 카드 수

풀이 ■: [ ]장, ★: [ ]장, ▲: [ ]장

→ 가로 눈금 한 칸이 1장을 나타내도록 막대그래프를 그립니다.

[37~38] 주사위를 18번 굴려서 나온 눈의 수입니다. 물음에 답하세요.

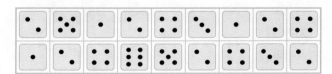

37 자료를 정리하여 표로 나타내세요.

주사위를 굴려서 나온 눈의 수

눈의 수	1	2	3	4	5	6	합계
나온 횟수 (번)							18

38 37의 표를 보고 막대그래프로 나타내세요.

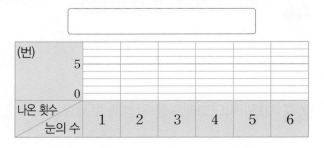

[39~41] 글을 읽고 물음에 답하세요.

재경이네 반 학생들이 가고 싶은 체험 학습 장소를 조사하였습니다. 조사 결과 놀이공원은 8명, 박물관은 6명, 과학관은 5명, 워터파크는 9명이었습니다.

39 글을 읽고 표로 나타내세요.

가고 싶은 체험 학습 장소별 학생 수

장소	놀이공원	박물관	과학관	워터파크	합계
학생 수 (명)					

40 39의 표를 보고 막대그래프로 나타내세요.

가고 싶은 체험 학습 장소별 학생 수

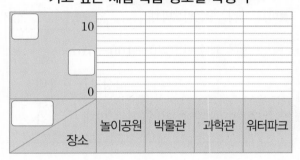

41 중요★ 40의 막대그래프를 보고 선생님께 쓴 편지입니다. ☐ 안에 알맞은 수나 말을 써넣으세요.

선생님, 저희 반에서 가장 많은 학생들이 가고 싶은 장소로 체험 학습을 가고 싶습니다. 저희 반 가장 많은 학생들이 가고 싶은 장소는 [ ]명이 좋아하는 [ ]입니다.
체험 학습 장소를 잘 선택해 주세요.

예제 과수원별 사과 생산량을 조사하여 나타낸 표와 막대그래프입니다. 표와 막대그래프를 완성해 보세요.

과수원별 사과 생산량

과수원	행복	싱싱	풍요	사랑	합계
생산량 (상자)		100	70		370

과수원별 사과 생산량

풀이 사랑 과수원: 막대 ☐ 칸 → ☐ 상자

행복 과수원: 370 − 100 − 70 − ☐

= ☐ (상자) → 막대 ☐ 칸

풍요 과수원: 70상자 → 막대 ☐ 칸

42 솔비네 반 학생들의 취미를 조사하여 나타낸 표와 막대그래프입니다. 표와 막대그래프를 완성해 보세요.

취미별 학생 수

취미	독서	운동	피아노	컴퓨터	합계
학생 수 (명)	10	6		5	25

취미별 학생 수

43 은빈이네 반 학생들이 좋아하는 떡을 조사하여 나타낸 표와 막대그래프입니다. 표와 막대그래프를 완성해 보세요.

좋아하는 떡별 학생 수

떡	송편	인절미	백설기	꿀떡	합계
학생 수 (명)	7		5	8	

좋아하는 떡별 학생 수

[44~45] 어느 아파트의 동별 자전거 수를 조사하여 나타낸 표와 막대그래프입니다. 물음에 답하세요.

동별 자전거 수

동	㉮동	㉯동	㉰동	㉱동	합계
자전거 수(대)	24		28		98

동별 자전거 수

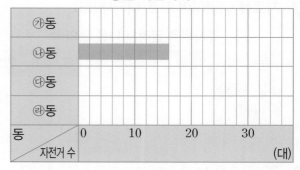

44 ㉯동의 자전거는 몇 대일까요?

( )

45 표와 막대그래프를 완성해 보세요.

유형 15 막대그래프의 일부분을 보고 문제 해결하기

예제 연지네 반 학생들이 좋아하는 과목을 조사하여 나타낸 막대그래프입니다. 수학을 좋아하는 학생 수는 과학을 좋아하는 학생 수의 2배일 때 막대그래프를 완성해 보세요.

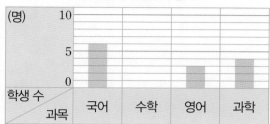

좋아하는 과목별 학생 수

풀이 과학을 좋아하는 학생 수: ☐ 명

수학을 좋아하는 학생 수:

☐ × 2 = ☐ (명) ➡ 막대 ☐ 칸

[46~47] 체육관에 있는 공 50개를 종류별로 조사하여 나타낸 막대그래프입니다. 야구공이 배구공보다 4개 더 많을 때, 물음에 답하세요.

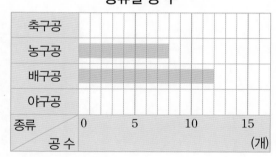

종류별 공 수

46 야구공은 몇 개일까요?

( )

47 축구공은 몇 개일까요?

( )

48 도서관에서 빌려간 책 수를 조사하여 나타낸 막대그래프의 일부분이 찢어졌습니다. 5일에 빌려간 책 수가 3일보다 4권 적을 때 3일부터 6일까지 빌려간 책은 모두 몇 권일까요?

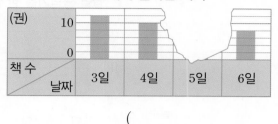

도서관에서 빌려간 책 수

( )

49 어느 전자 제품 대리점의 월별 휴대 전화 판매량을 조사하여 나타낸 막대그래프에 얼룩이 묻어 일부가 보이지 않습니다. 9월의 휴대 전화 판매량은 7월의 2배일 때 휴대 전화를 가장 많이 판매한 달은 언제이고, 몇 대를 판매했는지 풀이 과정을 쓰고, 답을 구하세요.

월별 휴대 전화 판매량

1단계 6월, 7월, 8월, 9월의 휴대 전화 판매량 구하기

_____

_____

_____

2단계 휴대 전화를 가장 많이 판매한 달과 판매량 구하기

_____

_____

답 _____ ,

문제 강의

해결 tip

하지 않은 날수 구하기

1 수연이가 월별로 줄넘기를 한 날수를 조사하여 나타낸 막대그래프 입니다. 5월에 줄넘기를 하지 <u>않은</u> 날은 며칠인지 풀이 과정을 쓰고, 답을 구하세요.   〔서술형〕

하지 않은 날수를 구하려면?

(▲월에 줄넘기를 하지 않은 날수)
=(▲월의 날수)
  ―(▲월에 줄넘기를 한 날수)

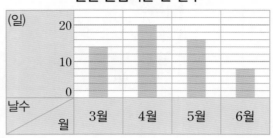

월별 줄넘기를 한 날수

〔풀이〕

〔답〕

[2~3] 유민이네 동아리 학생 32명이 태어난 계절을 조사하여 나타낸 막대 그래프입니다. 가을에 태어난 학생이 겨울에 태어난 학생보다 5명 더 많을 때 물음에 답하세요.

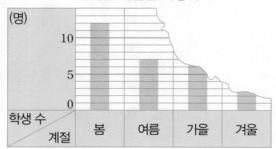

태어난 계절별 학생 수

찢어진 부분의 수 구하기

2 가을과 겨울에 태어난 학생 수는 각각 몇 명인지 구하세요.

가을 (   )
겨울 (   )

가을과 겨울에 태어난 학생 수를 구하려면?

어떤 수 하나를 ■라 하고 덧셈, 뺄셈, 곱셈 등을 이용하여 다른 수를 나타낼 수 있습니다.
(겨울에 태어난 학생 수)=■명
(가을에 태어난 학생 수)=■+5(명)

찢어진 부분의 수를 구하여 크기 비교하기

3 학생들이 많이 태어난 계절부터 차례로 쓰세요.

(   )

두 막대그래프를 비교하여 대표 선수 구하기

4 선규와 연재가 양궁 대표 선수 선발전에서 세트당 세 발씩 쏘아 얻은 기록의 합을 조사하여 나타낸 막대그래프입니다. 각 세트를 이기는 경우 2점, 비기는 경우 1점, 지는 경우 0점을 얻을 때 얻는 점수가 높은 사람이 대표 선수가 됩니다. 선규와 연재 중 누가 대표 선수가 될지 풀이 과정을 쓰고, 답을 구하세요. 〔서술형〕

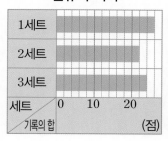
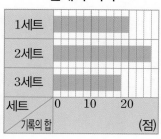

풀이

답

[5~6] 반별 폐지 수집량을 조사하여 나타낸 표입니다. 물음에 답하세요.

반별 폐지 수집량

반	1반	2반	3반	4반	합계
수집량(kg)	24	28		20	88

전체 수를 이용하여 모르는 항목의 수 구하기

5 위의 표를 완성해 보세요.

눈금의 크기가 다른 막대그래프로 나타내기

6 위의 표를 보고 다음 두 막대그래프를 각각 완성해 보세요.

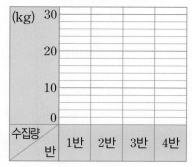
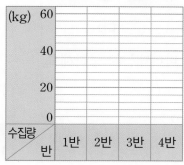

세로 눈금 한 칸의 크기는?

세로 눈금 5칸이 나타내는 값: ●

↓

(세로 눈금 한 칸의 크기)=●÷5

막대그래프의 각 항목의 위치를 찾고 항목의 수 구하기

7 하진이네 모둠 학생들이 접은 종이학 수를 조사하여 나타낸 막대그래프입니다. 종이학을 가장 많이 접은 학생은 하진이고, 가장 적게 접은 학생은 선아입니다. 주호가 은성이보다 더 많이 접었다면 모둠 학생들이 접은 종이학 수는 각각 몇 개인지 구하세요.

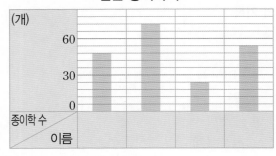

접은 종이학 수

(1) 막대그래프에 학생들의 이름을 각각 써넣으세요.

(2) 학생들이 접은 종이학 수는 각각 몇 개인지 구하세요.

하진 (   ), 선아 (   )

주호 (   ), 은성 (   )

눈금 한 칸의 크기를 구하여 항목의 수 구하기

8 마을별 가로등 수를 조사하여 나타낸 막대그래프입니다. 네 마을의 전체 가로등 수가 230개일 때 소담 마을의 가로등은 몇 개인지 구하세요.

마을별 가로등 수

샛별 마을	
소담 마을	
희망 마을	
별빛 마을	
마을 \ 가로등 수	0 (개)

막대그래프의 눈금 한 칸의 크기를 ■개라 하면?

(전체 수)＝■×(칸 수의 합)

➡ ■＝(전체 수)÷(칸 수의 합)

(1) 가로 눈금 한 칸은 가로등 몇 개를 나타내는지 구하세요.

(   )

(2) 소담 마을의 가로등은 몇 개일까요?

(   )

[01~04] 소혜네 집 마당에 핀 꽃의 수를 조사하여 나타낸 막대그래프입니다. 물음에 답하세요.

마당에 핀 꽃의 수

01 막대그래프에서 가로와 세로는 각각 무엇을 나타낼까요?

가로 (   )

세로 (   )

02 세로 눈금 한 칸은 몇 송이를 나타낼까요?

(   )

03 마당에 핀 수선화는 몇 송이일까요?

(   )

04 마당에 가장 많이 핀 꽃은 무엇일까요?

(   )

[05~07] 민승이네 마을에서 일주일 동안 배출된 재활용 쓰레기의 양을 조사하여 나타낸 막대그래프입니다. 물음에 답하세요.

일주일 동안 배출된 재활용 쓰레기의 양

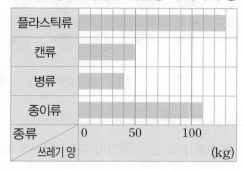

05 막대그래프에서 가로 눈금 한 칸은 몇 kg을 나타낼까요?

(   )

06 막대그래프에서 알 수 있는 사실을 2가지 쓰세요.

서술형

_____

_____

_____

07 쓰레기의 양이 가장 많은 것과 가장 적은 것의 쓰레기의 양의 차는 몇 kg일까요?

(   )

5

단원

[08~10] 도희네 반 학생들이 체험해 보고 싶은 올림픽 경기 종목을 조사한 것입니다. 물음에 답하세요.

체험해 보고 싶은 올림픽 경기 종목

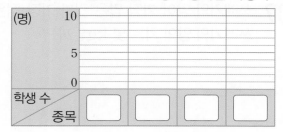

도희	은영	해선	태민	경수	선아	가은	민채
승훈	동식	희진	영우	준기	성태	연희	수민
강은	남재	세영	대한	미정	정환	민아	정호

⚽: 축구, 🏊: 수영, 🤸: 태권도, 🏓: 탁구

08 조사한 자료를 보고 표로 나타내세요.

체험해 보고 싶은 올림픽 경기 종목별 학생 수

종목	축구	수영	태권도	탁구	합계
학생 수 (명)					

09 08의 표를 보고 막대그래프로 나타내세요.

체험해 보고 싶은 올림픽 경기 종목별 학생 수

(명)
10
5
0
학생 수 / 종목 | 축구 | 수영 | 태권도 | 탁구

10 08의 표를 보고 체험해 보고 싶은 학생 수가 적은 경기 종목부터 차례로 막대그래프로 나타내세요.

체험해 보고 싶은 올림픽 경기 종목별 학생 수

(명)
10
5
0
학생 수 / 종목 | | | |

[11~13] 현우네 반 학생들이 봉사 활동으로 참여한 장소를 조사하여 나타낸 표입니다. 물음에 답하세요.

봉사 활동으로 참여한 장소별 학생 수

장소	공원	복지관	요양원	주민센터	합계
학생 수(명)	6	5	3		23

11 주민센터에서 봉사 활동을 한 학생은 몇 명일까요?

(   )

12 위의 표를 보고 막대그래프로 나타내세요.

(명)
10
5
0
학생 수 / 장소 | 공원 | 복지관 | 요양원 | 주민센터

13 봉사 활동에 참여한 학생 수가 요양원의 2배인 장소는 어디인지 풀이 과정을 쓰고, 답을 구하세요.

서술형

풀이

답

[14~16] 윤서네 모둠 학생들의 턱걸이 횟수를 조사하여 나타낸 막대그래프입니다. 은비의 턱걸이 횟수는 윤서의 턱걸이 횟수의 3배일 때 물음에 답하세요.

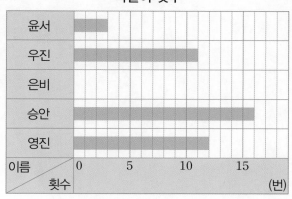

턱걸이 횟수

14 위의 막대그래프를 완성해 보세요.

15 턱걸이 횟수가 은비보다 많고 영진이보다 적은 학생은 누구일까요?

( )

16 체육 대회에서 턱걸이 시합을 한다고 합니다. 윤서네 모둠에서 턱걸이 시합에 출전할 선수를 한 명 뽑는다면 누구를 뽑는 것이 좋을까요?

( )

17 1반과 2반 학생들이 가 보고 싶어 하는 나라별 학생 수를 각각 조사하여 나타낸 막대그래프입니다. 2반 학생들이 1반 학생들보다 더 많이 가 보고 싶어 하는 나라는 어디일까요?

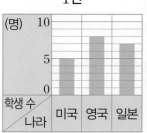
1반

2반

( )

18 어느 지역의 병원을 종류별로 조사하여 나타낸 것입니다. 표와 막대그래프를 완성해 보세요.

종류별 병원 수

종류	내과	이비인후과	치과	안과	합계
병원 수(곳)	12	10			44

종류별 병원 수

[19~20] 승유네 학교에서 안경을 쓴 학생 수를 학년별로 조사하여 나타낸 막대그래프입니다. 물음에 답하세요.

학년별 안경을 쓴 학생 수

■ 남학생 ■ 여학생

19 안경을 쓴 4학년 학생은 모두 몇 명인지 풀이 과정을 쓰고, 답을 구하세요.

(서술형)

풀이

답

20 안경을 쓴 여학생이 남학생보다 더 많은 학년을 모두 찾아 쓰세요.

( )

6

규칙 찾기

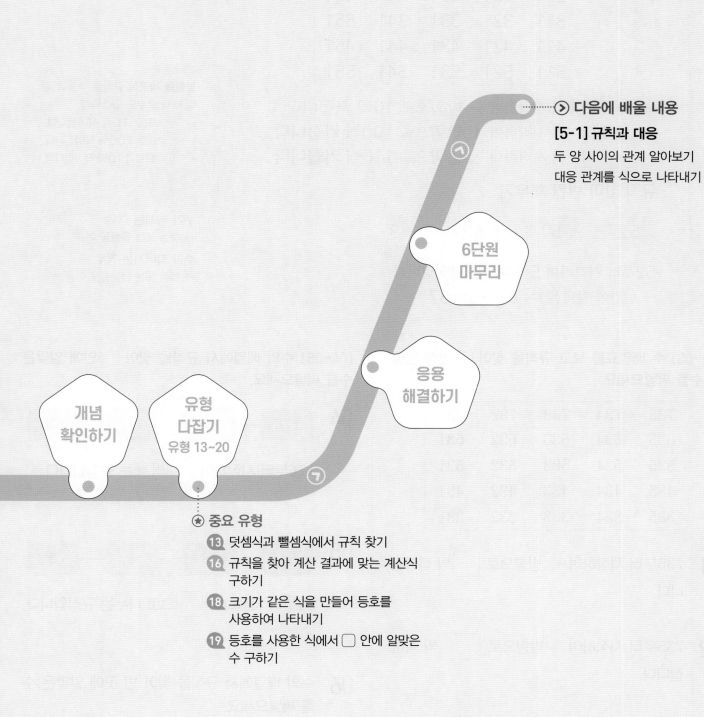

[5-1] 규칙과 대응

두 양 사이의 관계 알아보기

대응 관계를 식으로 나타내기

6단원
마무리

응용
해결하기

개념
확인하기

유형
다잡기
유형 13~20

★ 중요 유형

⑬ 덧셈식과 뺄셈식에서 규칙 찾기

⑯ 규칙을 찾아 계산 결과에 맞는 계산식
구하기

⑱ 크기가 같은 식을 만들어 등호를
사용하여 나타내기

⑲ 등호를 사용한 식에서 ☐ 안에 알맞은
수 구하기

1 수의 배열에서 규칙 찾기

규칙 찾아 설명하기

111	121	131	141	151
211	221	231	241	251
311	321	331	341	351
411	421	431	441	451
511	521	531	541	551

규칙
- 111부터 시작하여 → 방향으로 10씩 커집니다.
- 111부터 시작하여 ↓ 방향으로 100씩 커집니다.
- 111부터 시작하여 ↘ 방향으로 110씩 커집니다.

방향을 바꾸어 규칙을 다음과 같이 나타낼 수도 있습니다.
- ← 방향으로 10씩 작아집니다.
- ↑ 방향으로 100씩 작아집니다.
- ↖ 방향으로 110씩 작아집니다.

규칙 찾아 빈칸 채우기

52 — 57 — 62 — ?

52부터 시작하여 5씩 더하는 규칙입니다.
→ 빈칸에 알맞은 수: 62+5=**67**

수가 커지는 경우
→ 덧셈 또는 곱셈을 이용

수가 작아지는 경우
→ 뺄셈 또는 나눗셈을 이용

[01~03] 수 배열표를 보고 규칙을 찾아 ☐ 안에 알맞은 수를 써넣으세요.

735	734	733	732	731
635	634	633	632	631
535	534	533	532	531
435	434	433	432	431
335	334	333	332	331

01 735부터 시작하여 → 방향으로 ☐씩 작아집니다.

02 735부터 시작하여 ↓ 방향으로 ☐씩 작아집니다.

03 735부터 시작하여 ↘ 방향으로 ☐씩 작아집니다.

[04~05] 수의 배열에서 규칙을 찾아 ☐ 안에 알맞은 수를 써넣으세요.

04 176 — 174 — 172 — 170

176부터 시작하여 ☐씩 빼는 규칙입니다.

05 54 — 18 — 6 — 2

54부터 시작하여 ☐으로 나누는 규칙입니다.

06 수의 배열에서 규칙을 찾아 빈 곳에 알맞은 수를 써넣으세요.

32 — 16 — 8 — 4 —

2 규칙을 찾아 수나 식으로 나타내기

모양의 배열에서 모형의 수를 세어 수와 식으로 나타냅니다.

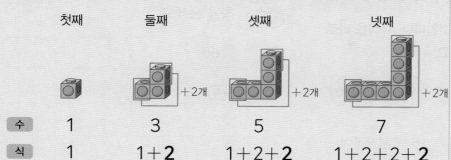

	첫째	둘째	셋째	넷째
수	1	3	5	7
식	1	1+2	1+2+2	1+2+2+2

규칙
- 모형(🧊)이 1개부터 시작하여 **2개씩 늘어납니다**.
- 모형이 1개부터 시작하여 왼쪽과 위쪽으로 1개씩 늘어납니다.

➡ 다섯째 모양에 올 모형의 수: **1+2+2+2+2=9**(개)

다섯째 모양

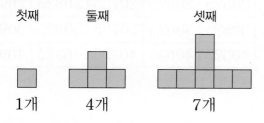

[01~02] 사각형(⬜)으로 만든 모양의 배열에서 규칙을 찾으려고 합니다. 물음에 답하세요.

첫째   둘째   셋째

1개   4개   7개

01 규칙을 찾아 ☐ 안에 알맞은 수를 써넣으세요.

사각형이 왼쪽, 오른쪽, 위쪽으로 ☐ 개씩 늘어나는 규칙입니다.

02 규칙에 따라 넷째에 알맞은 모양을 완성하고, 사각형의 수를 세어 쓰세요.

넷째

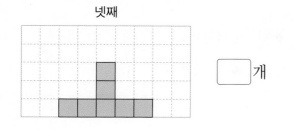

☐ 개

[03~06] 모형(🧊)으로 만든 모양의 배열을 보고 물음에 답하세요.

첫째   둘째   셋째

☐ 개   ☐ 개   ☐ 개

03 규칙을 찾아 알맞은 것에 ○표 하세요.

모형이 (1개 , 2개)씩 늘어나는 규칙입니다.

04 모형의 수를 세어 ☐ 안에 알맞은 수를 써넣으세요.

05 모형의 수를 식으로 나타내세요.

첫째   둘째   셋째

2   2+☐   2+☐+☐

06 넷째에 올 모양에서 모형은 몇 개일까요?

(   )

유형 01 수의 배열에서 여러 가지 규칙 찾기

예제 규칙에 따라 수를 배열한 것입니다. 규칙을 바르게 설명한 것에 ○표 하세요.

> 5 — 20 — 80 — 320 — 1280

5부터 시작하여 15씩 커집니다.	5부터 시작하여 4씩 곱합니다.
( )	( )

풀이 $5 \times \boxed{} = 20$, $20 \times \boxed{} = 80$,

$80 \times \boxed{} = 320$, $320 \times \boxed{} = 1280$

→ 5부터 시작하여 $\boxed{}$씩

(커집니다 , 곱합니다).

01 수의 배열에서 ➡ 방향으로 어떤 규칙이 있는지 찾아 쓰세요.

431	531	631	731	831	931
441	541	641	741	841	941
451	551	651	751	851	951

규칙

02 수 배열표에서 규칙을 찾아 알맞은 말에 ○표 하세요.

	11	12	13	14	15
11	1	2	3	4	5
12	2	4	6	8	0
13	3	6	9	2	5

두 수의 (덧셈 , 곱셈) 결과에서
(일 , 십 , 백)의 자리 수를 씁니다.

03 나만의 규칙이 있는 수의 배열을 완성하고, 규칙을 쓰세요.

> 60 — □ — □ — □ — □

규칙

04 〈조건〉을 모두 만족하는 규칙적인 수의 배열을 찾아 색칠해 보세요.

〈 조건 〉
- 가장 작은 수는 10825입니다.
- 다음 수는 앞의 수보다 10000씩 커집니다.

10525	10625	10725	10825	10925
20525	20625	20725	20825	20925
30525	30625	30725	30825	30925
40525	40625	40725	40825	40925

유형 02 수의 배열에서 빈 곳에 알맞은 수 구하기

예제 수 배열표의 규칙을 찾아 ▲에 알맞은 수를 구하세요.

1	3	5	7	9
11	13	15		19
21	23	25	27	
31		35	37	
41	43			▲

( )

풀이 ↘ 방향으로 $\boxed{}$씩 커집니다.

→ ▲ $= 37 + \boxed{} = \boxed{}$

05 수의 배열에서 규칙을 찾아 ■에 알맞은 수를 구하세요.

| 7009 | 7019 | | ■ | | 7059 |

(   )

06 _{중요★} 수의 배열에서 규칙을 찾아 빈 곳에 알맞은 수를 써넣으세요.

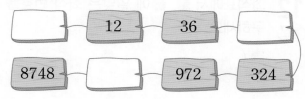

07 수 배열표에서 규칙을 찾아 빈칸에 알맞은 수를 써넣으세요.

×	103	104	105	106	107
15	5	0	5		5
16	8			6	
17	1		5		9

08 수의 배열을 보고 ㉠과 ㉡에 알맞은 수를 구하세요.

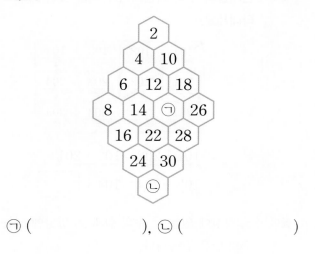

㉠ (   ), ㉡ (   )

---

^{+플러스}
_{유형} **03** 일부가 보이지 않는 수 배열표에서 규칙 찾기

예제 수 배열표의 일부분이 찢어졌습니다. 수 배열표의 규칙에 따라 ★에 알맞은 수를 구하세요.

461	462	463	464	465
561	562	563	564	
661	662	663	664	
	762	763	764	
				★

(   )

풀이 ↘ 방향으로 [   ]씩 커집니다.

➡ ★＝764＋[   ]＝[   ]

[09~10] 수 배열표의 일부분이 찢어졌습니다. 물음에 답하세요.

10135	10145	10155	10165
11135	11145	11155	11165
12135	12145	12155	12165
13135	13145	13155	13165

♥

09 〈조건〉을 만족하는 규칙적인 수의 배열을 찾아 색칠해 보세요.

〈조건〉
• 가장 작은 수는 10135입니다.
• 일정한 방향으로 다음 수는 앞의 수보다 1010씩 커집니다.

10 _{중요★} ♥에 알맞은 수를 구하세요.

(   )

11 수 배열표에 물감이 묻어 일부가 보이지 않습니다. 수의 배열의 규칙에 맞게 ㉠과 ㉡에 알맞은 수를 각각 구하려고 합니다. 풀이 과정을 쓰고, 답을 구하세요.

(서술형)

10	12	14	16	18
110	112	114		118
410	㉠	414		
910	912			㉡

(1단계) 수의 배열에서 규칙 찾기

_____

_____

(2단계) ㉠과 ㉡에 알맞은 수 구하기

_____

_____

답 ㉠ _____ , ㉡ _____

유형 04 **생활 속 수의 배열에서 규칙 찾기**

예제 계산기 버튼에서 나타난 수의 배열에서 규칙을 찾아 ☐ 안에 알맞은 수를 써넣으세요.

수가 → 방향으로 ☐ 씩 커지고,

↘ 방향으로 ☐ 씩 작아집니다.

풀이

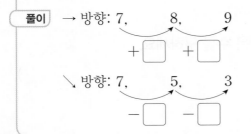

→ 방향: 7,   8,   9
     +☐   +☐

↘ 방향: 7,   5,   3
     −☐   −☐

[12~13] 어느 공연장의 좌석표입니다. 물음에 답하세요.

			무대			
A3	A4	A5	A6	A7	A8	A9
B3	B4	B5	B6	B7	B8	B9
C3	C4	C5	C6	C7	C8	C9
D3	D4	■	D6	D7	D8	D9
E3	E4	E5	E6	E7	E8	E9
F3	F4	F5	F6	F7	●	F9

12 좌석표에서 ■, ●에 알맞은 좌석 번호를 각각 구하세요.

(중요)

■ (   ), ● (   )

13 좌석 번호의 규칙을 바르게 설명한 사람의 이름을 쓰세요.

> 수민: B3에서 → 방향으로 알파벳은 그대로이고 숫자가 1씩 커져.
>
> 영빈: A7에서 ↓ 방향으로 알파벳이 순서대로 바뀌고 숫자가 1씩 커져.

(   )

+플러스
유형 05 **생활 속 수의 배열에서 규칙을 찾아 식으로 나타내기**

예제 편지함의 수의 배열에서 규칙을 찾아 식으로 나타내세요.

101	102	103	104
201	202	203	204
301	302	303	304

$$101+202=102+201$$

$$103+204=104+\boxed{}$$

풀이 ↘ 방향에 있는 두 수의 합과 ↗ 방향에 있는 두 수의 합은 같습니다.

[14~15] 신발장에 표시된 수의 배열에서 규칙을 찾아 식으로 나타내려고 합니다. 물음에 답하세요.

26	27	28	29	30
21	22	23	24	25
16	17	18	19	20
11	12	13	14	15

14 세로의 수의 배열에서 규칙을 찾아 ☐ 안에 알맞은 수를 써넣으세요.

$26-5=21$, $27-5=22$, $28-5=23$,

$29-$ ☐ $=24$, $30-$ ☐ $=25$

15 신발장에 표시된 수의 배열에서 규칙을 찾아 〈 보기 〉와 같은 식으로 나타내세요.

〈 보기 〉

$11+12+13+14+15=13\times5$

16 사물함 번호의 수의 배열에서 찾은 〈 규칙 〉을 보고 ☐ 안에 알맞은 수를 써넣으세요.

111	112	113	114	115
121	122	123	124	125
131	132	133	134	135

〈 규칙 〉

☐ 안에 있는 3개의 수의 합은 어떤 수의 3배와 같습니다.

$112+123+134=$ ☐ $\times3$

예제 달력을 보고 다음 〈 조건 〉을 모두 만족하는 수를 구하세요.

일	월	화	수	목	금	토
					1	2
3	4	5	6	7	8	9
10	11	12	13	14	15	16
17	18	19	20	21	22	23
24	25	26	27	28	29	30

〈 조건 〉

• ╬ 안에 있는 5개의 수 중의 하나입니다.

• ╬ 안에 있는 5개의 수의 합을 5로 나눈 몫과 같습니다.

( )

풀이 $12+18+19+20+26=$ ☐

➡ ☐ $\div5=$ ☐

17 수 배열표를 보고 다음 〈 조건 〉을 모두 만족하는 수를 구하세요.

25	26	27	28	29	30	31	32
33	34	35	36	37	38	39	40
41	42	43	44	45	46	47	48
49	50	51	52	53	54	55	56

〈 조건 〉

• ☐ 안에 있는 9개의 수 중의 하나입니다.

• ☐ 안에 있는 9개의 수의 합을 9로 나눈 몫과 같습니다.

( )

너 신발 어딨어?

규칙만 알면 찾을 수 있어!

•1102	•1103	•1104
•1202	•1203	•1204
•1302	•1303	•1304

유형 07 모양의 배열에서 여러 가지 규칙 찾기

예제 사각형(■)으로 만든 모양의 배열에서 규칙을 찾아 알맞은 말에 ○표 하세요.

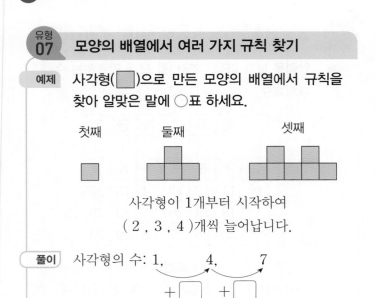

첫째　　둘째　　셋째

사각형이 1개부터 시작하여
(2 , 3 , 4)개씩 늘어납니다.

풀이 사각형의 수: 1,　　4,　　7

$+ \boxed{}$　$+ \boxed{}$

18 중요★ 모형(■)으로 만든 모양의 배열에서 □ 안에 알맞은 수를 써넣으세요.

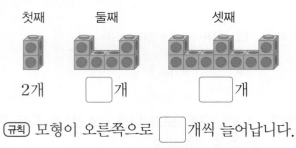

첫째　　둘째　　셋째

2개　　$\boxed{}$개　　$\boxed{}$개

규칙 모형이 오른쪽으로 $\boxed{}$개씩 늘어납니다.

19 모양의 배열을 보고 규칙을 각각 찾아 쓰세요.

첫째　　둘째　　셋째

(1) 빨간색 사각형(■)의 규칙을 찾아 쓰세요.

규칙 빨간색 사각형이 위쪽으로

_____

(2) 파란색 사각형(■)의 규칙을 찾아 쓰세요.

규칙 파란색 사각형이 위쪽으로

_____

20 성냥개비로 만든 모양의 배열을 보고 규칙을 찾은 것입니다. 잘못 찾은 사람의 이름을 쓰세요.

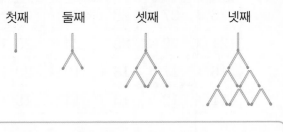

첫째　　둘째　　셋째　　넷째

동화: 성냥개비가 2개씩 늘어나.
연희: 성냥개비가 2개, 4개, 6개씩 늘어나.

(　　　　　　　　　　)

유형 08 규칙에 따라 다음에 올 모양 그리기

예제 모양의 배열을 보고 넷째에 알맞은 모양에 ○표 하세요.

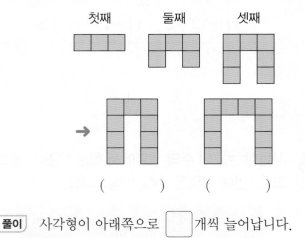

첫째　　둘째　　셋째

(　　　)　　(　　　)

풀이 사각형이 아래쪽으로 $\boxed{}$개씩 늘어납니다.

21 모양의 배열에서 규칙을 찾아 넷째 모양을 그려 보세요.

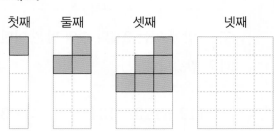

첫째　　둘째　　셋째　　넷째

22 현우가 말한 규칙대로 다섯째와 여섯째 모양을 그려 보세요.

왼쪽 위에서 시작하여 오른쪽과 아래로 번갈아 가며 1개씩 늘어나는 규칙이야.

현우

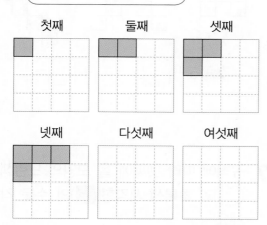

첫째   둘째   셋째

넷째   다섯째   여섯째

23 (창의형) 나만의 규칙을 정하여 모양을 그리고, 어떤 규칙인지 쓰세요.

첫째   둘째   셋째

넷째   다섯째   여섯째

규칙

+플러스
유형 09 모양의 배열에서 규칙을 찾아 빈 곳에 알맞은 모양 그리기

예제 주연이가 규칙에 따라 바둑돌을 놓고 있습니다. 셋째에 놓아야 할 바둑돌의 모양을 그려 보세요.

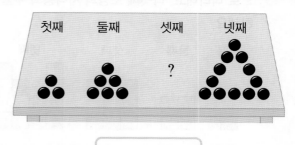

첫째   둘째   셋째   넷째

?

풀이 삼각형의 각 변에 놓인 바둑돌이 ☐개씩 늘어나는 규칙입니다.

➔ 한 변에 놓인 바둑돌이 ☐개가 되도록 그립니다.

24 규칙에 따라 다섯째에 알맞은 모양을 그려 보세요.

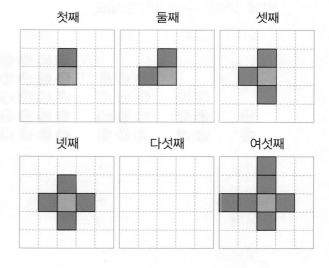

첫째   둘째   셋째

넷째   다섯째   여섯째

유형 10 **모양의 배열에서 다음에 올 모양의 개수 구하기**

예제 모양의 배열에서 사각형(⬜)의 수의 규칙을 식으로 나타내고, 다섯째 모양의 사각형의 수를 구하세요.

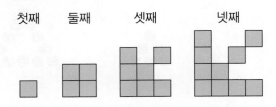

첫째　둘째　셋째　넷째

순서	첫째	둘째	셋째	넷째
식	1	1+3		

(　　　　　　　)

풀이 사각형이 오른쪽, 위쪽, ↗ 방향으로 ☐ 개씩 늘어나는 규칙입니다.

➡ 다섯째 모양의 사각형의 수:

$$1 + \boxed{} + \boxed{} + \boxed{} + \boxed{}$$
$$= \boxed{} \text{(개)}$$

25 바둑돌로 만든 모양의 배열에서 규칙을 찾아 ☐ 안에 알맞은 수를 써넣으세요.

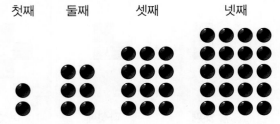

첫째　둘째　셋째　넷째

순서	식
첫째	2
둘째	2+4=6
셋째	2+4+6=☐
넷째	2+4+6+☐=☐
다섯째	2+4+6+☐+☐=☐

26 사각형(⬜)으로 만든 모양의 배열에서 규칙을 찾아 넷째 모양의 사각형의 수를 구하세요.
중요★

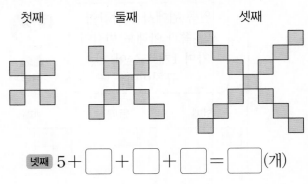

첫째　　둘째　　　셋째

넷째 $5 + \boxed{} + \boxed{} + \boxed{} = \boxed{}$ (개)

27 규칙에 따라 넷째에 올 모양의 노란색 사각형(⬜)과 초록색 사각형(⬛)의 수를 각각 구하세요.

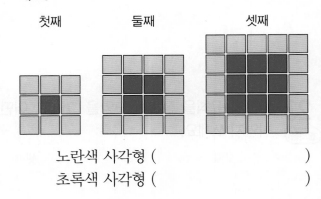

첫째　　　둘째　　　　셋째

노란색 사각형 (　　　　　　)
초록색 사각형 (　　　　　　)

28 검은색 바둑돌과 흰색 바둑돌로 만든 모양의 배열입니다. 규칙에 따라 놓았을 때 넷째에 놓이는 검은색 바둑돌은 흰색 바둑돌보다 몇 개 더 많을까요?

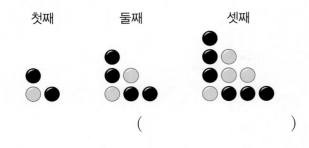

첫째　　　둘째　　　셋째

(　　　　　　)

+플러스
유형 11 ■째에 올 모양의 개수 구하기

예제 사각형(■)으로 만든 모양의 배열에서 아홉째 모양의 사각형은 몇 개일까요?

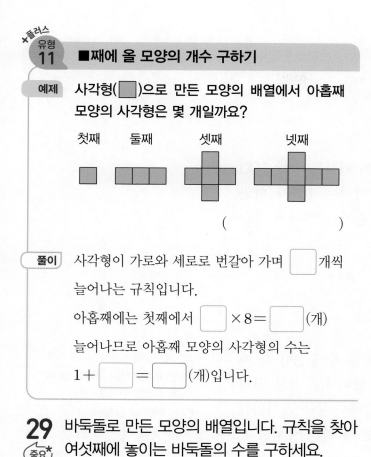

첫째　둘째　셋째　넷째

( )

풀이 사각형이 가로와 세로로 번갈아 가며 ▢ 개씩 늘어나는 규칙입니다.

아홉째에는 첫째에서 ▢ ×8= ▢ (개)

늘어나므로 아홉째 모양의 사각형의 수는

1+ ▢ = ▢ (개)입니다.

29 바둑돌로 만든 모양의 배열입니다. 규칙을 찾아
중요★ 여섯째에 놓이는 바둑돌의 수를 구하세요.

첫째　둘째　셋째　넷째

( )

30 모양의 배열을 보고 일곱째 모양에서 노란색 사각형(▢)은 몇 개인지 구하세요.

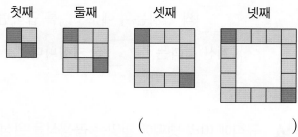

첫째　둘째　셋째　넷째

( )

+플러스
유형 12 개수를 보고 몇째에 알맞은 모양인지 구하기

예제 그림과 같이 규칙에 따라 구슬을 놓을 때 구슬 40개가 놓이는 때는 몇째일까요?

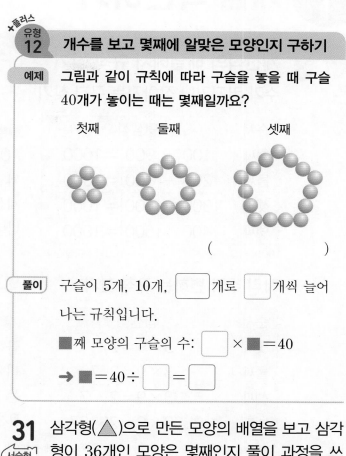

첫째　둘째　셋째

( )

풀이 구슬이 5개, 10개, ▢ 개로 ▢ 개씩 늘어나는 규칙입니다.

■째 모양의 구슬의 수: ▢ × ■=40

➡ ■=40÷ ▢ = ▢

31 삼각형(△)으로 만든 모양의 배열을 보고 삼각
서술형 형이 36개인 모양은 몇째인지 풀이 과정을 쓰고, 답을 구하세요.

첫째　둘째　셋째　넷째

1단계 삼각형의 수의 규칙 찾기

_____

_____

2단계 삼각형이 36개인 모양은 몇째인지 구하기

_____

_____

답 _____

6
단원

6. 규칙 찾기 **165**

개념 확인하기

3 계산식의 배열에서 규칙 찾기

수가 커지거나 작아지는 규칙 찾기

순서	덧셈식
첫째	$100 + 900 = 1000$
둘째	$200 + 800 = 1000$
셋째	$300 + 700 = 1000$
넷째	$400 + 600 = 1000$

100씩 커집니다. ┘   └ 100씩 작아집니다.

규칙

100씩 커지는 수에 100씩 작아지는 수를 더하면 계산 결과는 변하지 않습니다.

자리 수가 변하는 규칙 찾기

순서	곱셈식
첫째	$3 \times 9 = 27$
둘째	$33 \times 9 = 297$
셋째	$333 \times 9 = 2997$
넷째	$3333 \times 9 = 29997$

3이 1개씩 늘어납니다. ┘   └ 가운데에 숫자 9가 1개씩 늘어납니다.

규칙

곱해지는 수에 3이 한 자리씩 늘어나면 계산 결과는 27부터 2와 7 사이에 9가 한 자리씩 늘어납니다.

직접 계산하지 않아도 자리 수가 변하는 규칙을 찾아 다음에 올 계산식을 추측할 수 있습니다.

➡ 다섯째에 올 곱셈식:
$33333 \times 9 = 299997$

[01~02] 덧셈식의 배열을 보고 물음에 답하세요.

순서	덧셈식
첫째	$20000 + 30000 = 50000$
둘째	$21000 + 29000 = 50000$
셋째	$22000 + 28000 = 50000$

01 덧셈식의 규칙을 찾아 ☐ 안에 알맞은 수를 써넣고, 알맞은 말에 ○표 하세요.

☐씩 커지는 수에 ☐씩 작아지는 수를 더하면 계산 결과는 (변합니다 , 변하지 않습니다).

02 규칙에 따라 넷째에 알맞은 덧셈식을 완성해 보세요.

덧셈식 $23000 + ☐ = ☐$

[03~04] 곱셈식의 배열을 보고 물음에 답하세요.

순서	곱셈식
첫째	$10 \times 15 = 150$
둘째	$20 \times 15 = 300$
셋째	$30 \times 15 = 450$

03 곱셈식의 규칙을 찾아 ☐ 안에 알맞은 수를 써넣으세요.

☐씩 커지는 수에 ☐를 곱하면 계산 결과는 ☐씩 커집니다.

04 규칙에 따라 넷째에 알맞은 곱셈식을 완성해 보세요.

곱셈식 $☐ \times 15 = ☐$

4 등호(=)를 사용하여 나타내기

합이 같은 두 덧셈식을 등호로 나타내기

> 같은 양을 나타낼 때 등호(=)를 사용해.

전체 구슬의 수가 같을 때 노란색 구슬의 수가 줄어든 만큼 파란색 구슬의 수는 늘어납니다.

▲+■에서 ▲가 작아진 만큼 ■가 커지면 합은 같습니다.

→ 9+2

→ 7+4

$$9+2 \overset{-2}{=} 7+4 \atop +2$$

곱이 같은 두 곱셈식을 등호로 나타내기

전체 구슬의 수가 같을 때 한 묶음 안의 수가 늘어나면 묶음의 수는 줄어듭니다.

●×◆에서 ●에 곱한 수만큼 ◆를 나누면 곱은 같습니다.

→ 2×8

→ 4×4

$$2 \times 8 \overset{\times 2}{=} 4 \times 4 \atop \div 2$$

[01~02] 그림을 보고 ☐ 안에 알맞은 수를 써넣으세요.

01

$4+\boxed{}=\boxed{}+6$

$6+\boxed{}=9+\boxed{}$

02

$5+\boxed{}=7+\boxed{}$

$\boxed{}+10=11+\boxed{}$

[03~04] 그림을 보고 ☐ 안에 알맞은 수를 써넣으세요.

03

$3 \times \boxed{} = 6 \times \boxed{}$

04

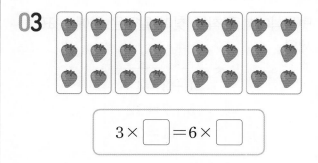

$4 \times \boxed{} = 5 \times \boxed{}$

유형 **13** 덧셈식과 뺄셈식에서 규칙 찾기

예제 계산식을 보고 설명에 맞는 계산식을 찾아 기호를 쓰세요.

가	나
$716-253=463$	$438-137=301$
$726-243=483$	$458-137=321$
$736-233=503$	$478-137=341$
$746-223=523$	$498-137=361$

10씩 커지는 수에서 10씩 작아지는 수를 빼면 계산 결과는 20씩 커집니다.

(   )

풀이 가: □씩 커지는 수에서 □씩 작아지는 수를 빼면 계산 결과는 20씩 커집니다.

나: □씩 커지는 수에서 같은 수를 빼면 계산 결과는 20씩 커집니다.

01 덧셈식에서 규칙을 찾아 알맞은 말에 ○표 하세요.

$1+3=4$
$5+7=12$
$9+11=20$

홀수와 홀수를 더하면 (짝수 , 홀수)가 됩니다.

02 덧셈식의 배열에서 규칙을 찾아 □ 안에 알맞은 계산식을 써넣으세요.

$500+1800=2300$
$400+1700=2100$
$300+1600=1900$

[   ]

03 뺄셈식의 배열에서 규칙을 찾아 □ 안에 알맞은 수를 써넣으세요.

$11-9=2$
$111-99=12$
$1111-999=112$
$11111-9999=1112$

모든 자리 수가 1인 수에서 모든 자리 수가 □인 수를 빼면 가장 낮은 자리의 수가 2이고 나머지 자리 수가 □인 수가 됩니다.

04 주어진 덧셈식의 규칙에 따라 □ 안에 알맞은 수를 써넣으세요.

$90+11=101$
$900+101=1001$
□ $+1001=10001$
$90000+10001=$ □

유형 **14** 곱셈식과 나눗셈식에서 규칙 찾기

예제 오른쪽 나눗셈식의 규칙으로 알맞은 것을 찾아 기호를 쓰세요.

$222÷2=111$
$333÷3=111$
$444÷4=111$

㉠ 100씩 커지는 수를 1씩 커지는 수로 나눈 몫은 일정합니다.
㉡ 각 자리 수가 ■인 세 자리 수를 ■로 나눈 몫은 일정합니다.

(   )

풀이 각 자리 수가 ■인 세 자리 수를 ■로 나눈 몫은 □로 일정합니다.

• 정답 48쪽

05 미나가 말한 규칙적인 계산식을 찾아 기호를 쓰세요.

가	나
$11 \times 11 = 121$	$55 \times 10 = 550$
$11 \times 21 = 231$	$44 \times 10 = 440$
$11 \times 31 = 341$	$33 \times 10 = 330$
$11 \times 41 = 451$	$22 \times 10 = 220$

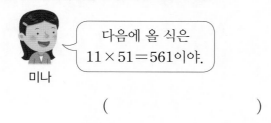

다음에 올 식은
$11 \times 51 = 561$ 이야.

미나

(   )

06 곱셈식의 배열에서 규칙을 찾아 다섯째에 알맞은 식을 써넣으세요.

순서	곱셈식
첫째	$7 \times 9 = 63$
둘째	$7 \times 99 = 693$
셋째	$7 \times 999 = 6993$
넷째	$7 \times 9999 = 69993$
다섯째	

07 곱셈과 나눗셈의 관계를 이용하여 규칙적인 나눗셈식을 만들어 보세요.

（창의형）

$$105 \times 4 = 420$$
$$1005 \times 4 = 4020$$
$$10005 \times 4 = 40020$$

➡ _____ ÷ _____ = _____

_____ ÷ _____ = _____

_____ ÷ _____ = _____

08 나눗셈식의 배열에서 규칙을 찾아 ☐ 안에 알맞은 식을 써넣고, 규칙을 설명해 보세요.

（서술형）

$$18 \div 2 = 9$$
$$198 \div 22 = 9$$
$$1998 \div 222 = 9$$

[   ]

규칙

_____

_____

_____

예제 다음을 이용하여 규칙을 찾아 ☐ 안에 알맞은 수를 써넣으세요.

$$123456789 \times \ 9 = 1111111101$$
$$123456789 \times 18 = 2222222202$$
$$123456789 \times 27 = 3333333303$$

$$123456789 \times 81 = \boxed{}$$

풀이 곱하는 수가 2배, 3배, …가 되면 계산 결과도

☐ 배, ☐ 배, …가 되는 규칙입니다.

81은 9의 ☐ 배

➡ $123456789 \times 81 = \boxed{}$

09 〈보기〉를 이용하여 규칙을 찾아
$1111122222 + 2222211111$ 의 값을 구하세요.

〈보기〉
$$12 + 21 = 33$$
$$1122 + 2211 = 3333$$
$$111222 + 222111 = 333333$$

(   )

10 나눗셈식에서 규칙을 찾아 $777 \div 37$의 몫을 구하려고 합니다. 풀이 과정을 쓰고, 답을 구하세요.

$$111 \div 37 = 3$$
$$222 \div 37 = 6$$
$$333 \div 37 = 9$$

1단계 나눗셈식의 규칙 찾기

_____

_____

2단계 나눗셈의 몫 구하기

_____

_____

답 _____

11 다음을 계산하고, 규칙을 찾아 99×101의 값을 구하세요.

$$11 \times 101 = 1111$$
$$22 \times 101 = \boxed{}$$
$$33 \times 101 = \boxed{}$$

(   )

+플러스
유형 16 규칙을 찾아 계산 결과에 맞는 계산식 구하기

예제 덧셈식의 배열에서 규칙을 찾아 ☐ 안에 알맞은 수를 써넣으세요.

$$9 + 1 = 10$$
$$98 + 12 = 110$$
$$987 + 123 = 1110$$
$$9876 + 1234 = 11110$$

$$987654 + \boxed{} = 1111110$$

풀이 더하는 두 수가 한 자리씩 늘어나면 계산 결과도 한 자리씩 늘어납니다.

➡ $987654 + \boxed{} = 1111110$

12 민서가 칠판에 규칙적인 곱셈식을 쓰고 있습니다. 곱셈식의 규칙을 이용하여 계산 결과가 444444422222222인 식을 쓰세요.

$$6 \times 7 = 42$$
$$66 \times 67 = 4422$$
$$666 \times 667 = 444222$$
$$6666 \times 6667 = 44442222$$

(   )

13 덧셈식의 배열에서 합이 49인 덧셈식은 몇째일까요?

첫째	$1 + 2 + 1 = 4$
둘째	$1 + 2 + 3 + 2 + 1 = 9$
셋째	$1 + 2 + 3 + 4 + 3 + 2 + 1 = 16$
넷째	$1 + 2 + 3 + 4 + 5 + 4 + 3 + 2 + 1 = 25$

(   )

14 나눗셈식의 배열에서 숫자 1이 6번 나오는 것은 몇째일까요?

첫째	$108 \div 9 = 12$
둘째	$1107 \div 9 = 123$
셋째	$11106 \div 9 = 1234$

(   )

유형 17 크기가 같은 식을 찾아 등호를 사용하여 나타내기

예제 〈 보기〉에서 21＋15와 크기가 같은 식을 찾아 등호를 사용하여 나타내세요.

〈 보기〉

20＋14　　17＋19　　11＋26

21＋15＝ ☐ ＋ ☐

풀이 21＋15와 크기가 같은 식

→ (21보다 ■만큼 더 작은 수)
＋(15보다 ■만큼 더 큰 수)

→ 21＋15＝ ☐ ＋ ☐

15 크기가 같은 것끼리 이어 보세요.
(중요★)

(1) 26＋34　•　　•　40＋10

(2) 20＋20　•　　•　34＋26

(3) 42＋8　•　　•　40＋0

16 크기가 다른 식 하나를 찾아 ×표 하세요.

| 12×9 | 4×2×9 | 6×18 |

(　　) 　(　　) 　(　　)

17 22＋26과 크기가 같은 식을 모두 찾아 ○표 하세요.

24＋24　　2×25　　12×4

0×48　　26＋20　　48÷1

유형 18 크기가 같은 식을 만들어 등호를 사용하여 나타내기

예제 ☐ 안에 알맞은 수를 써넣으세요.

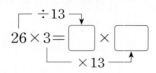

26×3＝ ☐ × ☐

풀이 26×3과 크기가 같은 식

→ (26을 ■로 나눈 값)×(3에 ■를 곱한 값)

18 그림을 보고 ☐ 안에 알맞은 수를 써넣으세요.

16×4＝ ☐ × ☐

19 리아가 말한 방법으로 크기가 같은 식을 만든 것을 찾아 기호를 쓰세요.
(중요★)

리아

뒤의 두 수를 먼저 더해 크기가 같은 식을 만들었어!

㉠ 25＋16＝30＋11
㉡ 16＋14＋4＝16＋18
㉢ 21＋21＋21＝21×3

(　　　　　　　　　)

6
단원

20 연서와 준호의 대화를 완성해 보세요.

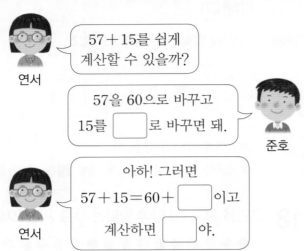

연서: 57＋15를 쉽게 계산할 수 있을까?

준호: 57을 60으로 바꾸고 15를 [ ]로 바꾸면 돼.

연서: 아하! 그러면 57＋15＝60＋[ ]이고 계산하면 [ ]야.

21 23＋69와 크기가 같은 덧셈식을 3개 완성하려고 합니다. ☐ 안에 알맞은 수를 써넣으세요.
창의형

$$23＋69＝\boxed{}＋\boxed{}$$
$$23＋69＝\boxed{}＋\boxed{}$$
$$23＋69＝\boxed{}＋\boxed{}$$

22 5장의 수 카드 중 2장을 골라 한 번씩만 사용하여 70÷5와 크기가 같은 식을 만들어 보세요.

| 12 | 7 | 35 | 2 | 3 |

$$70÷5＝\boxed{}$$

유형 **19** 등호를 사용한 식에서 ☐ 안에 알맞은 수 구하기

예제: 두 식의 계산 결과가 같도록 ☐ 안에 알맞은 수를 써넣으세요.

| 36＋27 | [ ]＋30 |

풀이: 30은 27보다 3만큼 더 큰 수이므로 36보다 [ ]만큼 더 작은 수인 [ ]을 더합니다.

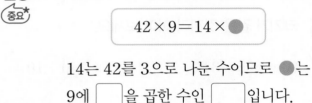

$$→ 36＋27＝\boxed{}＋30$$

23 ☐ 안에 알맞은 수를 써넣으세요.
중요★

$$42×9＝14×●$$

14는 42를 3으로 나눈 수이므로 ●는 9에 [ ]을 곱한 수인 [ ]입니다.

24 크기가 같은 식이 되도록 ☐ 안에 알맞은 수를 써넣으세요.

(1) $72－25＝70－\boxed{}$

(2) $72÷9＝\boxed{}÷3$

25 ■에 알맞은 수를 바르게 설명한 것의 기호를 쓰세요.

$$38＋16＝26＋■$$

㉠ 26은 38보다 12만큼 더 작으므로 ■에 알맞은 수는 16보다 12만큼 더 작은 4입니다.

㉡ 26은 38보다 12만큼 더 작으므로 ■에 알맞은 수는 16보다 12만큼 더 큰 28입니다.

(   )

26 글쓰기 대회에 나누어 줄 공책과 연필을 같은 개수만큼 준비하려고 합니다. 공책을 한 묶음에 20권씩 6묶음을 준비했습니다. 한 상자에 12자루씩 들어 있는 연필은 몇 상자를 준비해야 할까요?

(   )

27 ☐ 안에 알맞은 수가 큰 것부터 차례로 1, 2, 3을 써넣으세요.

$48 \times 9 = 16 \times$ ☐   ☐

$55 + 29 = 54 +$ ☐   ☐

$37 + 28 = 50 +$ ☐   ☐

유형 20 등호를 사용한 식이 옳은지, 옳지 않은지 판단하기

예제 옳은 식을 모두 찾아 색칠해 보세요.

$13 + 31 = 34$	$54 + 8 = 62 + 1$
$4 \times 4 \times 4 = 8 \times 8$	$30 = 30 \times 1$

풀이 $13 + 31 =$ ☐

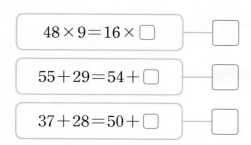

$54 + 8 = 62 +$ ☐

$4 \times 4 \times 4 = 4 \times 2 \times 2 \times 4 = 8 \times$ ☐

$30 = 30 \times$ ☐

---

28 식이 옳으면 ○표, 옳지 않으면 ✕표 하세요.

$26 + 8 = 24 + 10$	
$17 + 44 = 15 + 42$	
$20 + 19 = 19 + 20$	

29 옳지 않은 식을 말한 사람을 찾아 ✕표 하세요.
(중요★)

$32 \div 4 = 16 \div 8$ $64 - 15 = 60 - 11$

도율   주경

(   )   (   )

30 두 식의 계산 결과가 같은지, 다른지 알맞은 말에 ○표 하고, 직접 계산하지 않는 방법으로 그 이유를 쓰세요.
(서술형)

9×14 7×18

(같습니다 , 다릅니다).

이유

규칙이 같은 수의 배열을 보고 수 구하기

1 〈 보기〉의 수의 배열과 같은 규칙으로 빈칸에 알맞은 수를 쓰려고 합니다. ★에 알맞은 수를 구하세요.

〈 보기〉

3250	3450	3650	3850	4050	4250

8504	8704			★

( )

해결 tip

주어진 방법으로 크기가 같은 식 나타내기

2 크기가 같은 식을 만들었습니다. 두 사람이 말한 방법으로 만들지 <u>않은</u> 식을 찾아 기호를 쓰세요.

 주경

두 수를 바꾸어 더해 크기가 같은 식을 만들었어.

앞의 두 수를 먼저 더해도 크기가 같아.

 준호

㉠ $15+35=20+30$
㉡ $29+11+8=40+8$
㉢ $32+14=14+32$

( )

나눗셈식에서 규칙 찾기

(서술형)

3 나눗셈식에서 규칙을 찾아 72로 나누었을 때의 몫이 12345679가 되는 수를 구하려고 합니다. 풀이 과정을 쓰고, 답을 구하세요.

$111111111 \div 9 = 12345679$
$222222222 \div 18 = 12345679$
$333333333 \div 27 = 12345679$

(풀이)

_____

_____

_____

(답) _____

몫이 일정한 나눗셈식은?

나누어지는 수가 2배, 3배, …가 되고 나누는 수가 2배, 3배, …가 되면 몫은 같습니다.

$6 \div 3 = 2$
$12 \div 6 = 2$
$18 \div 9 = 2$

달력에서 규칙 찾아 색칠하기

4 오른쪽 달력에서 □으로 표시된 9개의 수를 모두 더하면 81입니다. 같은 모양으로 더했을 때 207이 되는 9개의 수에 색칠해 보세요.

일	월	화	수	목	금	토
		1	2	3	4	5
6	7	8	9	10	11	12
13	14	15	16	17	18	19
20	21	22	23	24	25	26
27	28	29	30	31		

다른 모양으로 놓인 수의 배열에서 규칙 찾아 수 구하기

5 규칙에 따라 도형 안에 수가 쓰여 있습니다. ㉠에 알맞은 수를 구하세요.

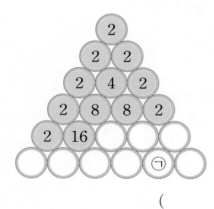

(   )

필요한 쌓기나무의 수 구하기

서술형

6 쌓기나무(⬛)로 만든 모양의 배열에서 여섯째 모양을 만드는 데 필요한 쌓기나무의 수는 몇 개인지 풀이 과정을 쓰고, 답을 구하세요.

첫째　　둘째　　　셋째　　　　넷째

풀이

답

해결 tip

달력에서 사각형 안의 9개의 수의 합은? 한가운데 수를 □라고 하고 나머지 수를 다음과 같이 나타내면 9개의 수의 합은 □×9와 같습니다.

□−8	□−7	□−6
□−1	□	□+1
□+6	□+7	□+8

쌓기나무의 개수를 구하려면?

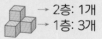 → 2층: 1개
→ 1층: 3개

보이지 않는 곳의 쌓기나무의 수도 세어야 합니다.
→ 3+1=4(개)

해결 tip

모양의 배열에서 사각형의 수 구하기

7 그림과 같이 규칙에 따라 모양을 배열하고 있습니다. 파란색 사각형(■)이 7개일 때 빨간색 사각형(■)은 몇 개인지 구하세요.

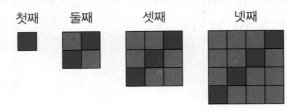

첫째　둘째　셋째　넷째

(1) 파란색 사각형이 7개인 모양은 몇째일까요?

(　　　　　　　)

(2) 파란색 사각형이 7개일 때 빨간색 사각형은 몇 개일까요?

(　　　　　　　)

수 배열표에서 규칙 찾아 두 수의 합 구하기

8 수 배열표를 보고 ㉠과 ㉡에 알맞은 수의 합을 구하세요.

	33	44	55	66	77
6	3	2	1	0	5
9	6	㉠	1	3	
12	9			㉡	5

(1) 수 배열표에서 규칙을 찾아 쓰세요.

규칙

_____

(2) ㉠과 ㉡에 알맞은 수를 각각 구하세요.

㉠ (　　　　　　　)
㉡ (　　　　　　　)

(3) ㉠과 ㉡에 알맞은 수의 합을 구하세요.

(　　　　　　　)

수 배열표에서 규칙을 찾으려면?

덧셈, 뺄셈, 곱셈, 나눗셈을 해 봅니다.

↓

계산 결과의 일의 자리 수, 십의 자리 수, 나머지 등을 확인합니다.

[01~02] 수 배열표를 보고 물음에 답하세요.

2120	2130	2140	2150	2160
2220	2230	2240	2250	2260
2320	2330	2340	2350	2360
2420	2430	2440	2450	2460
2520	2530	2540	2550	㉠

01 ☐ 안에 알맞은 수를 써넣으세요.

> 가로줄은 → 방향으로 ☐ 씩 커지는 규칙입니다.

02 ㉠에 알맞은 수를 구하세요.

( )

03 모양의 배열에서 규칙을 찾아 넷째에 올 모양에 ○표 하세요.

첫째　　둘째　　셋째

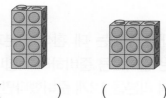

( )　　　( )

04 크기가 같은 덧셈식이 되도록 ☐ 안에 알맞은 수를 써넣으세요.

$$23 + 8 = 27 + \boxed{}$$

05 뺄셈식의 배열에서 규칙을 찾아 넷째에 알맞은 뺄셈식을 써넣으세요.

순서	뺄셈식
첫째	$7800 - 1100 = 6700$
둘째	$7800 - 1200 = 6600$
셋째	$7800 - 1300 = 6500$
넷째	

06 수의 배열에서 규칙적인 계산식을 찾은 것입니다. ☐ 안에 알맞은 수를 써넣으세요.

211	214	217	220	223	226
212	215	218	221	224	227
213	216	219	222	225	228

$$211 + 215 + 219 = 217 + 215 + 213$$
$$214 + 218 + 222 = 220 + \boxed{} + \boxed{}$$

07 규칙에 맞게 빈칸에 알맞은 수를 구하려고 합니다. 풀이 과정을 쓰고, 답을 구하세요.

(서술형)

$$\boxed{1546} - \boxed{1646} - \boxed{1746} - \boxed{1846} - \boxed{}$$

풀이

답

08 짝수와 홀수의 곱셈식에서 규칙을 찾아 알맞은 말에 ○표 하세요.

$$4 \times 5 = 20$$
$$6 \times 7 = 42$$
$$8 \times 9 = 72$$

짝수와 홀수를 곱하면 (짝수 , 홀수)가 됩니다.

[09~11] 사각형(◆)으로 만든 모양의 배열을 보고 물음에 답하세요.

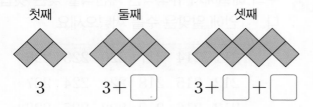

첫째　　　둘째　　　　셋째

3　　　3+□　　　3+□+□

09 넷째에 알맞은 모양을 그려 보세요.

10 모양의 배열에서 규칙을 찾아 식으로 나타내려고 합니다. 위의 □ 안에 알맞은 수를 써넣으세요.

11 다섯째 모양을 만들기 위해 필요한 사각형은 몇 개일까요?

(　　　　　　　)

12 수의 배열에서 규칙을 찾아 ㉠과 ㉡에 알맞은 수를 각각 구하세요.

2872	2873	2874	㉠	2876
		3874		㉡

㉠ (　　　　　　　)
㉡ (　　　　　　　)

13 □ 안에 들어갈 수가 가장 큰 것을 찾아 기호를 쓰세요.

㉠ $7 \times 3 \times 21 = \square \times 21$
㉡ $4 \times 18 = \square \times 9$
㉢ $44 + 8 = 8 + \square$

(　　　　　　　)

14 무대를 꾸미는 데 흰색 리본과 검은색 리본을 같은 길이만큼 준비하려고 합니다. 8 m 길이의 흰색 리본을 12개 준비했다면 24 m 길이의 검은색 리본은 몇 개 준비해야 할까요?

(　　　　　　　)

15 수 배열표에서 규칙을 찾아 빈칸에 알맞은 수를 써넣으세요.

+	16	17	18	19	20
517	3	4	5		7
518	4		6	7	
519	5		7		9

16 수 배열표에서 ★에 알맞은 수를 구하려고 합니다. 풀이 과정을 쓰고, 답을 구하세요.
(서술형)

5316		5318	5319
	6317	6318	
7316	7317	7318	
8316			★

(풀이)

_____

_____

_____

(답)

17 공깃돌로 만든 모양의 배열입니다. 규칙을 찾아 일곱째에 놓이는 공깃돌의 수를 구하세요.

첫째   둘째   셋째   넷째

(   )

18 나눗셈식의 배열에서 규칙을 찾아 15로 나누었을 때 몫이 370037037이 되는 수를 구하세요.

$$111111111 \div 3 = 37037037$$
$$222222222 \div 6 = 37037037$$
$$333333333 \div 9 = 37037037$$

(   )

19 수의 배열에서 규칙을 찾아 ☐ 안에 있는 9개의 수의 합을 구하세요.

123	124	125	126	127	128
133	134	135	136	137	138
143	144	145	146	147	148

(   )

20 곱셈식에서 규칙을 찾아 계산 결과가 8999991인 식을 구하려고 합니다. 풀이 과정을 쓰고, 답을 구하세요.
(서술형)

$$9 \times 9 = 81$$
$$99 \times 9 = 891$$
$$999 \times 9 = 8991$$

(풀이)

_____

_____

_____

(답)

01 □ 안에 알맞은 수를 써넣으세요.

1단원 | 유형 02

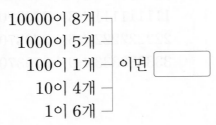

```
10000이 8개 ┐
 1000이 5개 ┤
  100이 1개 ┤ 이면 □
   10이 4개 ┤
    1이 6개 ┘
```

02 각의 크기가 작은 것부터 차례로 □ 안에 1, 2, 3을 써넣으세요.

2단원 | 유형 01

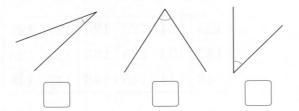

03 조각을 위쪽으로 밀었을 때의 모양을 찾아 ○표 하세요.

4단원 | 유형 01

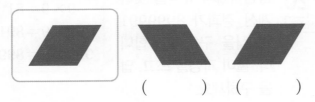

( )   ( )

04 규칙에 따라 빈칸에 알맞은 수를 써넣으세요.

1단원 | 유형 23

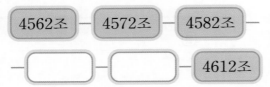

4562조 — 4572조 — 4582조 —

□ — □ — 4612조

05 계산 결과의 크기를 비교하여 ○ 안에 >, =, <를 알맞게 써넣으세요.

3단원 | 유형 12

217×40 ○ 150×56

06 도형을 시계 반대 방향으로 180°만큼 돌렸을 때의 도형을 그려 보세요.

4단원 | 유형 06

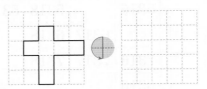

07 계산한 각도가 둔각인 것을 모두 찾아 기호를 쓰려고 합니다. 풀이 과정을 쓰고, 답을 구하세요.

서술형

2단원 | 유형 11

㉠ $30° + 75°$ ㉡ $150° - 95°$
㉢ $15° + 55°$ ㉣ $165° - 40°$

풀이

답

6단원 | 유형②

08 수 배열표를 보고 ㉠과 ㉡에 알맞은 수를 각각 구하세요.

2645	2635	2625	2615
3645	3635	㉠	3615
4645	4635		
5645			㉡

㉠ (   )

㉡ (   )

2단원 | 유형⑨

09 은혜와 준호가 각각 각도를 어림한 후 각도기로 잰 것입니다. 어림을 더 잘한 사람의 이름을 쓰세요.

이름	은혜	준호
어림한 각도	약 70°	약 130°
잰 각도	85°	125°

(   )

4단원 | 유형⑱

10 자동차를 아래쪽으로 2 cm, 오른쪽으로 8 cm 이동하여 도착한 것입니다. 처음 자동차가 있던 곳의 기호를 쓰세요.

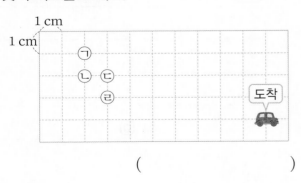

(   )

[11~13] 석주네 반 학생들이 좋아하는 스포츠 경기를 조사하여 나타낸 표입니다. 물음에 답하세요.

좋아하는 스포츠 경기별 학생 수

경기	축구	야구	양궁	수영	합계
학생 수(명)	8	5	6	3	22

5단원 | 유형④

11 위의 표를 보고 막대그래프로 나타내세요.

좋아하는 스포츠 경기별 학생 수

5단원 | 유형⑥

12 가장 많은 학생들이 좋아하는 스포츠 경기는 무엇일까요?

(   )

5단원 | 유형③

13 가장 많은 학생들이 좋아하는 스포츠 경기를 알아보려면 표와 막대그래프 중 어느 자료가 한눈에 더 쉽게 알아볼 수 있나요?

(   )

14 나눗셈의 나머지를 찾아 이어 보세요.

3단원 | 유형 14

(1) $146 \div 15$ •   • 10

(2) $124 \div 22$ •   • 11

(3) $122 \div 16$ •   • 14

15 옳은 식을 모두 찾아 기호를 쓰세요.

6단원 | 유형 20

㉠ $7 \times 56 = 56 \times 7$

㉡ $39 = 39 \times 0$

㉢ $82 + 3 = 86$

㉣ $50 + 4 = 22 + 32$

(   )

16 수 카드를 위쪽으로 뒤집었을 때 만들어지는 수와 처음 수의 합을 구하세요.

4단원 | 유형 15

12

(   )

17 도형에서 ㉠의 각도를 구하세요.

2단원 | 유형 18

(   )

18 큰 수부터 차례로 기호를 쓰세요.

1단원 | 유형 30

㉠ 2450억 186만

㉡ 천백이십억 사천칠만

㉢ 2976304200의 10배인 수

(   )

19
서술형

3단원 | 유형 04

수 카드 2 , 4 , 5 , 6 , 9 를 한 번씩 모두 사용하여 가장 큰 세 자리 수와 가장 작은 두 자리 수를 만들었습니다. 만든 두 수의 곱은 얼마인지 풀이 과정을 쓰고, 답을 구하세요.

풀이

답

• 정답 52쪽

20 3단원 | 유형 ⑱
은민이는 전체 쪽수가 192쪽인 책을 하루에 14쪽씩 읽으려고 합니다. 책을 모두 읽으려면 적어도 며칠이 걸릴까요?

( )

21 6단원 | 유형 ⑩
서술형
바둑돌로 만든 모양의 배열에서 규칙을 찾아 다섯째 모양의 바둑돌의 수를 구하려고 합니다. 풀이 과정을 쓰고, 답을 구하세요.

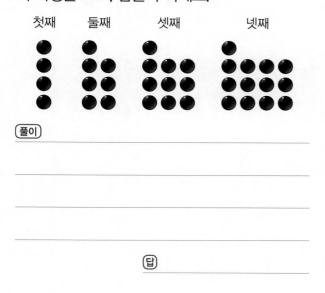

첫째   둘째   셋째   넷째

풀이

─────────────────────

─────────────────────

─────────────────────

답

22 6단원 | 유형 ⑭
곱셈식의 배열에서 규칙을 찾아 다섯째에 알맞은 식을 써넣으세요.

순서	곱셈식
첫째	$89 \times 9 = 801$
둘째	$789 \times 9 = 7101$
셋째	$6789 \times 9 = 61101$
넷째	$56789 \times 9 = 511101$
다섯째	

23 5단원 | 유형 ⑨
재현이네 학교의 4학년 반별 학생 수를 조사하여 나타낸 막대그래프입니다. 4학년 남학생 수와 여학생 수의 차는 몇 명인지 구하세요.

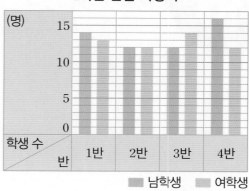

4학년 반별 학생 수

■ 남학생 ▦ 여학생

( )

24 2단원 | 유형 ㉓
직사각형 모양의 종이를 다음과 같이 접었을 때 ㉠의 각도를 구하세요.

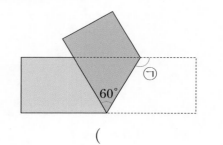

( )

25 1단원 | 유형 ㉛
0부터 9까지의 수 중에서 ☐ 안에 들어갈 수 있는 수는 모두 몇 개인지 구하세요.

$$71\,\square\,59819006 < 71485310246$$

( )

동아출판 초등 무료 스마트러닝

동아출판 초등 **무료 스마트러닝**으로 쉽고 재미있게!

bookdonga.com

과목별·영역별 특화 강의

수학 개념 강의

국어 독해 지문 분석 강의

구구단 송

그림으로 이해하는 비주얼씽킹 강의

과학 실험 동영상 강의

과목별 문제 풀이 강의

서비스 제공 교재 큐브 | 백점 과학 | 빠작 초등 국어 | 초능력 | 초고필 | 하이탑 초등 과학

큐브 유형

초등 수학

4·1

서술형 강화책

서술형 다지기 | 서술형 완성하기

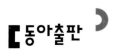

서술형 강화책

초등 수학 **4·1**

큐브 유형

서술형 강화책

초등 수학

4·1

> **가장 큰 수, 가장 작은 수 만들기**

1 수 카드를 모두 한 번씩 사용하여 다섯 자리 수를 만들려고 합니다. **만들 수 있는 가장 큰 다섯 자리 수는 무엇인지 풀이 과정을 쓰고, 답을 구하세요.**

3   6   2   8   1

조건 정리
- 수 카드의 수: 3, 6, 2, ☐, 1
- 만들려는 수: 가장 (큰 , 작은) 다섯 자리 수

풀이 ❶ 수 카드의 수의 크기 비교하기
수의 크기를 비교하면
☐ > ☐ > ☐ > ☐ > ☐ 입니다.

❷ 만들 수 있는 가장 큰 다섯 자리 수 구하기
가장 큰 수는 가장 높은 자리부터 (큰 , 작은) 수를 차례로 놓습니다.
따라서 만들 수 있는 가장 큰 다섯 자리 수는
☐☐☐☐☐ 입니다.

답 ☐☐☐☐☐

유사 **1-1** 수 카드를 모두 한 번씩 사용하여 일곱 자리 수를 만들려고 합니다. **만들 수 있는 가장 작은 일곱 자리 수는 무엇인지** 풀이 과정을 쓰고, 답을 구하세요.

9 4 3 8 7 1 5

풀이

_____

_____

_____

답 _____

발전 **1-2** 수 카드를 모두 한 번씩 사용하여 다섯 자리 수를 만들려고 합니다. **만들 수 있는 다섯 자리 수 중에서 천의 자리 수가 4인 가장 큰 수는 무엇인지** 풀이 과정을 쓰고, 답을 구하세요.

8 4 5 2 6

1단계 수 카드의 수의 크기 비교하기

_____

_____

2단계 천의 자리 수가 4인 가장 큰 수 구하기

_____

_____

답 _____

숫자가 같을 때 나타내는 값 구하기

2 숫자 2가 나타내는 값이 더 작은 것을 찾아 기호를 쓰려고 합니다. 풀이 과정을 쓰고, 답을 구하세요.

> ㉠ 4372085610   ㉡ 오억 육천이백

조건 정리

• 주어진 수: ㉠ 437☐085610, ㉡ 오억 육천☐백

풀이

❶ ㉡을 수로 나타내기

㉡ 오억 육천이백을 수로 나타내면 50☐006☐☐☐입니다.

❷ 숫자 2가 나타내는 값이 더 작은 것의 기호 쓰기

㉠ 4372085610에서 2는 ☐의 자리 숫자이므로

☐☐을 나타냅니다.

㉡ 50☐006☐☐☐에서 2는 ☐의 자리 숫자이므로

☐을 나타냅니다.

따라서 숫자 2가 나타내는 값이 더 작은 것의 기호는 ☐입니다.

> 같은 숫자라도 어느 자리에 있는지에 따라 나타내는 값이 달라.

답 ☐

유사 **2-1** 숫자 8이 나타내는 값이 더 큰 것을 찾아 기호를 쓰려고 합니다. 풀이 과정을 쓰고, 답을 구하세요.

> ㉠ 7억 3408만 920
> ㉡ 30조 7234억 82만

(풀이)

_____

_____

_____

(답) _____

발전 **2-2** 다음 수에서 ㉠이 나타내는 값은 ㉡이 나타내는 값의 몇 배인지 풀이 과정을 쓰고, 답을 구하세요.

> $3\,2\,4\,0\,5\,4\,2$
> ㉠ ㉡

(1단계) ㉠과 ㉡이 나타내는 값 각각 구하기

_____

_____

(2단계) ㉠이 나타내는 값은 ㉡이 나타내는 값의 몇 배인지 구하기

_____

_____

(답) _____

> **수의 크기 비교하기**

3 가장 작은 수를 말하는 사람은 누구인지 풀이 과정을 쓰고, 답을 구하세요.

8254760108	620억 8329만 27	35억
규민	연서	리아

조건 정리
• 주어진 수: 8254760108, 620억 8329만 27, 35억

풀이

❶ **각각 수로 나타내고 몇 자리 수인지 알기**

규민: 8254760108 → ☐ 자리 수

연서: 620억 8329만 27 → 62083290027 → ☐ 자리 수

리아: 35억 → 3500000000 → ☐ 자리 수

> 수의 크기를 비교할 때에는 자리 수를 먼저 알아봐야 해.

❷ **가장 작은 수를 말한 사람 구하기**

자리 수를 비교하면 ☐ 자리 수가 가장 크므로 가장 큰 수를 말한 사람은 ☐ 입니다.

자리 수가 같은 두 수 중 십억의 자리 수를 비교하면

☐ > ☐ 이므로 가장 작은 수를 말한 사람은 ☐ 입니다.

답 ☐

유사 **3-1** 가장 큰 수를 찾아 기호를 쓰려고 합니다. 풀이 과정을 쓰고, 답을 구하세요.

> ㉠ 194800000   ㉡ 9731만 2073   ㉢ 1억 3028만

풀이

답

발전 **3-2** 큰 수부터 차례로 기호를 쓰려고 합니다. 풀이 과정을 쓰고, 답을 구하세요.

> ㉠ 9271725690
> ㉡ 오백이십억 천구백만
> ㉢ 1억이 510개, 1만이 3028개인 수

1단계 각각 수로 나타내고 몇 자리 수인지 알기

2단계 큰 수부터 차례로 기호 쓰기

답

1 수 카드를 모두 한 번씩 사용하여 일곱 자리 수를 만들려고 합니다. 만들 수 있는 가장 큰 일곱 자리 수는 무엇인지 풀이 과정을 쓰고, 답을 구하세요.

> 2 4 7 5 0 9 1

(풀이)

(답)

2 수 카드를 모두 한 번씩 사용하여 여섯 자리 수를 만들려고 합니다. 만들 수 있는 여섯 자리 수 중에서 만의 자리 수가 8인 가장 작은 수는 무엇인지 풀이 과정을 쓰고, 답을 구하세요.

> 4 3 9 2 8 5

(풀이)

(답)

3 숫자 9가 나타내는 값이 더 큰 것을 찾아 기호를 쓰려고 합니다. 풀이 과정을 쓰고, 답을 구하세요.

> ㉠ 46조 2159억 870만 2531
> ㉡ 사십육조 이천오백구십이억 팔천사백만

(풀이)

(답)

4 다음 수에서 ㉠이 나타내는 값은 ㉡이 나타내는 값의 몇 배인지 풀이 과정을 쓰고, 답을 구하세요.

236087562003
㉠   ㉡

풀이 _____

_____

_____

_____

답 _____

5 가장 작은 수를 찾아 기호를 쓰려고 합니다. 풀이 과정을 쓰고, 답을 구하세요.

㉠ 7234900109
㉡ 693억 8007만 23
㉢ 72억 3268만

풀이 _____

_____

_____

_____

답 _____

6 큰 수부터 차례로 기호를 쓰려고 합니다. 풀이 과정을 쓰고, 답을 구하세요.

㉠ 1억이 47개, 1만이 956개인 수
㉡ 팔억 이백오십만 삼천
㉢ 8억 1021만

풀이 _____

_____

_____

_____

답 _____

⊙ 각도의 합과 차

1 가장 큰 각도와 가장 작은 각도의 합을 구하려고 합니다. 풀이 과정을 쓰고, 답을 구하세요.

$$45° \qquad 184° \qquad 63°$$

조건 정리

• 주어진 각도: 45°, ☐°, 63°

• 구하려는 것: (가장 큰 각도)+(가장 작은 각도)

풀이 ❶ 가장 큰 각도와 가장 작은 각도 구하기

☐° > ☐° > ☐°이므로

가장 큰 각도는 ☐°이고,

가장 작은 각도는 ☐°입니다.

❷ 가장 큰 각도와 가장 작은 각도의 합 구하기

따라서 가장 큰 각도와 가장 작은 각도의 합은

☐° + ☐° = ☐°입니다.

> 각도의 합은 자연수의 덧셈과 같은 방법으로 계산해.

답 ☐°

유사 1-1 가장 큰 각도와 가장 작은 각도의 차를 구하려고 합니다. 풀이 과정을 쓰고, 답을 구하세요.

$$35° \qquad 94° \qquad 19°$$

풀이 _____

_____

_____

답

발전 1-2 계산한 각도가 가장 큰 것의 기호를 쓰려고 합니다. 풀이 과정을 쓰고, 답을 구하세요.

$$㉠ \ 30°+35° \qquad ㉡ \ 85°-15° \qquad ㉢ \ 142°-105°$$

1단계 각도 각각 계산하기

_____

_____

2단계 계산한 각도가 가장 큰 것의 기호 쓰기

_____

_____

답

예각(둔각)의 개수 구하기

2 다음에서 **예각**과 **둔각**은 각각 몇 개인지 풀이 과정을 쓰고, 답을 구하세요.

| 50° | 93° | 164° | 29° | 34° |

조건 정리

• 주어진 각: 50°, ☐°, 164°, 29°, 34°

• 구하려는 것: 예각과 ☐의 개수

풀이

❶ 예각과 둔각 알아보기

각도가 0°보다 크고 직각(☐°)보다 작은 각을 예각이라고 합니다.

각도가 직각보다 크고 ☐°보다 작은 각을 둔각이라고 합니다.

> 직각을 기준으로 하여 각을 구분할 수 있어.

❷ 예각과 둔각의 개수 각각 구하기

예각을 찾아보면 ☐°, ☐°, ☐°이고

둔각을 찾아보면 ☐°, ☐°입니다.

따라서 예각은 ☐개, 둔각은 ☐개입니다.

답 예각: ☐개, 둔각: ☐개

유사 **2-1** 다음에서 **둔각은 모두 몇 개인지** 풀이 과정을 쓰고, 답을 구하세요.

| 127° | 90° | 84° | 209° | 64° | 155° |

(풀이)

(답)

발전 **2-2** 도형에서 찾을 수 있는 **예각과 둔각은 각각 몇 개인지** 풀이 과정을 쓰고, 답을 구하세요.

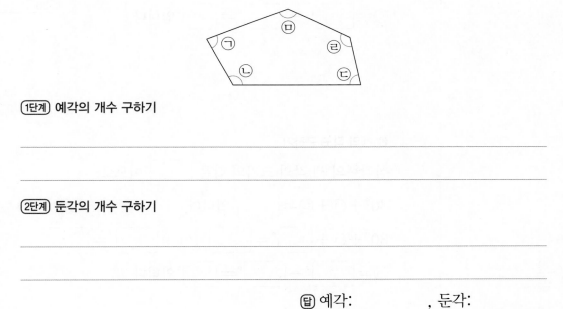

(1단계) 예각의 개수 구하기

(2단계) 둔각의 개수 구하기

(답) 예각: , 둔각:

> **도형에서 각의 크기 구하기**

3 ㉠의 각도를 구하려고 합니다. 풀이 과정을 쓰고, 답을 구하세요.

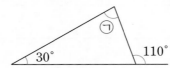

**조건
정리** · 삼각형 밖의 각도: ▢°

풀이 **❶** ㉡의 각도 구하기

한 직선이 이루는 각의 크기는 ▢°이므로

㉡+▢°=▢°,

㉡=▢°−▢°=▢°입니다.

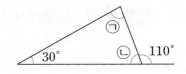

❷ ㉠의 각도 구하기

삼각형의 세 각의 크기의 합은 ▢°이므로

30°+㉠+㉡=▢°입니다.

30°+㉠+▢°=▢°, ㉠+▢°=▢°,

㉠=▢°−▢°=▢°입니다.

답 ▢°

• 정답 56쪽

유사 3-1 ㉠과 ㉡의 각도의 합을 구하려고 합니다. 풀이 과정을 쓰고, 답을 구하세요.

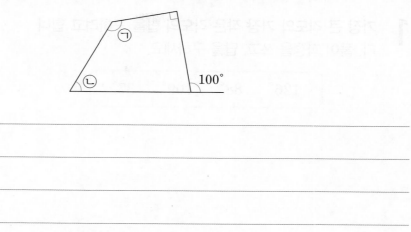

(풀이) _____

_____

_____

_____

(답) _____

발전 3-2 ㉠의 각도를 구하려고 합니다. 풀이 과정을 쓰고, 답을 구하세요.

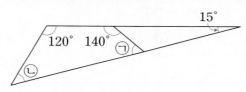

(1단계) ㉡의 각도 구하기

_____

_____

(2단계) ㉠의 각도 구하기

_____

_____

(답) _____

1 가장 큰 각도와 가장 작은 각도의 합을 구하려고 합니다. 풀이 과정을 쓰고, 답을 구하세요.

| 126° | 88° | 109° | 37° |

풀이

답

2 계산한 각도가 가장 큰 것의 기호를 쓰려고 합니다. 풀이 과정을 쓰고, 답을 구하세요.

㉠ 44°+125°
㉡ 106°−30°
㉢ 59°+73°

풀이

답

3 둔각만 모은 사람은 누구인지 풀이 과정을 쓰고, 답을 구하세요.

도하
100°, 166°, 180°

미주
135°, 91°, 179°

풀이

답

4 도형에 표시된 부분의 각을 보고 **예각의 수와 둔각의 수의 차는 몇 개인지** 풀이 과정을 쓰고, 답을 구하세요.

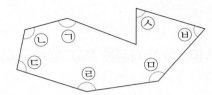

풀이

답 _____

5 ㉠의 **각도를 구하려고** 합니다. 풀이 과정을 쓰고, 답을 구하세요.

풀이

답 _____

6 ㉠의 **각도를 구하려고** 합니다. 풀이 과정을 쓰고, 답을 구하세요.

풀이

답 _____

> **몫의 크기 비교하기**

1 **몫이 더 큰 것을 찾아 기호를 쓰려고 합니다. 풀이 과정을 쓰고, 답을 구하세요.**

$$\bigcirc\ 335 \div 40 \qquad \bigcirc\ 110 \div 21$$

조건 정리

- 주어진 나눗셈: $335 \div \boxed{}$, $110 \div 21$
- 구하려는 것: 몫이 더 (큰 , 작은) 나눗셈

풀이 ❶ 나눗셈 계산하기

$\bigcirc$

```
         □
  40 ) 3 3 5
      □ □ □
        □ □
```

$\bigcirc$

```
         □
  21 ) 1 1 0
      □ □ □
          □
```

❷ 몫이 더 큰 것의 기호 쓰기

$\bigcirc$의 몫은 $\boxed{}$이고, $\bigcirc$의 몫은 $\boxed{}$입니다.

따라서 $\boxed{} > \boxed{}$이므로 몫이 더 큰 것의 기호는 $\boxed{}$입니다.

답 $\boxed{}$

유사 1-1 몫이 더 작은 나눗셈을 말한 사람을 찾아 쓰려고 합니다. 풀이 과정을 쓰고, 답을 구하세요.

> 경호: 327 ÷ 22   세미: 197 ÷ 13

(풀이) _____

_____

_____

(답) _____

발전 1-2 몫이 큰 것부터 차례로 기호를 쓰려고 합니다. 풀이 과정을 쓰고, 답을 구하세요.

> ㉠ 90 ÷ 17   ㉡ 176 ÷ 16   ㉢ 172 ÷ 24

(1단계) 나눗셈 계산하기

_____

_____

(2단계) 몫이 큰 것부터 차례로 기호 쓰기

_____

_____

(답) _____

> **조건에 맞는 두 수를 만들고 곱 구하기**

2 수 카드를 한 번씩 사용하여 가장 큰 세 자리 수와 가장 작은 두 자리 수를 만들었습니다. **만든 두 수의 곱은 얼마인지 풀이 과정을 쓰고, 답을 구하세요.**

[4] [2] [6] [1] [5]

조건 정리

• 수 카드의 수: 4, 2, ☐, 1, 5

• 구하려는 것: (가장 큰 세 자리 수) × (가장 작은 ☐ 자리 수)

풀이

❶ 가장 큰 세 자리 수와 가장 작은 두 자리 수 만들기

수 카드의 수의 크기를 비교하면

☐ > ☐ > ☐ > ☐ > ☐ 입니다.

가장 큰 세 자리 수는 ☐ 이고,

가장 작은 두 자리 수는 ☐ 입니다.

> 가장 큰 수는 가장 높은 자리부터 큰 수를, 가장 작은 수는 가장 높은 자리부터 작은 수를 차례로 놓아.

❷ 만든 두 수의 곱 구하기

가장 큰 세 자리 수와 가장 작은 두 자리 수의 곱은

☐ × ☐ = ☐ 입니다.

답 ☐

유사 **2-1** 수 카드를 한 번씩 사용하여 가장 작은 세 자리 수와 가장 큰 두 자리 수를 만들었습니다. **만든 두 수의 곱은 얼마인지** 풀이 과정을 쓰고, 답을 구하세요.

| 7 | 0 | 4 | 1 | 3 |

풀이

답

3 단원

발전 **2-2** 민서와 윤호가 각각 수 카드를 한 번씩 사용하여 가장 큰 세 자리 수와 가장 작은 두 자리 수를 만들었습니다. **만든 두 수의 곱이 더 큰 사람은 누구인지** 풀이 과정을 쓰고, 답을 구하세요.

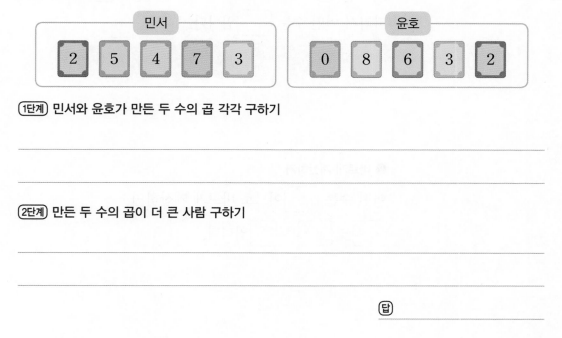

민서
| 2 | 5 | 4 | 7 | 3 |

윤호
| 0 | 8 | 6 | 3 | 2 |

1단계 민서와 윤호가 만든 두 수의 곱 각각 구하기

2단계 만든 두 수의 곱이 더 큰 사람 구하기

답

⊙ 바르게 계산한 값 구하기

3 어떤 수를 13으로 나누어야 할 것을 잘못하여 어떤 수에 14를 곱했더니 546이 되었습니다. **바르게 계산하면 얼마인지** 풀이 과정을 쓰고, 답을 구하세요.

조건
정리
· 잘못 계산한 식: (어떤 수)× ☐ =546

· 바르게 계산한 식: (어떤 수)÷ ☐

풀이 ❶ 어떤 수 구하기

어떤 수를 ■라 하면 잘못 계산한 식은

■× ☐ =546입니다.

■× ☐ =546 ➡ ■=546÷ ☐ = ☐

따라서 어떤 수는 ☐ 입니다.

> 곱셈과 나눗셈의 관계를
> 이용하여 구하면 돼.
> ■×▲=●
> → ■=●÷▲

❷ 바르게 계산하기

어떤 수는 ☐ 이므로 바르게 계산하면

☐ ÷ ☐ = ☐ 입니다.

답 ☐

유사 3-1 어떤 수를 20으로 나누어야 할 것을 잘못하여 어떤 수에 12를 곱했더니 504가 되었습니다. **바르게 계산했을 때의 몫과 나머지는 각각 얼마인지** 풀이 과정을 쓰고, 답을 구하세요.

(풀이)

(답) 몫: , 나머지:

발전 3-2 어떤 수를 56으로 나누어야 할 것을 잘못하여 65로 나누었더니 몫이 11이고, 나머지가 3이었습니다. **바르게 계산했을 때의 몫과 나머지의 합은 얼마인지** 풀이 과정을 쓰고, 답을 구하세요.

(1단계) 어떤 수 구하기

(2단계) 바르게 계산했을 때의 몫과 나머지의 합 구하기

(답)

1 몫이 더 큰 나눗셈의 기호를 쓰려고 합니다. 풀이 과정을 쓰고, 답을 구하세요.

$$\text{㉠ } 298 \div 32 \qquad \text{㉡ } 89 \div 12$$

[풀이]

[답]

2 나머지가 작은 것부터 차례로 기호를 쓰려고 합니다. 풀이 과정을 쓰고, 답을 구하세요.

$$\text{㉠ } 225 \div 30 \qquad \text{㉡ } 95 \div 43 \qquad \text{㉢ } 110 \div 26$$

[풀이]

[답]

3 수 카드를 한 번씩 사용하여 가장 큰 세 자리 수와 가장 작은 두 자리 수를 만들었습니다. **만든 두 수의 곱은 얼마인지** 풀이 과정을 쓰고, 답을 구하세요.

| 6 | 0 | 5 | 2 | 3 |

[풀이]

[답]

4 공에 적힌 수를 각각 한 번씩 사용하여 가장 작은 세 자리 수와 가장 큰 두 자리 수를 만들었습니다. 가와 나 중 **만든 두 수의 곱이 더 작은 것은 어느 것인지** 풀이 과정을 쓰고, 답을 구하세요.

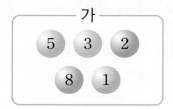
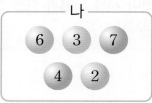

가
5 3 2
8 1

나
6 3 7
4 2

풀이

답

5 어떤 수를 12로 나누어야 할 것을 잘못하여 어떤 수에 12를 곱했더니 792가 되었습니다. **바르게 계산했을 때의 몫과 나머지는 각각 얼마인지** 풀이 과정을 쓰고, 답을 구하세요.

풀이

답 몫: , 나머지:

6 어떤 수를 48로 나누어야 할 것을 잘못하여 40으로 나누었더니 몫이 8이고, 나머지가 11이었습니다. **바르게 계산했을 때의 몫과 나머지의 합은 얼마인지** 풀이 과정을 쓰고, 답을 구하세요.

풀이

답

🔘 도형을 움직였을 때 처음 도형과 같은 것 찾기

1 아래쪽으로 뒤집었을 때의 도형이 처음 도형과 같은 것을 찾아 기호를 쓰려고 합니다. 풀이 과정을 쓰고, 답을 구하세요.

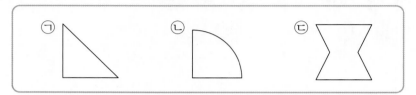

조건 정리 • 도형을 움직이는 방법: 아래쪽으로 (밀기 , 뒤집기 , 돌리기)

풀이 ❶ 아래쪽으로 뒤집었을 때의 도형 각각 그리기

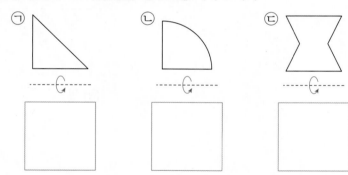

❷ 아래쪽으로 뒤집었을 때의 도형이 처음 도형과 같은 것의 기호 쓰기

아래쪽으로 뒤집었을 때의 도형이 처음 도형과 같은 것의 기호는 ☐ 입니다.

답 ☐

유사 1-1 오른쪽으로 뒤집었을 때의 도형이 처음 도형과 같은 것을 찾아 기호를 쓰려고 합니다. 풀이 과정을 쓰고, 답을 구하세요.

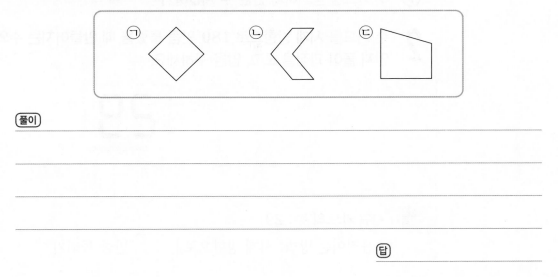

(풀이)

_____

_____

_____

_____

(답) _____

발전 1-2 시계 방향으로 180°만큼 돌렸을 때의 모양이 처음과 같은 알파벳은 모두 몇 개인지 풀이 과정을 쓰고, 답을 구하세요.

(1단계) 각 알파벳을 시계 방향으로 180°만큼 돌리기

_____

_____

(2단계) 시계 방향으로 180°만큼 돌렸을 때의 모양이 처음과 같은 알파벳의 개수 구하기

_____

_____

(답) _____

⊙ 수 카드를 움직여서 만든 수 계산하기

2 수 카드를 시계 방향으로 $180°$만큼 돌렸을 때 만들어지는 수와 처음 수의 합은 얼마 인지 풀이 과정을 쓰고, 답을 구하세요.

조건 정리

• 수 카드의 수: 29

• 움직이는 방법: 시계 방향으로 ☐°만큼 돌리기

풀이

❶ 수 카드를 시계 방향으로 $180°$만큼 돌렸을 때 만들어지는 수 구하기

수 카드를 시계 방향으로 $180°$만큼 돌렸을 때

만들어지는 수는 ☐입니다.

> 도형을 시계 방향으로 $180°$만큼 돌리면 도형의 위쪽 부분이 아래쪽으로 이동해.

❷ 두 수의 합 구하기

만들어지는 수와 처음 수의 합은

☐＋29＝☐입니다.

답 ☐

유사 **2-1** 수 카드를 **아래쪽으로 뒤집었을 때** 만들어지는 수와 처음 수의 합은 얼마인지 풀이 과정을 쓰고, 답을 구하세요.

[풀이]

_____

_____

_____

[답] _____

발전 **2-2** 수 카드를 **아래쪽으로 밀었을 때** 만들어지는 수와 **시계 반대 방향으로 $180°$ 만큼 돌렸을 때** 만들어지는 수의 차는 얼마인지 풀이 과정을 쓰고, 답을 구하세요.

[1단계] 수 카드를 아래쪽으로 밀었을 때 만들어지는 수와 시계 반대 방향으로 $180°$ 만큼 돌렸을 때 만들어지는 수 구하기

_____

_____

[2단계] 두 수의 차 구하기

_____

_____

[답] _____

1 아래쪽으로 뒤집었을 때의 도형이 처음 도형과 같은 것을 찾아 기호를 쓰려고 합니다. 풀이 과정을 쓰고, 답을 구하세요.

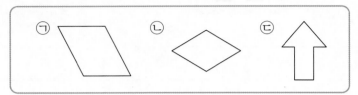

풀이

답

2 시계 방향으로 180°만큼 돌렸을 때의 도형이 처음 도형과 같은 것을 찾아 기호를 쓰려고 합니다. 풀이 과정을 쓰고, 답을 구하세요.

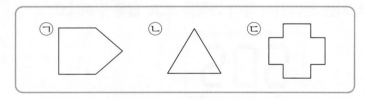

풀이

답

3 오른쪽으로 뒤집었을 때의 모양이 처음과 같은 것은 모두 몇 개인지 풀이 과정을 쓰고, 답을 구하세요.

풀이

답

4 수 카드를 위쪽으로 뒤집었을 때 만들어지는 수와 처음 수의 합은 얼마인지 풀이 과정을 쓰고, 답을 구하세요.

풀이

답

5 수 카드를 시계 방향으로 180°만큼 돌렸을 때 만들어지는 수와 처음 수의 차는 얼마인지 풀이 과정을 쓰고, 답을 구하세요.

풀이

답

6 수 카드를 오른쪽으로 뒤집었을 때 만들어지는 수와 시계 방향으로 180°만큼 돌렸을 때 만들어지는 수의 차는 얼마인지 풀이 과정을 쓰고, 답을 구하세요.

풀이

답

> **두 항목의 자료 수의 차 구하기**

1 윤후네 반 학생들이 좋아하는 음식을 조사하여 나타낸 막대그래프입니다. **피자를 좋아하는 학생은 라면을 좋아하는 학생보다 몇 명 더 많은지** 풀이 과정을 쓰고, 답을 구하세요.

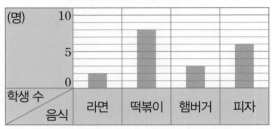

좋아하는 음식별 학생 수

조건 정리
- 그래프의 제목: 좋아하는 음식별 학생 수
- 구하려는 것: ☐ 를 좋아하는 학생과 라면을 좋아하는 학생 수의 차

풀이 ❶ 피자를 좋아하는 학생 수와 라면을 좋아하는 학생 수 구하기

세로 눈금 한 칸은 ☐ 명을 나타내므로

피자를 좋아하는 학생은 ☐ 명이고, 라면을 좋아하는 학생은 ☐ 명입니다.

❷ 피자를 좋아하는 학생은 라면을 좋아하는 학생보다 몇 명 더 많은지 구하기

피자를 좋아하는 학생은 라면을 좋아하는 학생보다

☐ − ☐ = ☐ (명) 더 많습니다.

답 ☐ 명

유사 1-1 민준이네 모둠 학생들이 가지고 있는 딱지 수를 조사하여 나타낸 막대그래프입니다. **주원이는 민준이보다 딱지를 몇 개 더 많이 가지고 있는지** 풀이 과정을 쓰고, 답을 구하세요.

학생들이 가지고 있는 딱지 수

(풀이) _____

_____

(답) _____

발전 1-2 마을별 초등학교 수를 조사하여 나타낸 막대그래프입니다. **초등학교 수가 가장 많은 마을과 가장 적은 마을의 초등학교 수의 차는 몇 개인지** 풀이 과정을 쓰고, 답을 구하세요.

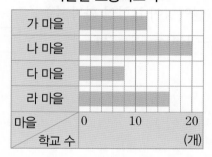

마을별 초등학교 수

(1단계) 초등학교 수가 가장 많은 마을과 가장 적은 마을의 초등학교 수 구하기

_____

_____

(2단계) 초등학교 수의 차 구하기

_____

_____

(답) _____

막대그래프의 눈금의 칸 수 구하기

2 어느 병원에 입원한 환자 150명의 혈액형을 조사하여 나타낸 표입니다. 표를 보고 세로 눈금 한 칸이 3명을 나타내는 막대그래프를 그리려고 합니다. **B형은 몇 칸이 되는지** 풀이 과정을 쓰고, 답을 구하세요.

혈액형별 환자 수

혈액형	A형	B형	AB형	O형	합계
환자 수(명)	48		24	36	150

조건 정리

• 주어진 조건: 입원한 환자 [   ]명의 혈액형을 조사한 표

풀이 ❶ 혈액형이 B형인 환자 수 구하기

입원한 환자 수가 [   ]명이므로

(혈액형이 B형인 환자 수)

$= 150 - 48 - 24 -$ [   ] $=$ [   ](명)입니다.

> 모르는 항목의 수를 구하려면 전체 수에서 알고 있는 항목의 수를 모두 빼.

❷ B형의 세로 눈금의 칸 수 구하기

막대그래프의 세로 눈금 한 칸이 3명을 나타내므로

B형의 칸 수는 [   ] $\div 3 =$ [   ](칸)이 됩니다.

답 [   ]칸

유사 2-1 리듬 체조 선수인 지효의 기록을 조사하여 나타낸 표입니다. 표를 보고 세로 눈금 한 칸이 2점을 나타내는 막대그래프를 그리려고 합니다. **리본은 몇 칸이 되는지** 풀이 과정을 쓰고, 답을 구하세요.

지효의 기록

종목	훌라후프	곤봉	리본	공	합계
점수(점)	8	4		10	28

풀이

답

발전 2-2 어느 공원에 심어져 있는 나무 수를 조사하여 나타낸 표입니다. 표를 보고 세로 눈금 한 칸이 3그루를 나타내는 막대그래프를 그리려고 합니다. **나무 수가 가장 적은 나무는 몇 칸이 되는지** 풀이 과정을 쓰고, 답을 구하세요.

종류별 나무 수

종류	소나무	단풍나무	밤나무	은행나무	합계
나무 수(그루)	54		33	48	180

1단계 단풍나무의 수 구하기

2단계 나무 수가 가장 적은 나무의 세로 눈금의 칸 수 구하기

답

> **전체 수를 이용하여 모르는 항목의 수 구하기**

3 찬율이네 반 학생들이 좋아하는 과일을 조사하여 나타낸 막대그래프입니다. 반 학생이 모두 25명이라면 **배를 좋아하는 학생은 몇 명인지** 풀이 과정을 쓰고, 답을 구하세요.

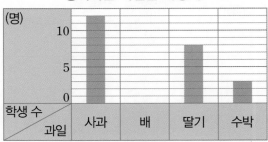

좋아하는 과일별 학생 수

**조건
정리**
• 좋아하는 과일: 사과, 배, 딸기, 수박
• 반 학생 수: ☐명

풀이 ❶ 사과, 딸기, 수박을 좋아하는 학생 수 구하기

세로 눈금 한 칸은 ☐명을 나타냅니다.

사과를 좋아하는 학생은 ☐명, 딸기를 좋아하는 학생은 ☐명,

수박을 좋아하는 학생은 ☐명입니다.

❷ 배를 좋아하는 학생 수 구하기

반 학생 수가 ☐명이므로 배를 좋아하는 학생은

$$☐ - \underset{\text{사과}}{☐} - \underset{\text{딸기}}{☐} - \underset{\text{수박}}{☐} = ☐$$ (명)입니다.

답 ☐명

유사 **3-1** 하율이가 월별로 읽은 책 수를 조사하여 나타낸 막대그래프입니다. 하율이가 1월부터 4월까지 읽은 책이 모두 28권일 때 **4월에 읽은 책은 몇 권인지** 풀이 과정을 쓰고, 답을 구하세요.

월별 읽은 책 수

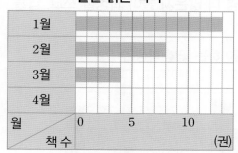

풀이

답

발전 **3-2** 어느 떡집에서 오늘 만든 종류별 떡 수를 조사하여 나타낸 막대그래프입니다. 오늘 만든 떡이 모두 340개일 때 **꿀떡은 송편보다 몇 개 더 많이 만들었는지** 풀이 과정을 쓰고, 답을 구하세요.

오늘 만든 종류별 떡 수

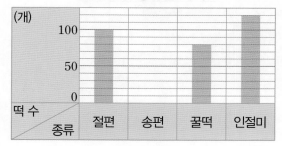

1단계 송편 수 구하기

2단계 꿀떡은 송편보다 몇 개 더 많이 만들었는지 구하기

답

1 준서네 반 학생들이 좋아하는 꽃을 조사하여 나타낸 막대그래프입니다. **튤립을 좋아하는 학생은 장미를 좋아하는 학생보다 몇 명 더 많은지** 풀이 과정을 쓰고, 답을 구하세요.

좋아하는 꽃별 학생 수

풀이

답

2 경민이네 반 학생들이 가 보고 싶은 나라를 조사하여 나타낸 막대그래프입니다. **학생 수가 가장 많은 나라와 두 번째로 많은 나라의 학생 수의 차는 몇 명인지** 풀이 과정을 쓰고, 답을 구하세요.

가 보고 싶은 나라별 학생 수

나라 학생 수	0	5	10 (명)
미국			
프랑스			
독일			

풀이

답

3 치원이네 반 학생들이 좋아하는 운동을 조사하여 나타낸 표입니다. 표를 보고 세로 눈금 한 칸이 2명을 나타내는 막대그래프를 그리려고 합니다. **축구는 몇 칸이 되는지** 풀이 과정을 쓰고, 답을 구하세요.

좋아하는 운동별 학생 수

운동	농구	축구	야구	수영	합계
학생 수(명)	6		4	6	24

풀이

답

4 어느 제과점에서 하루 동안 빵 종류별 판매량을 조사하여 나타낸 표입니다. 표를 보고 세로 눈금 한 칸이 3개를 나타내는 막대그래프를 그리려고 합니다. **판매량이 가장 많은 빵은 몇 칸이 되는지** 풀이 과정을 쓰고, 답을 구하세요.

빵 종류별 판매량

종류	단팥빵	크림빵	식빵	피자빵	합계
판매량(개)	15		12	9	57

풀이

답

5 수목원별 나무 수를 조사하여 나타낸 막대그래프입니다. 세 수목원의 나무가 모두 220그루라면 **나 수목원의 나무는 몇 그루인지** 풀이 과정을 쓰고, 답을 구하세요.

수목원별 나무 수

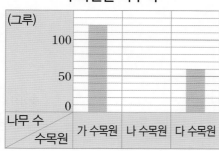

풀이

답

6 마을별 약국 수를 조사하여 나타낸 막대그래프입니다. 네 마을의 약국이 모두 56곳이라면 **가 마을과 다 마을의 약국 수의 차는 몇 곳인지** 풀이 과정을 쓰고, 답을 구하세요.

마을별 약국 수

마을 \ 약국 수	0	10	20 (곳)
가 마을			
나 마을			
다 마을			
라 마을			

풀이

답

서술형 다지기

> 수 배열표의 일부를 보고 규칙 찾기

1 수 배열표의 일부가 찢어졌습니다. ㉠에 알맞은 수는 얼마인지 풀이 과정을 쓰고, 답을 구하세요.

112	113	114	115
212	213	214	
312	313		
412			㉠

조건 정리

• → 방향의 수: 112, 113, 114, ☐

풀이

❶ 규칙 찾기

→ 방향: 112, 113, 11☐, 115이므로

☐씩 커집니다.

> 찢어진 수 배열표에서 →, ↓, ＼ 방향 등의 규칙을 찾아봐.

❷ ㉠에 알맞은 수 구하기

412부터 시작하여 → 방향으로 수를 써 보면

412, ☐, ☐, ☐입니다.
    ㉠

따라서 ㉠에 알맞은 수는 ☐입니다.

답 ☐

유사 1-1 수 배열표의 일부가 찢어졌습니다. ★에 알맞은 수는 얼마인지 풀이 과정을 쓰고, 답을 구하세요.

255	254	253
245	244	
235	234	
225	224	★

(풀이)

_____

_____

_____

(답) _____

발전 1-2 잉크를 쏟아 수 배열표의 일부가 보이지 않습니다. ㉠과 ㉡에 알맞은 수는 얼마인지 풀이 과정을 쓰고, 답을 구하세요.

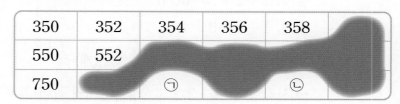

350	352	354	356	358	
550	552				
750		㉠		㉡	

(1단계) 규칙 찾기

_____

_____

(2단계) ㉠과 ㉡에 알맞은 수 구하기

_____

_____

(답) ㉠: _____ , ㉡: _____

→ **모양의 배열에서 다음에 올 모양의 개수 구하기**

2 사각형(⬜)으로 만든 모양의 배열을 보고 **다섯째 모양에 필요한 사각형은 몇 개인지** 풀이 과정을 쓰고, 답을 구하세요.

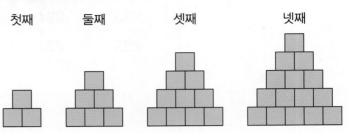

첫째   둘째   셋째   넷째

조건 정리

• 구하려는 것: ⬜째 모양에 필요한 사각형의 수

풀이 ❶ **규칙 찾기**

사각형의 수에서 규칙을 찾습니다.

첫째: $1+2=3$(개)

둘째: $1+2+3=6$(개) $+3$

셋째: $1+2+3+4=$ ⬜ (개) $+4$

넷째: $1+2+3+4+5=$ ⬜ (개) $+5$

➡ 사각형의 수가 3개, ⬜개, 5개씩 늘어나는 규칙입니다.

❷ **다섯째 모양에 필요한 사각형의 수 구하기**

다섯째 모양은 넷째 모양에서 사각형이 ⬜개 늘어나므로

(다섯째 모양에 필요한 사각형의 수)$=15+$ ⬜ $=$ ⬜ (개)입니다.

답 ⬜개

유사 **2-1** 모형(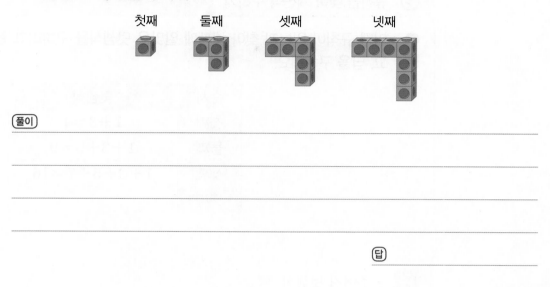)으로 만든 모양의 배열을 보고 **다섯째 모양에 필요한 모형은 몇 개인지** 풀이 과정을 쓰고, 답을 구하세요.

첫째　　둘째　　셋째　　넷째

(풀이)

_____

_____

_____

_____

(답)

발전 **2-2** 바둑돌의 배열을 보고 **다섯째 모양의 검은색 바둑돌과 흰색 바둑돌의 개수의 차는 몇 개인지** 풀이 과정을 쓰고, 답을 구하세요.

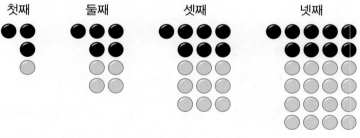

첫째　　둘째　　셋째　　넷째

(1단계) 검은색 바둑돌과 흰색 바둑돌의 배열에서 규칙 찾기

_____

_____

(2단계) 다섯째 모양의 검은색 바둑돌과 흰색 바둑돌의 개수의 차 구하기

_____

_____

_____

(답)

⊙ 규칙을 찾아 계산식 구하기

3 어떤 규칙이 있는지 찾아 **넷째에 알맞은 덧셈식을** 구하려고 합니다. 풀이 과정을 쓰고, 답을 구하세요.

순서	덧셈식
첫째	1＋3＝4
둘째	1＋3＋5＝9
셋째	1＋3＋5＋7＝16
넷째	

조건 정리

• 주어진 덧셈식

→ 1＋3   1＋3＋☐   1＋3＋5＋☐

첫째   둘째   셋째

풀이 ❶ 규칙 찾기

1, 3, 5, 7, …과 같이 ☐씩 커지는 수를

차례로 2개, 3개, ☐개, …씩 더하는 규칙입니다.

❷ 넷째에 알맞은 덧셈식 구하기

넷째에 알맞은 덧셈식은

☐＋☐＋☐＋☐＋☐＝☐입니다.

답 ☐＋☐＋☐＋☐＋☐＝☐

유사 **3-1** 어떤 규칙이 있는지 찾아 **넷째에 알맞은 곱셈식**을 구하려고 합니다. 풀이 과정을 쓰고, 답을 구하세요.

순서	곱셈식
첫째	$6 \times 102 = 612$
둘째	$6 \times 1002 = 6012$
셋째	$6 \times 10002 = 60012$
넷째	

풀이

답

발전 **3-2** 규칙에 따라 **계산 결과가 88888801111111인 곱셈식**을 구하려고 합니다. 풀이 과정을 쓰고, 답을 구하세요.

순서	곱셈식
첫째	$9 \times 89 = 801$
둘째	$99 \times 889 = 88011$
셋째	$999 \times 8889 = 8880111$
넷째	$9999 \times 88889 = 888801111$

1단계 규칙 찾기

2단계 계산 결과가 88888801111111인 곱셈식 구하기

답

1 수 배열표의 일부가 찢어졌습니다. ㉠에 알맞은 수는 얼마인지 풀이 과정을 쓰고, 답을 구하세요.

4021	4022	4023	4024
4031	4032	4033	4034
			4044
	㉠		

풀이

답

2 물감을 쏟아 수 배열표의 일부가 보이지 않습니다. ㉠과 ㉡에 알맞은 수는 얼마인지 풀이 과정을 쓰고, 답을 구하세요.

1480	1490	1500	1510	1520	1530
			2510		2530
㉠				㉡	3530

풀이

답 ㉠: _____ , ㉡: _____

3 모형()으로 만든 모양의 배열을 보고 **다섯째 모양에 필요한 모형은 몇 개인지** 풀이 과정을 쓰고, 답을 구하세요.

첫째   둘째   셋째   넷째

풀이

답

4 모양의 배열을 보고 **다섯째** 모양의 흰색 사각형(☐) 과 노란색 사각형(▨)의 개수의 **차**는 몇 개인지 풀이 과정을 쓰고, 답을 구하세요.

| 첫째 | 둘째 | 셋째 | 넷째 |

풀이

답

5 어떤 규칙이 있는지 찾아 **넷째에 알맞은 곱셈식**을 구 하려고 합니다. 풀이 과정을 쓰고, 답을 구하세요.

순서	곱셈식
첫째	$99 \times 201 = 19899$
둘째	$99 \times 2001 = 198099$
셋째	$99 \times 20001 = 1980099$
넷째	

풀이

답

6 규칙에 따라 **몫이 100000002가 되는 나눗셈식**을 구하려고 합니다. 풀이 과정을 쓰고, 답을 구하세요.

순서	나눗셈식
첫째	$816 \div 8 = 102$
둘째	$8016 \div 8 = 1002$
셋째	$80016 \div 8 = 10002$
넷째	$800016 \div 8 = 100002$

풀이

답

ME
MO

큐브 유형

서술형 강화책 │ 초등 수학 **4·1**

엄마표 학습 큐브

큐챌린지란?

큐브로 6주간 매주 자녀와
학습한 내용을 기록하고,
같은 목표를 가진 엄마들과 소통하며
함께 성장할 수 있는
엄마표 학습단입니다.

큐챌린지 이런 점이 좋아요

계획적인 학습
동기부여
학습고민 나눔
학습 혜택

엄마표 학습, 큐브로 시작!

큐챌린지

수학은 큡

학습 태도 변화

습관 형성 · 성취감 · 자신감

학습단 참여 후 우리 아이는
"꾸준히 학습하는 습관이 잡혔어요."
"성취감이 높아졌어요."
"수학에 자신감이 생겼어요."

학습 지속률

10명 중 8.3명

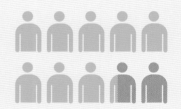

학습 스케줄

매일 4쪽씩 학습!

주 5회 매일 4쪽	39%
주 5회 매일 2쪽	15%
1주에 한 단원 끝내기	17%
기타(개별 진도 등)	29%

6주 학습 완주자 → 완주 **83%**

만족 **98%** ← 학습단 참여 만족도

학습 참여자 2명 중 1명은

6주 간 1권 끝!

큐브 유형

초등 수학

4·1

정답 및 풀이

동아출판

정답 및 풀이

모바일 빠른 정답
QR코드를 찍으면 **정답 및 풀이**를 쉽고 빠르게
확인할 수 있습니다.

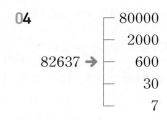

1 큰 수

008쪽 1STEP 개념 확인하기

01 10, 10000, 만, 일만
02 9000
03 10000
04 100, 10000
05 10000
06 9990, 10000
07 9900, 10000

01 1만은 1000이 10개인 수입니다.

02 1000이 9개인 수 → 9000

03 1000이 10개인 수 → 10000

04 10부터 10배씩 뛰어 10000까지 나타낼 수 있습니다.

05 9999보다 1만큼 더 큰 수는 10000입니다.
참고 1씩 커지는 규칙입니다.

06 9980보다 10만큼 더 큰 수는 9990이고, 9990보다 10만큼 더 큰 수는 10000입니다.
참고 10씩 커지는 규칙입니다.

07 9800보다 100만큼 더 큰 수는 9900이고, 9900보다 100만큼 더 큰 수는 10000입니다.
참고 100씩 커지는 규칙입니다.

009쪽 1STEP 개념 확인하기

01 '삼만 칠천구백십사'에 ○표
02 '이만 오천삼십'에 ○표
03 90268에 색칠
04 2000, 30
05 40000
06 700

01   3   7   9   1   4
    삼만 칠천 구백 십 사

02   2   5   0   3   0
    이만 오천   삼십
    주의 수를 읽을 때 숫자가 0인 자리는 읽지 않습니다.

03 구만 이백육십팔 → 9만 268 → 90268

04 82637 → ┌ 80000
            ├ 2000
            ├ 600
            ├ 30
            └ 7

05 4̲6081 → 만의 자리 숫자, 40000

06 2̲9̲741 → 백의 자리 숫자, 700

010쪽 1STEP 개념 확인하기

01 100000, 십만
02 100만, 백만
03 1000만, 천만
04 사천구백이십오만
05 6020000에 ○표

01 10000이 10개인 수 → 10 0000 또는 10만
                      → 십만

02 10000이 100개인 수 → 100 0000 또는 100만
                       → 백만

03 10000이 1000개인 수 → 1000 0000 또는 1000만
                        → 천만

04 4925 0000 → 4925만 → 사천구백이십오만
       만

05 육백이만 → 602만 → 602 0000

011쪽 2STEP 유형 다잡기

01 10000, 10000 / 풀이 9000, 9000, 10000
01 (예)

1000	1000	1000	1000
1000	1000	1000	1000
1000	1000	1000	1000

02 ㉢

02 74598

03 4, 8, 3   **04** 26450

01 10000은 1000이 10개인 수이므로 10개를 묶습니다.

02 ⓒ 9960은 10000보다 40만큼 더 작은 수입니다.

03 10000이 5개, 1000이 4개, 100이 9개, 10이 8개,
1이 3개인 수는 54983입니다.

04 10000이 2개, 1000이 6개, 100이 4개, 10이 5개
➡ 26450

012쪽 2STEP 유형 다잡기

05 6

03 (1) •⟍ ⟋• / 풀이 (1) 사천백육 (2) 육천십사
(2) •⟋ ⟍•

06 (1) 사만 오백삼십오 (2) 23900

07 72801, 칠만 이천팔백일

04 10000원 / 풀이 10, 10, 10000

08 100, 1000   **09** 3000원

10 [1단계] 예 10000개씩 7상자는 70000개, 1000개
씩 9상자는 9000개, 100개씩 2상자는 200개
입니다. ▶ 3점
[2단계] (만든 인형 수)=70000+9000+200
=79200(개) ▶ 2점
답 79200개

05 ⓒ / 풀이 5, 8, 83600

11 4, 7, 5, 6 / 4000, 700, 50, 6 / 4000, 700,
50, 6

12 (1) 30000+7000+800+5
(2) 50000+6000+90+2

13 29453에 ○표   **14** ⓒ

05 10000이 3개이면 30000, 1000이 ■개이면 ■000,
100이 8개이면 800, 10이 2개이면 20, 1이 9개이
면 9이므로 3■829입니다.
3■829 ➡ 36829이므로 ■에 알맞은 수는 6입니다.

---

06 (1) 4 0535 ➡ 4만 535 ➡ 사만 오백삼십오
(2) 이만 삼천구백 ➡ 2만 3900 ➡ 23900
주의 수를 읽을 때 숫자가 0인 자리는 읽지 않습니다.

07 10000이 7개: 70000 ⎤
1000이 2개: 2000 ⎟
100이 8개: 800 ⎬ ➡ 72801
1이 1개: 1 ⎦
7 2801 ➡ 7만 2801 ➡ 칠만 이천팔백일

08 • 10000은 100이 100개인 수이므로 100원짜리 동
전은 100개 필요합니다.
• 10000은 10이 1000개인 수이므로 10원짜리 동전
은 1000개 필요합니다.

09 현우는 3000원, 주경이는 4000원을 가지고 있으므
로 두 사람이 가지고 있는 돈은 7000원입니다.
10000은 7000보다 3000만큼 더 큰 수이므로
10000원이 되려면 3000원이 더 있어야 합니다.

11 ■▲●♥★
=■0000+▲000+●00+♥0+★

12 각 자리의 숫자가 나타내는 값의 합으로 나타냅니다.

13 1 4913 ➡ 천의 자리 숫자: 4
2 9453 ➡ 천의 자리 숫자: 9
7 4058 ➡ 천의 자리 숫자: 4

14 ㉠ 6 7403 ➡ 만의 자리 숫자, 60000
㉡ 4 7961 ➡ 십의 자리 숫자, 60
㉢ 9 0647 ➡ 백의 자리 숫자, 600
㉣ 3 6580 ➡ 천의 자리 숫자, 6000

014쪽 2STEP 유형 다잡기

06 10만, 1000만 / 풀이 10만, 1000만

15 (1) •⟍ ⟋•   **16** ④
(2) •⟋ ⟍•   **17** ㉠
(3) •

07 '삼천칠십오만'에 ○표 / 풀이 삼천칠십오만

18 54060000, 오천사백육만

19 2873600, 이백팔십칠만 삼천육백

20 ㉡, 62903000

21 76290000, 칠천육백이십구만

08 51750000 / 풀이 5175, 51750000

22 예 냉장고의 가격은 150만 원입니다.

23 625상자

09 500000 / 풀이 십만, 500000

24 400000, 20000 **25** 1856309에 ◯표

---

15 (1) 10000이 10개인 수는 10만입니다.
(2) 10000이 100개인 수는 100만입니다.
(3) 10000이 1000개인 수는 1000만입니다.

16 ① 10000의 100배인 수 ➡ 100만
② 9만보다 1만큼 더 큰 수 ➡ 90001
③ 10이 1000개인 수 ➡ 10000
④ 99000보다 1000만큼 더 큰 수 ➡ 10만
⑤ 999900보다 100만큼 더 큰 수 ➡ 100만

17 ㉠ 100 0000 ㉡ 1000 0000 ㉢ 1000 0000
따라서 나타내는 수가 다른 하나는 ㉠입니다.

18 만이 5406개인 수 ➡ 5406만
➡ 5406 0000
➡ 오천사백육만

19 2 8736의 100배인 수는 287 3600입니다.
287 3600 ➡ 287만 3600
➡ 이백팔십칠만 삼천육백

20 ㉠ 삼천오백일만 ➡ 3501만 ➡ 3501 0000
㉡ 육천이백구십만 삼천 ➡ 6290만 3000
➡ 6290 3000

21 100만이 76개: 7600만
10만이 2개: 20만 ⎤ ➡ 7629만
만이 9개: 9만 ⎦
➡ 7629 0000 ➡ 칠천육백이십구만

22 채점 가이드 생활 주변에서 물건이나 상황을 찾아 몇백만의 수로 알맞게 나타냈으면 정답으로 인정합니다.

---

23 625 0000은 10000이 625개인 수입니다.
따라서 한 상자에 10000자루씩 담는다면 모두 625 상자에 담을 수 있습니다.

25 주어진 수에서 만의 자리 숫자를 각각 찾습니다.
185 6309 ➡ 5
56 2800 ➡ 6
칠천십육만 ➡ 7016 0000 ➡ 6
➡ 만의 자리 숫자가 다른 하나는 185 6309입니다.

---

26 ㉡

27 1단계 예 ㉠은 천만의 자리 숫자이므로 3000 0000, ㉡은 천의 자리 숫자이므로 3000을 나타냅니다. ▶3점
2단계 3000 0000은 3000보다 0이 4개 더 많으므로 10000배입니다. ▶2점
답 10000배

10 4개 / 풀이 8001, 4008001, 4

28 ( )(△) **29** 2개

11 (◯) / 풀이 80652, 58216, 80652
( )

30 2 에 ✕표

31 예 410589, 사십일만 오백팔십구

32 리아

33 4개

12 42580원
/ 풀이 30000, 12000, 500, 80, 42580

34 24620원

---

26 각 수에서 숫자 7이 나타내는 값을 알아봅니다.
㉠ 479 5203 ➡ 70 0000
㉡ 327 8914 ➡ 7 0000
㉢ 7980 3451 ➡ 7000 0000
㉣ 2713 9650 ➡ 700 0000
7 0000 < 70 0000 < 700 0000 < 7000 0000이므로 숫자 7이 나타내는 값이 가장 작은 것은 ㉡입니다.

28 구천삼십만 ➜ 9030 0000 ➜ 0은 모두 6개
구백만 이십 ➜ 900 0020 ➜ 0은 모두 5개
따라서 0의 개수가 더 적은 것은 구백만 이십입니다.

29 팔백사십만 육백팔십팔 ➜ 840만 688 ➜ 840 0688
따라서 수로 나타내었을 때 0은 모두 2개입니다.

30 삼십일만 육천칠백구십사 ➜ 31 6794
9, 1, 7, 4, 2, 6, 3 중에서 31 6794에 사용하지 않
은 숫자는 2입니다.

31 채점 가이드 6장의 수 카드를 모두 한 번씩 사용하여 여섯 자리
수를 바르게 만들고 읽었는지 확인합니다. 이때 가장 높은 자리에
0이 올 수 없음에 주의합니다.

32 각 수에서 십만의 자리 숫자가 나타내는 값을 알아봅
니다.
리아: 475 8321 ➜ 70 0000
준호: 718 5432 ➜ 10 0000
따라서 십만의 자리 숫자가 70만을 나타내는 수를
만든 사람은 리아입니다.

33 천의 자리 수가 3이고 일의 자리 수가 4인 다섯 자리
수 ➜ □3□□4
0은 만의 자리에 놓을 수 없으므로 만들 수 있는 수는
13064, 13604, 63014, 63104로 모두 4개입니다.

34 10000원짜리 지폐 2장 → 20000원
1000원짜리 지폐 3장 → 3000원
100원짜리 동전 15개 → 1500원
10원짜리 동전 12개 → 120원
(지수가 모은 돈)=20000+3000+1500+120
=24620(원)

39 1단계 예 10만 원짜리 수표 27장 → 270만 원
5만 원짜리 지폐 8장 → 40만 원
➜ 270+40=310(만 원) ▶ 3점
2단계 310만 원은 100만 원짜리 수표로 3장까
지 바꿀 수 있습니다. ▶ 2점
답 3장

35 규민: 5 0000이 2개이면 10 0000입니다.
5 0000원짜리 지폐 4장 → 20 0000원
연서: 10000원짜리 지폐 31장 → 31 0000원
1000원짜리 지폐 6장 → 6000원
➜ 31 6000원
(규민이와 연서가 가지고 있는 돈)
=20 0000+31 6000=51 6000(원)

36 100만 원짜리 모형 돈 7장 → 700 0000원
10만 원짜리 모형 돈 24장 → 240 0000원
만 원짜리 모형 돈 45장 → 45 0000원
(모형 돈)=700 0000+240 0000+45 0000
=985 0000(원)

37 8724만 ➜ 만이 8724개인 수
따라서 8724만 원은 만 원짜리 지폐 8724장으로 바
꿀 수 있습니다.

38 찾을 금액: 3512 0000원 ➜ 3512만 원
그중에서 10만 원짜리 수표로 찾을 수 있는 금액:
3510만 원
따라서 10만 원짜리 수표로 351장까지 찾을 수 있
습니다.
주의 10만 원보다 적은 금액은 10만 원짜리 수표로 찾을 수 없
습니다.

018쪽 **2STEP 유형 다잡기**

35 516000원	**36** 9850000원
13 42장 / 풀이 42, 42, 42	
37 8724장	**38** 351장

019쪽 **1STEP 개념 확인하기**

01 10	**02** 1000
03 385, 385	**04** 17, 17
05 십억, 9000000000	
06 백조, 800000000000000	

01 58400, 78400
02 505억, 605억, 805억
03 202조, 212조
04 10만
05 1억
06 100조

01 10000씩 뛰어 세면 만의 자리 수가 1씩 커집니다.

02 100억씩 뛰어 세면 백억의 자리 수가 1씩 커집니다.

03 10조씩 뛰어 세면 십조의 자리 수가 1씩 커집니다.

04 십만의 자리 수가 1씩 커지므로 10만씩 뛰어 센 것입니다.

05 억의 자리 수가 1씩 커지므로 1억씩 뛰어 센 것입니다.

06 백조의 자리 수가 1씩 커지므로 100조씩 뛰어 센 것입니다.

01 <, 6, 7
02 >, >, 5
03 <
04 84270, <, 516300
05 31400, >, 26800
06 '큽니다'에 ○표

01 자리 수가 다를 때에는 자리 수가 많은 쪽이 더 큰 수입니다.

02 자리 수가 같을 때에는 높은 자리의 수가 큰 쪽이 더 큰 수입니다.

03 수직선에서 오른쪽에 있는 수가 왼쪽에 있는 수보다 더 큰 수입니다.

04 두 수의 자리 수를 비교하면 8 4270은 5자리 수이고, 51 6300은 6자리 수입니다.
→ 8 4270 < 51 6300

05 두 수의 자리 수가 같으므로 높은 자리의 수부터 차례로 비교합니다.
만의 자리 수를 비교하면 3 > 2이므로
3 1400이 2 6800보다 더 큰 수입니다.

14 100만 / 풀이 1000만, 100만, 10만, 1만
01 100억, 1000억, 1조
02 100
03 ㉡
04 주은
15 609648750000
/ 풀이 6096, 4875, 609648750000
05 8625조 4568억 3961만
06 14
07 1단계 예 1조가 814개인 수
→ 814 0000 0000 0000
1억이 24개인 수 → 24 0000 0000
1만이 70개인 수 → 70 0000 ▶ 3점
2단계 각 모형 돈을 모으면 모두
814 0024 0070 0000원입니다. ▶ 2점
답 814002400700000원
16 6230009500000000, 육천이백삼십조 구십오억
/ 풀이 6230, 95, 6230009500000000,
육천이백삼십조 구십오억
08 팔천육백이십오억
09 380000000000000
10 준호
17 3000억 원 / 풀이 3000억, 3000억
11 57000000000000

01 10억이 10개이면 100억,
100억이 10개이면 1000억,
1000억이 10개이면 1조입니다.

02 1000억이 10개이면 1조이므로 1000억이 100개이면
10조입니다. 따라서 ♣에 알맞은 수는 100입니다.

03 ㉠ 1 0000 0000 0000 → 1조
㉡ 1000 0000 0000 → 1000억
㉢ 1조

04 영호: 1억의 1000배는 1000억입니다.
　　세한: 1000만의 10배는 1억이므로 1000만의 1000
　　　　 배는 100억입니다.

05 일의 자리부터 네 자리씩 끊은 다음 만, 억, 조를 붙
　　입니다.

06 14|0000|0000|0000 → 14조
　　14조는 1조가 14개인 수이므로 ■에 알맞은 수는
　　14입니다.

08 8625|0000|0000 → 8625억 → 팔천육백이십오억

09 삼백팔십조 → 380조 → 380|0000|0000|0000

10 702|1031|0000|0000 → 702조 1031억
　　　　　　　　　　　　　　 → 칠백이조 천삼십일억

11 오십칠조 → 57조 → 57|0000|0000|0000

024쪽 2STEP 유형 다잡기

12 칠억 칠천팔백삼십사만

18 ㉡ / 풀이 500, 백억, ㉡

13 1, 천억, 7000000000

14 (1) •——————•
　　(2) •——————•

15 7

16 1단계 예 ㉠ 2364|8947|0132
　　　　　 → 십억의 자리 숫자, 60|0000|0000
　　　　 ㉡ 6485|1321|0729
　　　　　 → 천억의 자리 숫자, 6000|0000|0000
　　　　 ㉢ 6|9324|0847|2174
　　　　　 → 조의 자리 숫자, 6|0000|0000|0000 ▶3점
　　2단계 따라서 숫자 6이 나타내는 값이 가장 큰 수
　　는 ㉢입니다. ▶2점
　　답 ㉢

19 7개 / 풀이 4903, 1007, 490310070000, 7

17 11개

18 7개

19 1단계 예 ㉠ 십이억 팔천팔만
　　　　　 → 12|8008|0000 → 0은 6개

　　㉡ 사백육십억 삼십만
　　　 → 460|0030|0000 → 0은 8개 ▶3점
　　2단계 6<8이므로 0의 개수가 더 많은 것은 ㉡
　　입니다. ▶2점
　　답 ㉡

20 '400억'에 ○표, '4조'에 △표
　　/ 풀이 400, 400, 40000, 4

20 3000억, 3조

12 7|7834|0000 → 7억 7834만
　　　　　　　　　 → 칠억 칠천팔백삼십사만

13 5471|0200|0000
　　억의 자리 숫자는 1이고, 5는 천억의 자리 숫자입니
　　다. 7은 십억의 자리 숫자이므로 70|0000|0000을
　　나타냅니다.

14 각 수에서 숫자 3이 나타내는 값을 구합니다.
　　⑴ 9236조 1845억 → 30조
　　⑵ 13|4057|0000|0000 → 3조

15 조가 8073개, 억이 1529개, 만이 2635개인 수
　　→ 8073조 1529억 2635만
　　→ 십조의 자리 숫자는 7이고, 70|0000|0000|0000
　　를 나타냅니다.

17 사백일조 구천오십억
　　→ 401조 9050억
　　→ 401|9050|0000|0000
　　→ 0은 모두 11개

18 오억 사천만 → 5억 4000만 → 5|4000|0000
　　따라서 수로 나타내었을 때 0은 모두 7개입니다.

20 300억을 10배 하면 3000억, 100배 하면 3조입니다.

026쪽 2STEP 유형 다잡기

21 10000배

21 10000배 / 풀이 800000000, 10000

22 100000배

23 [1단계] 예 152 6870 1000 → 50 0000 0000
9 0407 1252 0036 → 50 0000 ▶3점
[2단계] 50 0000 0000은 50 0000보다 0이 4개
더 많으므로 10000배입니다. ▶2점
답 10000배

㉒ 872만 / 풀이 십만, 862만, 872만

24 20억, 21억   **25** '20억씩'에 ◯표

26 155740

27 (위에서부터) 303만, 353만, 403만, 453만

28 9억 4900만

㉓ 7223000, 7423000
/ 풀이 20만, 7223000, 7423000

29 [설명] 예 2680억−3680억−4680억에서 천억
의 자리 수가 1씩 커지므로 천억씩 뛰어 센 것
입니다. ▶3점
5680억, 7680억 ▶2점

30 3억 152만, 1억 152만

---

21 ㉮ 61 9750 0000 0000
㉯ 61 9750 0000
㉮는 ㉯보다 0이 4개 더 많으므로 10000배입니다.

22 ㉠은 천조의 자리 숫자이므로
2000 0000 0000 0000,
㉡은 백억의 자리 숫자이므로
200 0000 0000을 나타냅니다.
→ 2000 0000 0000 0000는
200 0000 0000보다 0이 5개 더 많으므로
100000배입니다.

24 1억씩 뛰어 세면 억의 자리 수가 1씩 커집니다.
17억−18억−19억−20억−21억

25 십억의 자리 수가 2씩 커지므로 20억씩 뛰어 센 것
입니다.

26 10000씩 뛰어 세면 만의 자리 수가 1씩 커집니다.
11 5740−12 5740−13 5740−14 5740−15 5740

27 • → 방향으로 십만의 자리 수가 5씩 커집니다.
• ↓ 방향으로 백만의 자리 수가 1씩 커집니다.

---

28 100만씩 뛰어 세었으므로 백만의 자리 수가 1씩 커
집니다.
9억 4500만−9억 4600만−9억 4700만−
9억 4800만−9억 4900만

30 • 1억 132만−1억 142만에서 십만의 자리 수가
1 커지므로 → 방향으로 10만씩 커집니다.
→ ★ =1억 152만
• 1억 152만−2억 152만에서 억의 자리 수가
1 커지므로 ↑ 방향으로 1억씩 커집니다.
→ ◆ =3억 152만

㉔ 705만, 605만, 405만
/ 풀이 백만, 705만, 605만, 405만

31 연서   **32** 3977조

㉕ 6794만, 6804만, 6814만
/ 풀이 10만, 6814만, 6804만, 6794만

33 7300억

34 [1단계] 예 2억 8770만에서 100만씩 4번 뛰어 세
면 2억 8770만−2억 8870만−2억 8970만−
2억 9070만−2억 9170만이므로 어떤 수는
2억 9170만입니다. ▶3점
[2단계] 2억 9170만에서 1000만씩 4번 뛰어 세면
2억 9170만−3억 170만−3억 1170만−3억
2170만−3억 3170만입니다. ▶2점
답 3억 3170만

㉖ 5월 / 풀이 100만, 120만, 5

35 7번   **36** 7월

㉗ 223조
/ 풀이 10조, 1조, 1조, 221조, 222조, 223조

37 5조 4000억

38 [1단계] 예 130억과 140억 사이의 칸 수는 10칸
이므로 작은 눈금 10칸의 크기는 10억입니다.
→ 작은 눈금 한 칸의 크기: 1억 ▶3점
[2단계] 130억에서 1억씩 거꾸로 2번 뛰어 세면
130억−129억−128억입니다.
→ ㉠=128억 ▶2점
답 128억

31 억의 자리 수가 1씩 작아지므로 1억씩 거꾸로 뛰어 센 규칙입니다.

32 10조씩 거꾸로 뛰어 세었으므로 십조의 자리 수가 1씩 작아집니다.
4027조 − 4017조 − 4007조 − 3997조 − 3987조 − 3977조

33 9300억에서 400억씩 거꾸로 5번 뛰어 셉니다.
9300억 − 8900억 − 8500억 − 8100억 − 7700억 − 7300억
따라서 어떤 수는 7300억입니다.

35 1억 4500만에서 2억 1500만이 될 때까지 1000만씩 뛰어 세어 봅니다.
1억 4500만 − 1억 5500만 − 1억 6500만 − 1억 7500만 − 1억 8500만 − 1억 9500만 − 2억 500만 − 2억 1500만
따라서 1000만씩 7번 뛰어 세면 2억 1500만이 됩니다.

36 매월 3만 원씩 모으므로 3만 원씩 뛰어 세어 봅니다.
3만 원 − 6만 원 − 9만 원 − 12만 원 − 15만 원
3월   4월   5월   6월   7월
따라서 모은 돈이 15만 원이 되는 때는 7월입니다.

37 5조와 6조 사이의 칸 수는 10칸이므로 작은 눈금 10칸의 크기는 1조입니다.
→ 작은 눈금 한 칸의 크기: 1000억
5조에서 1000억씩 4번 뛰어 세면
5조 − 5조 1000억 − 5조 2000억 − 5조 3000억 − 5조 4000억이므로 □ 안에 들어갈 수는
5조 4000억입니다.

030쪽 2STEP 유형 다잡기

28 ( ) / 풀이 <, <, <
(○)

39 (1) >, '큽니다'에 ○표
(2) <, '작습니다'에 ○표

40 ㉡

---

41 [이름] 선아 ▶ 2점
[이유] 예 비교하는 두 수의 자리 수가 같으면 높은 자리의 수부터 차례로 비교합니다. ▶ 3점

42 밴쿠버

29 ㉢ / 풀이 8, 8, <

43 3, 2, 1   **44** ㉢

30 > / 풀이 4, 9371, >, 4, 9371

45 '삼조 이천팔백'에 색칠

46 '삼십이억 오천칠백팔십칠만'에 ○표

47 [1단계] 예 은서: 2조 40억
태우: 2600억의 10배 → 2조 6000억
윤하: 28억 500만의 1000배 → 2조 8050억
▶ 3점

[2단계] 2조 40억 < 2조 6000억 < 2조 8050억이므로 가장 작은 수를 가지고 있는 사람은 은서입니다. ▶ 2점

[답] 은서

---

39 (1) 273̲ 1928 > 26̲ 9814
　　 7자리 수　　 6자리 수
(2) 214조 9210억 < 231조 80억
　　　└── 1 < 3 ──┘

40 ㉠ 4216 0238 9157   ㉡ 4249 9315 0587
　　 12자리 수　　　　　　 12자리 수
→ 4216 0238 9157 < 4249 9315 0587
　　　└── 1 < 4 ──┘

42 834̲ 7667 > 819̲ 4780
　　 └── 3 > 1 ──┘
따라서 비행 거리가 더 짧은 도시는 밴쿠버입니다.

43 7287 9230 4561(12자리 수),
7 2481 0953 6814(13자리 수),
7 3190 6542 9730(13자리 수)
→ 자리 수가 가장 적은 7287 9230 4561이 가장 작습니다.
7 3190 6542 9730이 7 2481 0953 6814보다 천억의 자리 수가 더 크므로 가장 큰 수는
7 3190 6542 9730입니다.

---

44 ⊙ 978 6100(7자리 수) ⓒ 1007 9400(8자리 수)
ⓒ 751 3000(7자리 수) ⓔ 1142 6000(8자리 수)
→ 자리 수가 더 적은 ⊙과 ⓒ을 비교합니다.
ⓒ 751 3000이 ⊙ 978 6100보다 백만의 자리
수가 더 작으므로 가장 작은 수는 ⓒ입니다.

45 삼조 이천팔억 → 3조 2008억
→ 3 2008 0000 0000
→ 3 2008 0000 0000 < 3 2080 5143 6849
└─── 0 < 8 ───┘

46 3 2646 7204(9자리 수),
32 5767 8400(10자리 수),
32 5787 0000(10자리 수)
→ 자리 수가 가장 적은 3 2646 7204가 가장 작습니다.
32 5787 0000이 32 5767 8400보다 십만의 자리 수
가 더 크므로 가장 큰 수는 32 5787 0000입니다.

31 0, 1 / 풀이 <, '작은'에 ○표, 0, 1

48 0, 1, 2, 3, 4

49 1단계 예 2 3696 2815와 2 369⊙ 7841은 십만
의 자리 수까지 서로 같고, 천의 자리 수를 비
교하면 2 < 7이므로 ⊙에는 6과 같거나 6보다
큰 수가 들어가야 합니다. → 6, 7, 8, 9 ▶4점
2단계 따라서 ⊙에 들어갈 수 있는 수는 모두 4개
입니다. ▶1점
답 4개

32 ⓒ / 풀이 9, 0, ⓒ에 ○표

50 <   **51** ⊙

33 654321 / 풀이 '큰'에 ○표, 654321

52 23847

53 예 498765321

54 5, 9   **55** 74568

---

48 6☐3782 9014와 64 5981 0346은 십억의 자리 수
가 서로 같고, 천만의 자리 수를 비교하면
3 < 5이므로 ☐ 안에는 4와 같거나 4보다 작은 수가
들어가야 합니다.
→ 0, 1, 2, 3, 4

50 두 수의 자리 수가 10자리로 같습니다.
왼쪽 수의 ☐ 안에 가장 큰 수 9를 넣고, 오른쪽 수
의 ☐ 안에 가장 작은 수 0을 넣어도 오른쪽 수가 왼
쪽 수보다 더 큽니다.
47 5420 13 9 5 < 47 542 0 1397
└─── 5 < 7 ───┘
주의 높은 자리부터 한 자리씩 수를 비교하고, ☐가 있는 경우
☐ 안에 0부터 9까지의 어떤 수를 넣어도 항상 같은 결과인지 확
인합니다.

51 두 수의 자리 수가 12자리로 같습니다.
⊙의 ☐ 안에 가장 작은 수 0을 넣고, ⓒ의 ☐ 안에
가장 큰 수 9를 넣어도 ⊙이 ⓒ보다 더 큽니다.
1379 48 0 5 6200 > 137 9 4802 9 569
└─── 5 > 2 ───┘

52 백의 자리 수가 8인 다섯 자리 수는 ☐☐8☐☐입
니다.
2 < 3 < 4 < 7 < 8이고, 높은 자리부터 작은 수를 차
례로 놓으면 가장 작은 수는 23847입니다.
참고 수 카드로 가장 큰(작은) 수 만들기
① 가장 큰 수: 높은 자리부터 큰 수를 차례로 놓습니다.
② 가장 작은 수: 높은 자리부터 작은 수를 차례로 놓습니다.

53 채점 가이드 수 카드가 9장이므로 4억보다 큰 수를 만들려면 억의
자리에 4 또는 4보다 큰 수를 놓아야 합니다. 억의 자리에 바르게
수를 놓아 만든 수가 4억보다 큰지 확인합니다.

54 • 첫 번째 조건에서 주어진 수는 50만보다 크고 60
만보다 작은 수이므로 십만의 자리 수는 5입니다.
• 두 번째 조건과 세 번째 조건에서 각 자리의 숫자
는 모두 다르고 1부터 9까지의 수만 들어가므로 천
의 자리에는 2, 4, 6, 9가 들어갈 수 있습니다.
• 네 번째 조건에서 천의 자리 수는 홀수이므로 9입
니다.
→ 여섯 자리 수: 58 9713

55 다섯 자리 수를 ⊙ⓒⓒⓔⓜ이라고 하면
• 첫 번째 조건에서 4부터 8까지의 수를 한 번씩 사
용하였으므로 ⊙, ⓒ, ⓒ, ⓔ, ⓜ에 4, 5, 6, 7, 8
이 들어갈 수 있습니다.

• 두 번째 조건에서 7만보다 크고 8만보다 작은 수이므로 ㉠=7입니다.
• 세 번째 조건에서 백의 자리 수는 홀수이므로 ㉢=5입니다.
• 네 번째 조건에서 ㉡<㉣<㉤이므로 ㉡=4, ㉣=6, ㉤=8입니다.
→ 다섯 자리 수: 74568

034쪽 3STEP 응용 해결하기

1 식물원, 동물원, 놀이공원

2
> ❶ ㉠, ㉡, ㉢을 각각 수로 나타내기 ▶ 3점
> ❷ 만의 자리 수가 큰 것부터 차례로 쓰기 ▶ 2점

㉹ ❶ ㉠ 이천사백오십칠만 → 2457 0000
㉡ 95 3200을 100배 한 수 → 9532 0000
㉢ 1만이 8436개인 수보다 50000만큼 더 큰 수
→ 8436 0000+5 0000=8441 0000
❷ 만의 자리 수를 비교하면 7>2>1이므로 만의 자리 수가 큰 것부터 차례로 쓰면
㉠, ㉡, ㉢입니다.

㉯ ㉠, ㉡, ㉢

3 24073589

4
> ❶ 어떤 수를 1000배 한 수 구하기 ▶ 2점
> ❷ 어떤 수 구하기 ▶ 3점

㉹ ❶ 수를 10배 하면 수의 끝자리 뒤에 0이 1개 더 붙습니다.
어떤 수를 1000배 한 수를 ■라 하면 ■를 10배 한 수가 5498억(=5498 0000 0000)이므로 ■는 549 8000 0000입니다.
❷ 수를 1000배 하면 수의 끝자리 뒤에 0이 3개 더 붙습니다.
어떤 수를 1000배 한 수가 549 8000 0000이므로 어떤 수는 5498 0000입니다.

㉯ 54980000 (또는 5498만)

5 25억 1500만 원

6 ㉡, ㉣, ㉢, ㉠

7 ⑴ 8613조 원 ⑵ 861장

8 ⑴ 601234578 ⑵ 598764321
⑶ 601234578

---

1 호영이네 집에서 동물원까지의 거리는 2만 950 m → 20950 m입니다.
16400<20950<26741이므로 호영이네 집에서 가까운 곳부터 차례로 쓰면 식물원, 동물원, 놀이공원입니다.

3 만의 자리 수가 7이고 백만의 자리 수가 4인 8자리 수는 □4□7□□□□입니다.
0<2<3<4<5<7<8<9이고, 높은 자리부터 작은 수를 차례로 놓을 때 0은 가장 높은 자리에 올 수 없으므로 가장 작은 수는 2407 3589입니다.

5 6년 전의 매출액은 28억 1500만 원에서 5000만 원씩 6번 거꾸로 뛰어 센 것과 같습니다.
5000만씩 6번 거꾸로 뛰어 세면 1억씩 3번 거꾸로 뛰어 센 것과 같으므로 28억 1500만 − 27억 1500만 − 26억 1500만 − 25억 1500만에서 6년 전의 매출액은 25억 1500만 원입니다.

6 십억의 자리 수를 비교하면 7>4이므로 ㉠과 ㉢, ㉡과 ㉣을 각각 비교합니다.
• ㉠ 42 05□1 8617, ㉢ 42 □639 0528에서 ㉢의 □에 가장 작은 수인 0을 넣어도 42 05□1 8617<42 0639 0528이므로 ㉠이 가장 작습니다.
• ㉡ 71 946□ 3015, ㉣ 71 □254 8305에서 ㉣의 □에 가장 큰 수인 9를 넣어도 71 946□ 3015>71 9254 8305이므로 ㉡이 가장 큽니다.
따라서 큰 수부터 차례로 기호를 쓰면 ㉡, ㉣, ㉢, ㉠입니다.

7 ⑴ 1000조 원짜리 모형 돈은 7장이므로 7000조 원, 100조 원짜리 모형 돈은 14장이므로 1400조 원, 10조 원짜리 모형 돈은 20장이므로 200조 원, 1조 원짜리 모형 돈은 13장이므로 13조 원입니다.
(모형 돈)=7000조+1400조+200조+13조
=8613조 (원)
⑵ 8613조 원 중에서 10조 원짜리 모형 돈으로 바꿀 수 있는 금액은 8610조 원입니다. 8610조는 10조가 861개인 수이므로 10조 원짜리 모형 돈으로 861장까지 바꿀 수 있습니다.

8 (1) 억의 자리 수가 6인 가장 작은 수:
　　6|0123|4578
　(2) 억의 자리 수가 5인 가장 큰 수: 5|9876|4321
　(3) 6|0123|4578－6|0000|0000＝123|4578
　　6|0000|0000－5|9876|4321＝123|5679
　　6억과의 차를 비교하면 123|4578＜123|5679이
　　므로 6억에 더 가까운 수는 6|0123|4578입니다.

037쪽 **1단원 마무리**

01 ④　　　　　　　　**02** 5, 9, 2, 4, 1
03 900억, 80억, 2억
04 78534
05
> ❶ 잘못 읽은 이유 쓰기 ▶ 3점
> ❷ 바르게 읽기 ▶ 2점

　(이유) ❶ 예 숫자가 0인 자리는 읽지 않아야 하는
　데 자릿값을 읽어서 잘못되었습니다.
　(바르게 읽기) ❷ 사만 구백오십육
06 이백칠십구조 팔천백오십육억
07 100만씩　　　　　**08** ＜
09 만의 자리 숫자, 80000(또는 8만)
10 4개월　　　　　　**11** 5개
12 5월
13
> ❶ 각 수에서 숫자 3이 나타내는 값 구하기 ▶ 3점
> ❷ 숫자 3이 나타내는 값이 가장 큰 것 찾기 ▶ 2점

　예 ❶ 각 수에서 숫자 3이 나타내는 값을 알아
　봅니다.
　㉠ 451|3012 ➜ 3000
　㉡ 7153|8604 ➜ 3|0000
　㉢ 1301|8759 ➜ 300|0000
　㉣ 2430|7596 ➜ 30|0000
　❷ 300|0000＞30|0000＞3|0000＞3000이므
　로 숫자 3이 나타내는 값이 가장 큰 것은 ㉢입니다.
　답 ㉢
14 0, 1, 2, 3　　　　**15** 1000배
16 3770조　　　　　**17** 329억

18 785321
19
> ❶ 만 원짜리 지폐로 찾을 수 있는 금액 구하기 ▶ 3점
> ❷ 찾을 수 있는 만 원짜리 지폐 수 구하기 ▶ 2점

　예 ❶ 찾을 금액: 8416|4000원
　　➜ 8416만 4000원
　그중에서 만 원짜리 지폐로 찾을 수 있는 금액
　은 8416만 원입니다.
　❷ 8416만은 만이 8416개인 수이므로 만 원짜
　리 지폐로 8416장까지 찾을 수 있습니다.
　답 8416장
20 56487

01 ④ 9990의 10배는 99900입니다.
　➜ 10000은 9990보다 10만큼 더 큰 수입니다.

02 59241＝50000＋9000＋200＋40＋1
따라서 59241은 10000이 5개, 1000이 9개, 100
이 2개, 10이 4개, 1이 1개인 수입니다.

03 ■▲●♥억
＝■000억＋▲00억＋●0억＋♥억

04 칠만 팔천오백삼십사 ➜ 7만 8534 ➜ 7|8534

06 조가 279개, 억이 8156개인 수
➜ 279조 8156억
➜ 이백칠십구조 팔천백오십육억

07 백만의 자리 수가 1씩 커지므로 100만씩 뛰어 센 것
입니다.

08 546|0970|0000|0000＜546|6931|0000|0000
　　　　└──── 0＜6 ────┘

10 40000부터 10000씩 뛰어 세어 봅니다.
40000 － 50000 － 60000 － 70000 － 80000
10000씩 4번 뛰어 세면 80000이 되므로 80000원
을 모으려면 4개월이 더 걸립니다.

11 오백만 팔천 ➜ 500만 8000 ➜ 500|8000
따라서 수로 나타내었을 때 0은 모두 5개입니다.

1. 큰 수　**11**

12 5월: 십이억 칠천삼십만 → 12억 7030만
　　　　　　　　　　　　　　→ 12|7030|0000

6월: 12|0852|3000

12|7030|0000 > 12|0852|3000이므로 과자 판매량이 더 많은 달은 5월입니다.

14 14□6938과 144|0532는 백만의 자리, 십만의 자리 수가 서로 같고, 천의 자리 수를 비교하면 6 > 0 이므로 □ 안에는 4보다 작은 수가 들어가야 합니다.
→ □ = 0, 1, 2, 3

15 ㉠은 십억의 자리 숫자이므로 50|0000|0000, ㉡은 백만의 자리 숫자이므로 500|0000을 나타냅니다.
50|0000|0000은 500|0000보다 0이 3개 더 많으므로 1000배입니다.

16 3970조 − 4070조
→ 백조의 자리 수가 1 커지므로 100조씩 뛰어 센 것입니다.
3570조 − 3670조 − 3770조
→ ■ = 3770조

17 작은 눈금 10칸의 크기: 10억
→ 작은 눈금 한 칸의 크기: 1억
325억에서 1억씩 4번 뛰어 셉니다.
325억 − 326억 − 327억 − 328억 − 329억
→ ㉠ = 329억

18 만의 자리 수가 8인 여섯 자리 수
→ □8□□□□
가장 큰 수를 만들려면 높은 자리부터 큰 수를 차례로 놓으면 됩니다.
8 > 7 > 5 > 3 > 2 > 1이므로 만의 자리 수가 8인 가장 큰 수는 78|5321입니다.

20 56300보다 크고 56500보다 작은 수이므로 만의 자리 수는 5, 천의 자리 수는 6, 백의 자리 수는 4입니다.
4부터 8까지의 수 중 남은 수는 7, 8입니다.
이 중 짝수는 8이므로 십의 자리 수는 8, 일의 자리 수는 7입니다.
따라서 조건을 모두 만족하는 다섯 자리 수는 56487입니다.

2 각도

042쪽 1 STEP 개념 확인하기

01 (　) (○)　　　**02** (○) (　)
03 (　) (○)　　　**04** 4, 3, 가
05 가

01 각의 두 변이 벌어진 정도가 클수록 더 큰 각입니다.

04 주어진 단위로 각각 재어 보면 4번 > 3번이므로 더 큰 각은 가입니다.

05 컴퍼스의 양 끝이 더 좁게 벌어진 것은 가입니다.

043쪽 1 STEP 개념 확인하기

01 각도, 1, 1　　　**02** (　)
　　　　　　　　　　　　　　 (○)
03 ㄴ　　　　　　　**04** 밑금
05 60

02 각도기의 중심을 각의 꼭짓점에 맞춘 것을 찾습니다.

05 각의 한 변이 안쪽 눈금 0에 맞춰져 있으므로 바깥쪽 눈금을 읽지 않도록 주의합니다.

044쪽 1 STEP 개념 확인하기

01 가, 예각　　　　**02** 나, 직각
03 다, 둔각
04 (○) (△) (　)
05 예　　　　　　　**06** 둔
07 둔　　　　　　　**08** 예

04 예각은 각도가 0°보다 크고 직각보다 작은 각이고, 둔각은 각도가 직각보다 크고 180°보다 작은 각입니다.

05~08 • 예각: 각도가 0°보다 크고 직각보다 작은 각
　　　　 • 둔각: 각도가 직각보다 크고 180°보다 작은 각

01 예 80   **02** 예 110, 110
03 예 85, 85   **04** 예 60, 60
05 예 40, 40

02 ㉡의 각도가 90°보다 크고 120°보다 작으므로 약 110°라고 어림할 수 있습니다.

03 삼각자의 직각 부분과 비교하여 각도를 어림해 봅니다.

04 삼각자의 60° 부분과 비교하여 각도를 어림해 봅니다.

05 삼각자의 30° 부분과 비교하여 각도를 어림해 봅니다.

01 (△) (○) (　　)
/ 풀이 '많이'에 ○표, '적게'에 ○표
01 나   **02** ㉠
03 나, 다   **04** 재민
02 115° / 풀이 '안쪽'에 ○표, '안쪽'에 ○표, 115
05 리아   **06** 150, 130
03 50 / 풀이 중심, 밑금
07 75
08 설명 예 각의 변의 길이를 늘여도 각도는 변하지 않으므로 각의 변을 더 길게 늘여서 각도를 잽니다. ▶3점
각도 140° ▶2점
09 130

01 각을 몇 개 이어 붙였는지 세어 봅니다.
→ 가: 5개, 나: 4개
따라서 나의 각의 크기가 더 작습니다.

02 시계의 긴바늘과 짧은바늘이 더 많이 벌어진 것을 찾으면 ㉠입니다.

03 주어진 각보다 더 많이 벌어진 각을 찾으면 나, 다입니다.

04 선우: 가장 큰 각은 다입니다.
현지: 세 각의 크기는 모두 다릅니다.

05 각의 한 변이 각도기의 바깥쪽 눈금 0에 맞춰져 있으므로 바깥쪽 눈금을 읽어야 합니다. → 80°

06 • 각 ㄱㅇㄷ에서 변 ㄱㅇ이 각도기의 바깥쪽 눈금 0에 맞춰져 있습니다. → (각 ㄱㅇㄷ)=150°
• 각 ㄴㅇㄹ에서 변 ㅇㄹ이 각도기의 안쪽 눈금 0에 맞춰져 있습니다. → (각 ㄴㅇㄹ)=130°

07 각도기의 중심을 각의 꼭짓점에 맞추고, 각도기의 밑금을 각의 한 변에 맞추어 각도를 잽니다. → 75°

09 각도기의 중심을 점 ㅇ에 맞추고, 각도기의 밑금을 변 ㅇㄴ 또는 변 ㅇㄷ에 맞추어 각도를 잽니다.
→ 130°

10 70, 60, 나
04 90° / 풀이 ㉡, 90
11 (1) 120, 60 (2) 30, 150
12 나
05 (1)　(2)　(3) / 풀이 직각, 90, 직각

13 (왼쪽에서부터) 예, 둔, 둔
14 승철   **15** 2개, 3개
16 1단계 예 둔각은 각도가 직각보다 크고 180°보다 작은 각입니다. ▶2점
2단계 따라서 둔각은 145°, 110°로 모두 2개입니다. ▶3점
답 2개
06 가 / 풀이 둔각, 직각, 예각
17 예
예각　　　둔각

18 예

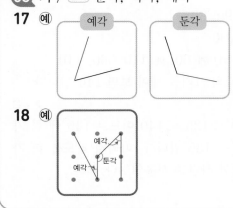

10 각도기의 중심을 각의 꼭짓점에 맞추고, 각도기의 밑금을 각의 한 변에 맞추어 각도를 잽니다.
→ 가: 70°, 나: 60°
따라서 70°>60°이므로 더 작은 각은 나입니다.

12 한 각의 크기를 재어 보면 가는 135°, 나는 120°입니다.

13 • 예각: 각도가 0°보다 크고 직각보다 작은 각
• 둔각: 각도가 직각보다 크고 180°보다 작은 각

14 정한: 각도가 0°보다 크고 직각보다 작은 각을 예각이라고 합니다. 따라서 90°는 예각이 아닙니다.
참고 90°는 직각입니다.

15
 → 예각: 2개,
둔각: 3개

18 채점 가이드 다양한 크기의 각이 나오도록 패턴을 그리고 그린 각에서 예각과 둔각을 바르게 표시했는지 확인합니다. 그린 패턴에 예각과 둔각이 없다면 어떻게 그려야 할지 추가로 지도할 수 있습니다.

050쪽 2STEP 유형 다잡기

07 둔각 / 풀이 180, 둔각
19 ( )(○) **20** 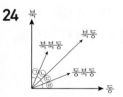, 직각

21 (1) 둔각 (2) 예각 **22** 8시 50분
08 5 / 풀이 3, 2, 5
23 3개 **24** 9개
09 나 / 풀이 90, 90, 나
25 예 100, 100
26 (위에서부터) 예 60, 예 110 / 60, 110
27 1단계 예 각의 크기를 재어 보면 140°입니다.
▶ 3점

2단계 120°<135°<140°이므로 140°에 더 가까운 각도는 135°입니다. 따라서 각도를 더 가깝게 어림한 사람은 서윤입니다. ▶ 2점
답 서윤

19 • 2시: 긴바늘과 짧은바늘이 이루는 작은 쪽의 각이 0°보다 크고 직각보다 작으므로 예각입니다.
• 8시: 긴바늘과 짧은바늘이 이루는 작은 쪽의 각이 직각보다 크고 180°보다 작으므로 둔각입니다.

20 3시는 긴바늘이 12를 가리키게 그립니다.
시계의 긴바늘과 짧은바늘이 이루는 작은 쪽의 각이 90°이므로 직각입니다.

21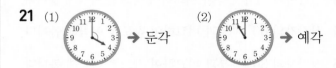

22

7시 7시 15분 8시 50분
→ 둔각 → 둔각 → 예각

23 둔각은 각도가 직각보다 크고 180°보다 작은 각입니다.
• 작은 각 2개짜리: 각 ㄱㅇㄷ → 1개
• 작은 각 3개짜리: 각 ㄱㅇㄹ, 각 ㄴㅇㅁ → 2개
→ (크고 작은 둔각의 개수)=1+2=3(개)

24

예각은 각도가 0°보다 크고 직각보다 작은 각입니다.
• 작은 각 1개짜리: ㉠, ㉡, ㉢, ㉣ → 4개
• 작은 각 2개짜리: ㉠+㉡, ㉡+㉢, ㉢+㉣ → 3개
• 작은 각 3개짜리: ㉠+㉡+㉢, ㉡+㉢+㉣ → 2개
→ (크고 작은 예각의 개수)=4+3+2=9(개)

25 각도가 90°보다 조금 크므로 약 100°로 어림할 수 있습니다.

26 가: 삼각자를 생각하면 약 60°로 어림할 수 있습니다.
나: 90°보다 조금 크므로 약 110°로 어림할 수 있습니다.

052쪽 1STEP 개념 확인하기

01 80, 80	**02** 120, 120
03 100, 100	**04** 50, 50
05 65, 65	**06** 55, 55

01 각도의 합은 자연수의 덧셈과 같은 방법으로 계산합니다.

04 각도의 차는 자연수의 뺄셈과 같은 방법으로 계산합니다.

053쪽 1STEP 개념 확인하기

01 180	**02** 75, 55, 50 / 180
03 150, 150, 30	**04** 135, 135, 45

02 (삼각형의 세 각의 크기의 합)
$= 75° + 55° + 50° = 180°$

054쪽 1STEP 개념 확인하기

01 360

02 120, 60, 80, 100 / 360

03 280, 280, 80	**04** 275, 275, 85
05 115	**06** 50
07 195	**08** 65
09 100°, 50°	**10** 30, 180
11 85, 360	**12** 70
13 105	

02 (사각형의 네 각의 크기의 합)
$= 120° + 60° + 80° + 100° = 360°$

05 $35 + 80 = 115 \rightarrow 35° + 80° = 115°$

06 $105 - 55 = 50 \rightarrow 105° - 55° = 50°$

07 $145 + 50 = 195 \rightarrow 145° + 50° = 195°$

08 $85 - 20 = 65 \rightarrow 85° - 20° = 65°$

09 • 각도의 합: $75 + 25 = 100 \rightarrow 75° + 25° = 100°$
• 각도의 차: $75 - 25 = 50 \rightarrow 75° - 25° = 50°$

10 삼각형의 세 각이 한 직선 위에 놓이므로 세 각의 크기의 합은 180°입니다.
$\rightarrow 80° + 70° + 30° = 180°$

11 사각형의 네 각이 모여 한 바퀴가 채워지므로 네 각의 크기의 합은 360°입니다.
$\rightarrow 95° + 75° + 105° + 85° = 360°$

12 삼각형의 세 각의 크기의 합은 180°입니다.
$65° + 45° + \square = 180°$, $110° + \square = 180°$,
$\square = 180° - 110° = 70°$

13 사각형의 네 각의 크기의 합은 360°입니다.
$\square + 70° + 70° + 115° = 360°$, $\square + 255° = 360°$,
$\square = 360° - 255° = 105°$

056쪽 2STEP 유형 다잡기

10 70° / 풀이 25, 25, 70

01 125°	**02** 150°
03 65, 100 / 65, 100, 165	
04 130°	**05** ㉠

11 105° / 풀이 150, 45, 105

06 75°

07 (1) •——•
(2) •——•

08 <

09 1단계 예 가장 큰 각은 가, 가장 작은 각은 나입니다. 두 각의 크기를 각각 재어 보면 가는 125°, 나는 40°입니다. ▶3점
2단계 (두 각도의 차) $= 125° - 40° = 85°$ ▶2점
답 85°

10 115

12 30° / 풀이 30

11 승준	**12** 180°, 60°

01 $15° + 110° = 125°$

02 가장 큰 각도: 120°, 가장 작은 각도: 30°
$\rightarrow 120° + 30° = 150°$

03 주어진 각의 크기는 각각 $65°$, $100°$입니다.
→ $65°+100°=165°$

04 ㉠$-55°=75°$, ㉠$=75°+55°=130°$

05 ㉠ $105°+40°=145°$ ㉡ $80°+55°=135°$
㉢ $110°+30°=140°$ ㉣ $35°+95°=130°$
따라서 $145°>140°>135°>130°$이므로 각도의
합이 가장 큰 것은 ㉠입니다.

06 직각은 $90°$이므로 직각보다 $15°$만큼 더 작은 각은
$90°-15°=75°$입니다.

07 ⑴ $85°-40°=45°$
⑵ $130°-75°=55°$

08 $95°-35°=60°$, $115°-30°=85°$
→ $60°<85°$

10 $55°+\square°=170°$, $\square°=170°-55°=115°$

11 승준: 시계가 7시를 가리킬 때 긴바늘과 짧은바늘이
이루는 작은 쪽의 각도는 숫자가 쓰여진 눈금 5칸만
큼이므로 $30°×5=150°$입니다.

12 숫자가 쓰여진 눈금 한 칸의 각도는 $30°$이므로
(왼쪽 시계의 각도)$=30°×2=60°$,
(오른쪽 시계의 각도)$=30°×4=120°$입니다.
→ (각도의 합)$=60°+120°=180°$
(각도의 차)$=120°-60°=60°$

058쪽 **2STEP 유형 다잡기**

13 $144°$ / **풀이** 72, 72, 144
13 $30°$ **14** $45°$
14 $20°$에 ✕표 / **풀이** 145, 55, 20
15 ⑴ 30, 55, 40 ⑵ 85, 25
⑶ $10°$, $95°$, $70°$에 색칠
16 **각도** **예** $30°$
설명 **예** $80°$에서 $35°$와 $15°$를 빼서 구했습니다.
→ $80°-35°-15°=30°$
15 (   ) (◯) / **풀이** 180, 180, 100
17 $95°$ **18** 50
19 60, $=$, 60   **20** 40

---

13 $360°$를 똑같이 6으로 나눈 것 중 하나는
$360°÷6=60°$입니다. $60°$짜리 조각을 똑같이 2로
나눈 것 중 하나는 $30°$이므로 표시된 각도는 $30°$입
니다.

14 • 왼쪽 케이크: 전체 $360°$를 똑같이 4조각으로 나눈
것 중의 한 조각이므로 각도는 $360°÷4=90°$입
니다.
• 오른쪽 케이크: 전체 $360°$를 똑같이 8조각으로 나
눈 것 중의 한 조각이므로 각도는 $360°÷8=45°$
입니다.
→ (각도의 차)$=90°-45°=45°$

15 ⑵ • $55°+30°=85°$ • $55°-30°=25°$
⑶ • 가와 다의 차: $40°-30°=10°$
• 나와 다의 합: $55°+40°=95°$
• 가와 다의 합: $30°+40°=70°$

16 **채점 가이드** 세 각을 더하거나 빼서 구할 수 있는 각을 적고 그 방
법을 각도의 덧셈과 뺄셈을 사용하여 바르게 설명했는지 확인합
니다.

17 한 직선이 이루는 각의 크기는 $180°$이므로
㉠$=180°-25°-60°=95°$입니다.

18 한 직선이 이루는 각의 크기는 $180°$이므로
$\square°=180°-90°-40°=50°$입니다.

19 ㉠$+120°=180°$, ㉠$=60°$
$120°+$㉡$=180°$, ㉡$=60°$

20 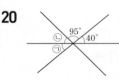 한 직선이 이루는 각의 크기는
$180°$입니다.
㉡$=180°-95°-40°=45°$
㉠$=180°-95°-$㉡
$=180°-95°-45°=40°$

060쪽 **2STEP 유형 다잡기**

16 15 / **풀이** 30, 30, 15
21 $150°$ **22** ⑤
23 $25°$
17 $60°$ / **풀이** 180, 180, 180, 60
24 $65°$ **25** 예주
26 25, 180   **27** $145°$

18 155° / **풀이** 180, 25, 25, 155

28 [1단계] **예** 한 직선이 이루는 각의 크기는 180°이
므로
(각 ㄱㄷㄴ)=180°−95°=85°입니다. ▶ 2점
[2단계] 삼각형의 세 각의 크기의 합은 180°이므로
30°+(각 ㄱㄴㄷ)+(각 ㄱㄷㄴ)=180°,
(각 ㄱㄴㄷ)=180°−30°−85°=65°입니다.
▶ 3점

답 65°

29 120°　　　　　　　　**30** 140°

21 삼각자에서 겹치지 않게 이어 붙인 각도는 90°, 60°
입니다.
➡ 90°+60°=150°

22 ① 90°−45°=45°　② 90°−30°=60°
③ 45°+30°=75°　④ 90°+30°=120°

23

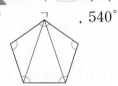

➡ ㉠=90°−35°−30°=25°

24 삼각형의 세 각의 크기의 합은 180°이므로 나머지
한 각의 크기는 180°−85°−30°=65°입니다.

25 삼각형의 세 각의 크기의 합을 구하여 180°가 아닌
사람을 찾습니다.
윤호: 65°+40°+75°=180°(○)
예주: 80°+30°+80°=190°(×)

26 삼각형의 세 각의 크기의 합은 180°입니다.
모르는 나머지 한 각의 크기를 □라 하면
65°+90°+□=180°, 155°+□=180°,
□=180°−155°=25°입니다.
➡ 65°+90°+25°=180°

27 삼각형의 세 각의 크기의 합은 180°이므로
35°+㉠+㉡=180°,
㉠+㉡=180°−35°=145°입니다.

29 삼각형 ㄱㄴㄷ의 세 각의 크기의 합은 180°이고, 세
각의 크기가 모두 같으므로
(각 ㄱㄴㄷ)=180°÷3=60°입니다.

➡ (각 ㄱㄴㄹ)=180°−(각 ㄱㄴㄷ)
=180°−60°=120°

30 140°+㉢=180°에서
㉢=180°−140°=40°입니다.
삼각형에서 ㉠+40°+㉡=180°,
㉠+㉡=180°−40°
=140°입니다.

062쪽 **2STEP 유형 다잡기**

19 105°에 색칠 / **풀이** 360, 360, 360, 105

31 =

32 [1단계] **예** 사각형의 네 각의 크기의 합은 360°이
므로 120°+70°+100°+□°=360°입니다.
▶ 3점
[2단계] □°=360°−120°−70°−100°=70°
▶ 2점

답 70°

33 85°　　　　　　　　**34** 165°

35 55°

20 80° / **풀이** 360, 100, 100, 80

36 85　　　　　　　　**37** 80°

38 125°

21 900° / **풀이** 5, 5, 180, 5, 900

39 　　　　　, 540°

31 모양과 크기에 상관없이 사각형의 네 각의 크기의 합
은 항상 360°입니다.

33 사각형의 네 각의 크기의 합은 360°입니다.
(찢어진 부분의 각도)
=360°−80°−100°−95°=85°

34 사각형의 네 각의 크기의 합은 360°입니다.
㉠+㉡+75°+120°=360°,
㉠+㉡+195°=360°,
㉠+㉡=360°−195°=165°

35 ㉠=360°−95°−70°−135°=60°
㉡=180°−30°−35°=115°
→ ㉡−㉠=115°−60°=55°

36
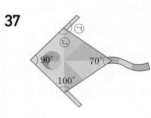
한 직선이 이루는 각의 크기는
180°이므로
㉠=180°−100°=80°입니다.
사각형의 네 각의 크기의 합은
360°입니다.
㉠+85°+□°+110°=360°,
80°+85°+□°+110°=360°,
275°+□°=360°, □°=360°−275°=85°

37
사각형의 네 각의 크기의 합은
360°입니다.
㉡=360°−90°−100°
−70°=100°
한 직선이 이루는 각의 크기
는 180°이므로
㉠=180°−100°=80°입니다.

38 한 직선이 이루는 각의 크기는 180°이므로
(각 ㄹㄷㄴ)=180°−70°=110°입니다.
사각형 ㄱㄴㄷㄹ의 네 각의 크기의 합은 360°입니다.
120°+(각 ㄱㄴㄷ)+110°+75°=360°,
305°+(각 ㄱㄴㄷ)=360°,
(각 ㄱㄴㄷ)=360°−305°=55°
→ (각 ㄱㄴㅁ)=180°−55°=125°

39 도형은 삼각형 3개로 나누어지고, 삼각형의 세 각의
크기의 합은 180°이므로 주어진 도형 안에 있는 5개
의 각의 크기의 합은 180°×3=540°입니다.

064쪽 2STEP 유형 다잡기

40 1080°
22 120° / 풀이 90, 120
41 25°   **42** 105
43 1단계 예 삼각형 ㄱㄴㅇ의 세 각의 크기의 합은
180°이므로
(각 ㄴㄱㅇ)=180°−65°−45°=70°입니다.
▶3점

2단계 (각 ㄴㄱㄹ)=90°이므로
(각 ㅇㄱㄹ)=90°−70°=20°입니다. ▶2점
답 20°

44 110°
23 29, 61 / 풀이 29, 29, 61
45 45°   **46** (왼쪽에서부터) 55, 70
47 50   **48** ㉡, ㉢
49 116°

40 도형은 삼각형 6개로 나누어지고, 삼각
형의 세 각의 크기의 합은 180°입니다.
따라서 주어진 도형 안에 있는 8개의
각의 크기의 합은 180°×6=1080°입니다.
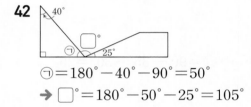

41 (각 ㄴㄱㄷ)=180°−35°−45°=100°이므로
▲=100°÷4=25°입니다.

42
㉠=180°−40°−90°=50°
→ □°=180°−50°−25°=105°

44 삼각형 ㄱㄴㄷ에서
(각 ㄴㄱㄷ)=180°−90°−40°=50°입니다.
→ 사각형 ㄱㄴㅁㄹ에서
㉠=360°−50°−90°−110°=110°입니다.

45 색종이를 꼭 맞게 반으로 접으면 각의 크기도 반이
됩니다.
→ 180°÷2=90°, 90°÷2=45°

46 펼친 삼각형은 반으로 접었을 때의 삼각형이 마주 보
고 붙어 있는 모양과 같습니다.
→ (각 ㄱㄷㄴ)=35°×2=70°
(각 ㄱㄴㄷ)=(각 ㄴㄱㄷ)=55°

47
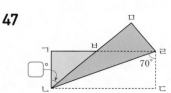
삼각형의 세 각의 크기의 합은 180°이므로
각 ㄹㄴㄷ의 크기는 180°−90°−70°=20°입니다.

각 ㄹㄴㄷ과 각 ㄹㄴㅁ의 크기는 서로 같으므로
각 ㅁㄴㄷ의 크기는 $20° \times 2 = 40°$입니다.
따라서 (각 ㄱㄴㅂ)$= 90° - 40° = 50°$입니다.

48 펼친 삼각형은 반으로 접었을 때의 삼각형이 마주 보
고 붙어 있는 모양과 같습니다.
㉠ (각 ㄱㄷㄴ)$=$(각 ㄱㄷㄹ)$\div 2 = 80° \div 2 = 40°$
㉡ (각 ㄴㄹㄷ)$=$(각 ㄴㄱㄷ)$= 110°$
㉢ (각 ㄱㄴㄷ)$=$(각 ㄱㄴㄹ)$\div 2 = 60° \div 2 = 30°$

49

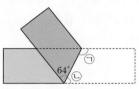

종이를 접었을 때 접힌 부분은 접기 전의 부분과 같
으므로 ㉡의 각도는 $64°$입니다.
사각형의 네 각의 크기의 합은 $360°$이고, 직사각형
모양 종이의 네 각의 크기는 모두 직각이므로
㉠$+ 64° + 90° + 90° = 360°$,
㉠$= 360° - 64° - 90° - 90° = 116°$입니다.

066쪽 3STEP 응용 해결하기

1 $110°$ **2** $79°$

3
❶ 도형 안에 있는 5개의 각의 크기의 합 구하기 ▶ 3점
❷ ㉠과 ㉡의 각도의 합 구하기 ▶ 2점

예 ❶ 도형을 삼각형 1개
와 사각형 1개로 나눌 수
있습니다.
(도형 안에 있는 5개의 각의 크기의 합)
$= 180° + 360° = 540°$
❷ ㉠$+$㉡$= 540° - 110° - 85° - 150°$
$= 195°$
답 $195°$

4 $20°, 35°$

5
❶ 작은 각 한 개의 각도 구하기 ▶ 2점
❷ 각 ㄱㅇㄷ과 각 ㄴㅇㄹ의 크기의 차 구하기 ▶ 3점

예 ❶ 한 직선이 이루는 각의 크기는 $180°$이므로
(작은 각 한 개의 각도)$= 180° \div 9 = 20°$입니다.

---

❷ (각 ㄱㅇㄷ)$=$(작은 각 한 개의 각도)$\times 4$
$= 20° \times 4 = 80°$
(각 ㄴㅇㄹ)$=$(작은 각 한 개의 각도)$\times 3$
$= 20° \times 3 = 60°$
➡ (각도의 차)$= 80° - 60° = 20°$
답 $20°$

6 3번
7 (1) $60°$ (2) $120°$
8 (1) $190°$ (2) $95°$ (3) $155°$

1

(각 ㄱㄴㄹ)$= 40°$
(각 ㄷㄴㄹ)$= 150°$
➡ (각 ㄱㄴㄷ)$= 150° - 40° = 110°$

2 왼쪽 부채는 모두 $46° + 105° = 151°$만큼 펼쳤습니다.
오른쪽 부채도 $151°$만큼 펼친 것이므로
㉠$= 151° - 72° = 79°$입니다.

4 둔각은 각도가 직각보다 크고 $180°$보다 작은 각이
고, 삼각형의 세 각의 크기의 합은 $180°$이므로 둔각
을 제외한 나머지 두 각의 크기의 합은 $90°$보다 작아
야 합니다.
➡ $50° + 40° = 90°(\times)$, $50° + 20° = 70°(\bigcirc)$,
$50° + 45° = 95°(\times)$, $50° + 35° = 85°(\bigcirc)$,
$50° + 50° = 100°(\times)$

6 시각마다 긴바늘과 짧은바늘이 이루는 작은 쪽의 각
이 $0°$보다 크고 직각보다 작은 경우를 모두 찾습니다.
➡ 두 시곗바늘이 이루는 작은 쪽의 각이 예각인 경
우는 1시, 2시, 3시 30분으로 모두 3번입니다.

7 (1) 삼각자 나에서 ㉡$+ 30° + 90° = 180°$이므로
㉡$= 180° - 30° - 90° = 60°$입니다.

(2) 사각형의 네 각의 크기의 합은 $360°$이므로 삼각자 나의 일부와 두 삼각자가 겹쳐진 부분으로 만들어진 사각형에서 ㉠$+90°+90°+$㉡$=360°$입니다.

→ ㉠$+90°+90°+60°=360°$,
  ㉠$=360°-90°-90°-60°=120°$

8 (1) 사각형의 네 각의 크기의 합은 $360°$입니다.
  $110°+$(각 ㄱㄴㄷ)$+60°+$(각 ㄱㄹㄷ)$=360°$,
  (각 ㄱㄴㄷ)$+$(각 ㄱㄹㄷ)
  $=360°-110°-60°=190°$

(2) (각 ㄱㄴㅁ)$=$(각 ㄷㄴㅁ),
  (각 ㄱㄹㅁ)$=$(각 ㄷㄹㅁ)입니다.
  따라서 각 ㄱㄴㅁ과 각 ㄱㄹㅁ의 크기의 합은 각 ㄱㄴㄷ과 각 ㄱㄹㄷ의 크기의 합을 2로 나눈 것과 같습니다.

→ (각 ㄱㄴㅁ)$+$(각 ㄱㄹㅁ)$=190°÷2=95°$

(3) 사각형 ㄱㄴㅁㄹ에서
  (각 ㄴㅁㄹ)$=360°-110°-95°=155°$입니다.

069쪽 **2단원 마무리**

01 $150°$ **02** 나

03 105   **04** 60

05 (   )(○)(   )(○)

06 예 50, 50

07 두 삼각형의 세 각의 크기의 합 비교하기 ▶ 5점

비교 예 두 삼각형 모두 세 각의 크기의 합이 $180°$로 같습니다.

08 ④   **09** ㉡

10 연서   **11** ㉠

12 50   **13** $215°$

14 $120°$ **15** 5개

16 60

17 ❶ 각 ㄹㄴㄷ의 크기 구하기 ▶ 2점
❷ 각 ㄱㄴㄹ의 크기 구하기 ▶ 3점

예 ❶ 삼각형의 세 각의 크기의 합은 $180°$입니다.
$55°+$(각 ㄹㄴㄷ)$+65°=180°$,
$120°+$(각 ㄹㄴㄷ)$=180°$,
(각 ㄹㄴㄷ)$=180°-120°=60°$

---

❷ 한 직선이 이루는 각의 크기는 $180°$이므로
(각 ㄱㄴㄹ)$=180°-60°=120°$입니다.

답 120°

18 $65°$

19 ❶ 도형을 삼각형 몇 개로 나눌 수 있는지 구하기 ▶ 2점
❷ 도형에서 표시된 각의 크기의 합 구하기 ▶ 3점

예 ❶ 도형 안에 선분을 그으면 삼각형 4개로 나눌 수 있습니다.
❷ 삼각형의 세 각의 크기의 합은 $180°$이므로 표시된 각의 크기의 합은 $180°×4=720°$입니다.

답 720°

20 $75°$

---

01 각의 한 변이 각도기의 바깥쪽 눈금 0에 맞춰져 있으므로 바깥쪽 눈금을 읽습니다. → $150°$

02 두 변이 벌어진 정도가 가장 큰 각은 나입니다.

03 짧은 변의 길이를 늘여서 그린 후 각도를 재면 $105°$입니다.

04 $110-50=60$ → $110°-50°=60°$

05 각도가 $0°$보다 크고 직각보다 작은 각을 찾으면 $62°$, $77°$입니다.

06 직각의 절반보다 조금 더 크므로 약 $50°$라고 어림할 수 있습니다.

08 ④ 둔각은 각도가 직각보다 크고 $180°$보다 작은 각이므로 $210°$는 둔각이 아닙니다.

참고 $0°<$(예각)$<90°$, $90°<$(둔각)$<180°$

09 ㉠ $70°+20°=90°$ ㉡ $55°+95°=150°$
㉢ $80°+65°=145°$ ㉣ $10°+120°=130°$
따라서 $150°>145°>130°>90°$이므로 각도의 합이 가장 큰 것은 ㉡입니다.

10 각도를 재어 보면 $130°$입니다. $110°$와 $135°$ 중에서 $130°$에 더 가까운 각도는 $135°$이므로 더 가깝게 어림한 사람은 연서입니다.

11

⊙ 둔각 ⊙ 직각
© 예각 @ 180°

12 삼각형의 세 각의 크기의 합은 180°입니다.
□°+55°+75°=180°, □°+130°=180°,
□°=180°-130°=50°

13 사각형의 네 각의 크기의 합은 360°입니다.
㉠+55°+90°+㉡=360°,
㉠+㉡+145°=360°,
㉠+㉡=360°-145°=215°

14 숫자가 쓰여진 눈금 한 칸의 크기는 30°이므로
시계에서 긴바늘과 짧은바늘이 이루는 작은 쪽의 각
의 크기는 30°×4=120°입니다.

15 예각은 각도가 0°보다 크고 직각보다 작은 각입니다.
• 작은 각 1개짜리:
각 ㄱㅇㄴ, 각 ㄴㅇㄷ, 각 ㄷㅇㄹ, 각 ㄹㅇㅁ
→ 4개
• 작은 각 2개짜리: 각 ㄴㅇㄹ → 1개
➔ (크고 작은 예각의 개수)=4+1=5(개)

16

➔ 90°-30°=60°

18 한 직선이 이루는 각의 크기는 180°이므로
㉠=180°-90°-25°=65°입니다.

20
삼각형의 세 각의 크기의 합
은 180°입니다.
90°+55°+㉡=180°,
145°+㉡=180°, ㉡=180°-145°=35°
사각형의 네 각의 크기의 합은 360°입니다.
120°+㉢+90°+80°=360°, ㉢+290°=360°,
㉢=360°-290°=70°
한 직선이 이루는 각의 크기는 180°이므로
㉠=180°-㉡-㉢=180°-35°-70°=75°입니다.

3 곱셈과 나눗셈

074쪽 **1 STEP 개념 확인하기**

(위에서부터)
01 284, 10, 2840   **02** 1255, 10, 12550
03 876, 10, 8760 / 876, 8760, 10
04 3241, 10, 32410 / 3241, 32410, 10

01 142×2=284이고 20은 2의 10배이므로
142×20은 284의 10배인 2840입니다.

02 251×5=1255이고 50은 5의 10배이므로
251×50은 1255의 10배인 12550입니다.

03 292×3=876이고 30은 3의 10배이므로
292×30은 876의 10배인 8760입니다.

04 463×7=3241이고 70은 7의 10배이므로
463×70은 3241의 10배인 32410입니다.

075쪽 **1 STEP 개념 확인하기**

01 7520, 188, 7708
02 6510, 868, 7378
03 24300, 3645, 27945
04 765, 3060, 3825
05 3374, 14460, 17834
06 4314, 28760, 33074

01 41=40+1임을 이용하여 188에 40과 1을 각각 곱
한 뒤 더합니다.

02 34=30+4임을 이용하여 217에 30과 4를 각각 곱
한 뒤 더합니다.

03 69=60+9임을 이용하여 405에 60과 9를 각각 곱
한 뒤 더합니다.

04 (세 자리 수)×(몇십몇)은 세 자리 수에 몇십과 몇을
각각 곱한 뒤 두 계산 결과를 더합니다.

유형책

3 단원

076쪽 1STEP 개념 확인하기

01 (예)

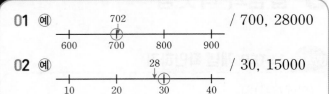

/ 700, 28000

02 (예)

/ 30, 15000

03 30, 200, 30, 6000, 6000

04 600, 600, 60, 36000, 36000

01 702는 700에 가까우므로 702는 약 700입니다.
702×40을 어림하여 계산하면 700×40=28000
이므로 약 28000입니다.

02 28은 30에 가까우므로 28은 약 30입니다.
500×28을 어림하여 계산하면 500×30=15000
이므로 약 15000입니다.

03 199는 약 200, 32는 약 30으로 어림할 수 있습니다.
199×32를 어림셈으로 구하면 200×30=6000이
므로 약 6000입니다.

04 601은 약 600, 59는 약 60으로 어림할 수 있습니다.
601×59를 어림셈으로 구하면 600×60=36000
이므로 약 36000입니다.

077쪽 2STEP 유형 다잡기

01 43920 / (풀이) 4392, 43920

01 (1) 8320   (2) 9000

02 (1) (2)   **03** 10배

04 8240   **05** 9000에 색칠

02 9758 / (풀이) 9520, 238, 9758

06 3540, 5664

01 (1) 416×2=832 ➜ 416×20=8320
   (2) 225×4=900 ➜ 225×40=9000

02 (1) 900×2=1800 ➜ 900×20=18000
   (2) 480×5=2400 ➜ 480×50=24000

03 502× 7 =3514 ┐
   502×70=35140 ◄┘ 10배

04 빨간색 장미에 쓰여진 두 수는 206과 40입니다.
   ➜ 206×40=8240

05 300>100>30
   ➜ 300×30=9000

06 236×15=3540, 236×24=5664

078쪽 2STEP 유형 다잡기

07 ㉡   **08** 10512

03 10500원 / (풀이) 750, 14, 10500

09 218, 12, 2616 / 2616장

10 18250 kWh

11 (1단계) (예) (밀가루의 무게)=980×25
                  =24500 (g)
   (코코아의 무게)=120×42=5040 (g) ▶ 3점
   (2단계) (밀가루와 코코아의 무게의 합)
      =24500+5040=29540 (g) ▶ 2점
   (답) 29540 g

04 11375 / (풀이) 875, 13, 875, 13, 11375

12 205, 98, 20090

13 (1단계) (예) 초록색 상자에서 만들 수 있는 가장 큰
   세 자리 수: 863
   노란색 상자에서 만들 수 있는 가장 작은 두 자
   리 수: 12 ▶ 3점
   (2단계) (만든 두 수의 곱)=863×12
                  =10356 ▶ 2점
   (답) 10356

05 1594 cm / (풀이) 125, 14, 1750, 12, 156,
   1750, 156, 1594

14 2262 cm   **15** 1641 cm

07 ㉡ 곱하는 수 68에서 6은 십의 자리
   숫자이므로 세로셈에서 297×6
   을 계산할 때에는 297×60으로
   생각하여 자릿값을 맞추어 써야
   합니다.

   $$\begin{array}{r} 2\,9\,7 \\ \times\ \ 6\,8 \\ \hline 2\,3\,7\,6 \\ 1\,7\,8\,2 \\ \hline 2\,0\,1\,9\,6 \end{array}$$

08
100이 1개 ┐
10이 4개 ┤이면 146
1이 6개 ┘

→ ♥에 알맞은 수는 146이므로
146×72=10512입니다.

09 (필요한 붙임딱지 수)
= (학생 수)×(한 명에게 주는 붙임딱지 수)
=218×12=2616(장)

10 (하루 동안 절약할 수 있는 전력량)
=2×25=50 (kWh)
→ (1년 동안 절약할 수 있는 전력량)
=50×365=365×50=18250 (kWh)

12 0<2<5<8<9이므로 가장 작은 세 자리 수: 205,
가장 큰 두 자리 수: 98입니다.
→ 205×98=20090

14 (끈 17개의 길이의 합)=150×17=2550 (cm)
(겹친 부분의 수)=(끈의 수)−1
=17−1=16(군데)
(겹친 부분의 길이의 합)=18×16=288 (cm)
→ (늘어놓은 끈의 전체 길이)=2550−288
=2262 (cm)

15 1 m 45 cm=145 cm입니다.
(철사 12개의 길이의 합)=145×12=1740 (cm)
(겹친 부분의 수)=(철사의 수)−1
=12−1=11(군데)
(겹친 부분의 길이의 합)=9×11=99 (cm)
→ (이어 붙인 철사의 전체 길이)=1740−99
=1641 (cm)

080쪽 2STEP 유형 다잡기

06 3, 1, 8 / 풀이 3, 3, 3, 1881, 1, 8
16 4, 6, 0   **17** 4, 6, 2, 8
07 72 / 풀이 14000, 14200, <, 14400, >, 72
18 59   **19** 2개
08 80166
/ 풀이 79846, 80166, 80152, 79872, 80166

---

20 2, 4, 5, 1, 3 / 3185
21 47523
09 3개 / 풀이 3, 7, 0, 3
22 14개
23 1단계 예 (과자를 산 돈)=720×15=10800(원)
이므로 과자를 사고 남은 돈은
15000−10800=4200(원)입니다. ▶2점
2단계 400×□<4200에서 400×10=4000,
400×11=4400이므로 □ 안에 들어갈 수 있
는 가장 큰 수는 10입니다.
따라서 사탕을 10개까지 살 수 있습니다. ▶3점
답 10개

16
```
    2 ㉠ 6
  ×   6 0
  ─────────
  1 4 7 ㉡ ㉢
```
· 2㉠6×60 → ㉢=0
· 6×6=36 → ㉡=6
· 2㉠6×6=1476 → ㉠=4

17 · ㉠×9에서 곱의 일의 자리 숫자가 6이므로
4×9=36에서 ㉠=4입니다.
· 514×9=46㉢6에서 514×9=4626이므로
㉢=2입니다.
· 514×㉡=30㉣4에서 514×6=3084이므로
㉡=6, ㉣=8입니다.

18 300×60=18000이므로 □ 안에 60보다 작은 수
를 넣어 확인할 수 있습니다.
300×59=17700<17800
→ □ 안에 들어갈 수 있는 자연수 중에서 가장 큰
수는 59입니다.

19 489×60=29340<30000(○)
489×61=29829<30000(○)
489×62=30318>30000(×)
따라서 □ 안에 들어갈 수 있는 수는 0, 1로 모두 2개
입니다.

20 곱이 가장 작은 곱셈식을 만들려면 ㉠㉡㉢×㉣㉤에
서 ㉠, ㉣에 작은 수를 놓아야 합니다.
135×24=3240, 235×14=3290,
145×23=3335, 245×13=3185
따라서 곱이 가장 작은 곱셈식은 245×13=3185
입니다.

21 곱이 가장 큰 곱셈식을 만들려면 ㉠㉡㉢×㉣㉤에서
㉠, ㉣에 큰 수를 놓아야 합니다.
$751 \times 63 = 47313$, $651 \times 73 = 47523$,
$731 \times 65 = 47515$, $631 \times 75 = 47325$
따라서 곱이 가장 클 때의 곱은 47523입니다.

22 $100 \times 86 = 8600$(원)입니다.
$600 \times \square < 8600$에서 $600 \times 14 = 8400$,
$600 \times 15 = 9000$이므로 $\square$ 안에 들어갈 수 있는 가장 큰 수는 14입니다.
따라서 600원짜리 자를 14개까지 살 수 있습니다.

082쪽 **2STEP 유형 다잡기**

10 예빈, 2250 cm / (풀이) $+$, 165, $\times$, 2250, 예빈
24 22, 2860개
25 (문제) (예) 한 권에 990원인 공책을 37권 사려고 합니다. 공책을 사는 데 모두 얼마가 필요할까요?
(답) 36630원
11 (예) 6000
/ (풀이) 300, 20, 300, 20, 6000, 6000
26 12000에 ○표
27 (어림셈) (예) 약 27000 / (실제 계산)

$$\begin{array}{r} 8\,8\,2 \\ \times\ \ \ 3\,0 \\ \hline 2\,6\,4\,6\,0 \end{array}$$

28 (예)

/ 400, 20000

29 (예) 200, 40, 200, 40, 8000, 8000
30 (예) 802는 800보다 크고, 21은 20보다 크므로 곱은 $800 \times 20 = 16000$보다 클 것입니다.
12 $>$ / (풀이) 30552, 30552, $>$
31 $<$ **32** 2, 3, 1
33 (1단계) (예) ㉠ 501은 약 500, 41은 약 40으로 어림하면 $500 \times 40 = 20000$이므로 약 20000입니다.
㉡ 304는 약 300, 72는 약 70으로 어림하면 $300 \times 70 = 21000$이므로 약 21000입니다.
▶4점

(2단계) $20000 < 21000$이므로 어림셈으로 구한 값이 더 큰 것은 ㉡입니다. ▶1점
(답) ㉡

24 (전체 귤 수)
=(한 상자에 들어 있는 귤 수)×(상자 수)
$= 130 \times 22 = 2860$(개)

25 (공책을 사는 데 필요한 돈)
=(공책 한 권의 값)×(공책 수)
$= 990 \times 37 = 36630$(원)
(채점 가이드) (세 자리 수)×(두 자리 수)인 곱셈식과 관련된 문제를 상황에 맞게 바르게 만들고, 구한 답이 맞는지 확인합니다.

26 596은 약 600으로, 22는 약 20으로 어림할 수 있습니다. 596×22를 어림셈으로 구하면 $600 \times 20 = 12000$이므로 약 12000입니다.

27 882를 약 900으로 어림하여 곱을 구하면 약 $900 \times 30 = 27000$입니다. → $882 \times 30 = 26460$

28 404를 어림하면 약 400입니다.
404×50을 어림셈으로 구하면 $400 \times 50 = 20000$이므로 약 20000입니다.

29 203을 몇백으로 어림하면 약 200, 38을 몇십으로 어림하면 약 40입니다. → $200 \times 40 = 8000$

30 (참고) $802 \times 21 = 16842$

31 $437 \times 22 = 9614$, $141 \times 91 = 12831$
→ $9614 < 12831$

32 $552 \times 64 = 35328$, $681 \times 53 = 36093$,
$717 \times 48 = 34416$
→ $34416 < 35328 < 36093$이므로 2, 3, 1을 써넣습니다.

084쪽 **1STEP 개념 확인하기**

01 4
02 30, 45, 60, 75 / 3, 45, 7
03 2, 60, 10 / 2, 10   **04** 3, 78, 0 / 3, 0
05 6, 84, 11 / 6, 11

01 수 모형 80을 20씩 묶으면 4묶음이 됩니다.

02 15×3＝45가 52보다 크지 않으면서 52에 가장 가까운 수이므로 52÷15의 몫은 3입니다.

03 70÷30＝2…10

04 78÷26＝3

05 95÷14＝6…11

085쪽 **1STEP 개념 확인하기**

01 2	**02** 250, 300, 350 / 6
03 7, 630, 9	**04** 7, 175, 0 / 7, 0
05 9, 378, 8 / 9, 8	**06** 8, 264, 25 / 8, 25

01 수 모형 120을 60씩 묶으면 2묶음이 됩니다.

02 50×6＝300 ➡ 300÷50＝6

03 90×7＝630이 639보다 크지 않으면서 639에 가장 가까운 수이므로 639÷90의 몫은 7입니다.

04 175÷25＝7

05 386÷42＝9…8

06 289÷33＝8…25

086쪽 **1STEP 개념 확인하기**

01 230, 460, 690, 920 / 30, 40
02 170, 340, 510, 680 / 20, 30
03 15, 230, 230, 0 / 15, 0
04 26, 206, 192, 14 / 26, 14

01 705는 690과 920 사이에 있으므로 705÷23의 몫은 30보다 크고 40보다 작을 것입니다.

02 480은 340과 510 사이에 있으므로 480÷17의 몫은 20보다 크고 30보다 작을 것입니다.

03 690÷46＝15

04 846÷32＝26…14

087쪽 **1STEP 개념 확인하기**

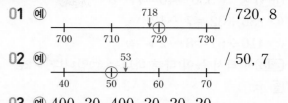

01 예 /720, 8
02 예 / 50, 7

03 예 400, 20, 400, 20, 20, 20

04 예 700, 70, 700, 70, 10, 10

01 718은 720에 가까우므로 718은 약 720입니다.
718÷90을 어림하여 계산하면 720÷90＝8이므로 약 8입니다.

02 53은 50에 가까우므로 53은 약 50입니다.
350÷53을 어림하여 계산하면 350÷50＝7이므로 약 7입니다.

03 403은 400에 가까우므로 약 400으로, 18은 20에 가까우므로 약 20으로 어림할 수 있습니다.
따라서 400÷20＝20이므로 약 20으로 어림할 수 있습니다.

04 699는 700에 가까우므로 약 700으로, 71은 70에 가까우므로 약 70으로 어림할 수 있습니다.
따라서 700÷70＝10이므로 약 10으로 어림할 수 있습니다.

088쪽 **2STEP 유형 다잡기**

13 5 / 풀이 5, 7, 5

01 (1) 4　(2) 2…12

02 3, 72, 11 / 3, 72, 72, 11

03 ㉡

04 (1)·
　　(2)·
　　(3)·
(교차 연결)

14 8, 16 / 풀이 8, 16, 8, 16

05

```
          7   / 7, 420, 52
   60 ) 4 7 2
        4 2 0
        ─────
          5 2
```

06 7, 1

07 (1단계) 예 ㉠ $330 \div 46 = 7 \cdots 8$

㉡ $236 \div 32 = 7 \cdots 12$

㉢ $410 \div 51 = 8 \cdots 2$ ▶3점

(2단계) 따라서 몫이 다른 하나는 ㉢입니다. ▶2점

답 ㉢

15 24, 17 / 풀이 24, 17, 24, 17

08 74

09 ㉡, ㉢, ㉠

10 37

11

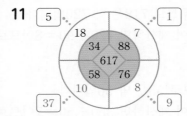

```
           5         1
        18    7
      34    88
        617
      58    76
        10    8
           37        9
```

01 (1)
$$18\overline{)72}$$
$$\underline{72}$$
$$0$$

(2)
$$21\overline{)54}$$
$$\underline{42}$$
$$12$$

02 (나누는 수)×(몫)=■,
■+(나머지)=(나누어지는 수)

03 ㉠ $95 \div 12 = 7 \cdots 11$

㉡ $89 \div 13 = 6 \cdots 11$

04 (1) $70 \div 16 = 4 \cdots 6$

(2) $62 \div 27 = 2 \cdots 8$

(3) $64 \div 19 = 3 \cdots 7$

05 $60 \times 7 = 420$, $420 + 52 = 472$

06 $638 > 91$ →
$$91\overline{)638}$$
$$\underline{637}$$
$$1$$

7

08 $814 \div 11 = 74$

09
$$41\overline{)757}$$
```
        18
41) 7 5 7
   4 1 0  ← 41×10
   3 4 7  ← 757-410
   3 2 8  ← 41×8
     1 9
```

10 $773 \div 64 = 12 \cdots 5$

$629 \div 17 = 37$

11
```
        7              10             8
88) 6 1 7      58) 6 1 7      76) 6 1 7
   6 1 6          5 8            6 0 8
       1            3 7              9
```

12 (이유) 예 나머지는 나누는 수보다 작아야 하는데 크므로 잘못 되었습니다. ▶3점

(바르게 계산)
```
        2 5
38) 9 5 1
   7 6
   1 9 1
   1 9 0
       1    ▶2점
```

16 18, 15에 ×표 / 풀이 '작아야'에 ○표, 18, 15

13 ④

14 56

15 78

17 7명 / 풀이 80, 7

16 4회

17 264, 11

18 203, 15, 13, 8 / 13상자

19 5개, 6 cm

18 46개 / 풀이 45, 11, 45, 46

20 (1단계) 예 $700 \div 40 = 17 \cdots 20$ ▶3점

(2단계) 메추리알을 17번 삶으면 20개가 남으므로 메추리알을 모두 삶으려면 적어도 18번 삶아야 합니다. ▶2점

답 18번

21 9번

13 나머지는 항상 나누는 수보다 작아야 합니다.

14 나머지는 항상 나누는 수보다 작아야 하므로 어떤 수를 57로 나눌 때 나머지가 될 수 있는 수는 57보다 작은 수입니다.

→ 나머지가 될 수 있는 수 중 가장 큰 수: 56

15 나머지는 항상 나누는 수보다 작아야 하므로 □를 13으로 나눌 때 나올 수 있는 나머지는 0, 1, 2, 3, 4, 5, 6, 7, 8, 9, 10, 11, 12입니다.

→ (나올 수 있는 나머지의 합)
$$=0+1+2+3+4+5+6+7+8+9+10$$
$$+11+12$$
$$=78$$

16 (체험 횟수)
= (전체 사람 수) ÷ (한 회에 참여하는 사람 수)
$= 68 ÷ 17 = 4$(회)

17 (걸리는 날수) = (전체 쪽수) ÷ (하루에 읽는 쪽수)
$= 264 ÷ 24 = 11$(일)

18 $203 ÷ 15 = 13 ⋯ 8$
한 상자를 가득 채워야 포장하여 판매할 수 있으므로
묶인 13상자까지 판매할 수 있습니다.

19 $86 ÷ 16 = 5 ⋯ 6$
$\qquad\qquad\quad\uparrow\quad\uparrow$
$\qquad\qquad\quad\;\;$└ 남는 색 테이프의 길이
$\qquad\qquad\quad$└ 만들 수 있는 장식 수

21 (전체 학생 수) $= 182 + 174 = 356$(명)
$356 ÷ 43 = 8 ⋯ 12$
남는 12명도 케이블카를 타야 하므로 케이블카는 적
어도 $8 + 1 = 9$(번) 운행해야 합니다.

092쪽 **2STEP 유형 다잡기**

19 4, 2 / 풀이 54, 54, 4, 2
22 864, 12, 72
23 1단계 예 $3 < 4 < 6 < 7 < 9$이므로 가장 작은 세
자리 수는 346이고, 가장 큰 두 자리 수는 97
입니다. ▶2점
2단계 $346 ÷ 97 = 3 ⋯ 55$이므로 몫은 3, 나머
지는 55입니다. ▶3점
답 3, 55
20 27 / 풀이 34, 34, 27
24 984 **25** 419
26 2, 3, 4
21 86개 / 풀이 6, 2, 6, 84, 84, 2, 86, 86
27 206명

---

28 1단계 예 전체 사탕 수를 ☐개라 하면
☐ $÷ 18 = 7 ⋯ 9$입니다.
$18 × 7 = 126$, $126 + 9 = 135$에서 ☐ $= 135$
이므로 사탕은 모두 135개입니다. ▶3점
2단계 이 사탕을 다시 한 봉지에 15개씩 나누어
담으면 $135 ÷ 15 = 9$(봉지)가 됩니다. ▶2점
답 9봉지
22 453 / 풀이 453, 453
29 548 **30** 722

22 $8 > 6 > 4 > 2 > 1$이므로 만들 수 있는 가장 큰 세 자
리 수는 864이고, 가장 작은 두 자리 수는 12입니다.
→ $864 ÷ 12 = 72$

24 어떤 수를 ☐라 하면 ☐ $÷ 45 = 21 ⋯ 39$입니다.
$45 × 21 = 945$, $945 + 39 = 984$이므로
☐ $= 984$입니다.

25 나누는 수가 14이므로 나머지가 될 수 있는 수 중 가
장 큰 수는 13입니다. ☐ $÷ 14 = 29 ⋯ 13$에서
$14 × 29 = 406$, $406 + 13 = 419$이므로
☐ $= 419$입니다.

26 나머지가 있는 나눗셈식이므로 ▲는 1부터 29까지
될 수 있습니다.
$4☐4 ÷ 30 = 14 ⋯ ▲$에서 $30 × 14 = 420$,
$420 + ▲ = 4☐4$입니다.
▲ $= 4$일 때 ☐ $= 2$, ▲ $= 14$일 때 ☐ $= 3$,
▲ $= 24$일 때 ☐ $= 4$이므로 ☐ 안에 들어갈 수 있
는 수는 2, 3, 4입니다.

27 체험 학습에 가는 학생 수를 ☐명이라 하면
☐ $÷ 28 = 7 ⋯ 10$입니다.
$28 × 7 = 196$, $196 + 10 = 206$에서 ☐ $= 206$이므
로 체험 학습에 가는 학생은 모두 206명입니다.

29 518보다 큰 수 중에서 37로 나누었을 때 나머지가
30이 되는 가장 작은 수는 518보다 30만큼 더 큰 수
입니다. → $518 + 30 = 548$

30 나눗셈식에서 몫은 변하지 않고 나머지가 15에서 0
으로 15만큼 더 작아졌으므로 나누어지는 수도 15
만큼 더 작아집니다.
→ ♣ $= 737 - 15 = 722$

094쪽 2STEP 유형 다잡기

23 900 / 풀이 25, 25, 6, 6, 900

31 7500　　　　　**32** 3, 4

33 1단계 예 어떤 수를 ▢라 하면
▢÷63=7···41이므로 63×7=441,
441+41=482에서 ▢=482입니다. ▶2점
2단계 바르게 계산하면 482÷36=13···14이
므로 몫은 13이고, 나머지는 14입니다. ▶3점
답 13, 14

24 6, 7 / 풀이 6, 7

34
$$\begin{array}{r} 3 \\ 25\overline{)81} \\ 75 \\ \hline 6 \end{array}$$

35 (위에서부터) 3, 2

36 2

37
$$\begin{array}{r} 23 \\ 39\overline{)912} \\ 78 \\ \hline 132 \\ 117 \\ \hline 15 \end{array}$$

25 8 / 풀이 60, 7, 7, 8

38 3　　　　　**39** 6개

31 어떤 수를 ▢라 하면 ▢÷15=33···5이므로
15×33=495, 495+5=500에서 ▢=500입니
다. 따라서 바르게 계산하면 500×15=7500입니다.

32 어떤 수를 ▢라 하면 ▢×14=644입니다.
→ ▢=644÷14, ▢=46
따라서 바르게 계산하면 46÷14=3···4입니다.

34
$$\begin{array}{r} 3 \\ ㉠5\overline{)8\,㉡} \\ ㉢\,5 \\ \hline 6 \end{array}$$
• 10+㉡-5=6이므로 ㉡=1입니다.
• 81-㉢5=6이므로 ㉢=7입니다.
• ㉠5×3=75이므로 ㉠=2입니다.

35
$$\begin{array}{r} ㉠3 \\ 19\overline{)6\,㉡7} \end{array}$$
• 19×10=190, 19×20=380,
19×30=570, 19×40=760이
므로 ㉠=3입니다.
• 나눗셈식은 나누어떨어지므로 19×33=6㉡7에
서 19×33=627, ㉡=2입니다.
참고 몫의 십의 자리 수를 예상해 보고 확인합니다.

36
$$\begin{array}{r} ㉠ \\ 24\overline{)19★} \\ 19㉡ \\ \hline ㉢ \end{array}$$
• 24×5=120, 24×6=144,
24×7=168, 24×8=192이므
로 ㉠=8, ㉡=2입니다.
• 19★-192=㉢에서
19★=192+㉢입니다.
→ ★=2+㉢
• ★에 들어갈 수 있는 수 중에서 가장 작은 수는
㉢=0일 때이므로 ★=2+0=2입니다.

37
$$\begin{array}{r} 2\,㉠ \\ 3㉡\overline{)91㉢} \\ 7㉣ \\ \hline 13㉤ \\ 1㉥7 \\ \hline 15 \end{array}$$
• 91-7㉣=13 → ㉣=8
• 3㉡×2=78 → ㉡=9
• 13㉤-1㉥7=15 →
㉤=2, ㉥=1
• ㉢=㉤=2
• 39×㉠=117 → ㉠=3

38 24×▢=96이라 하면 ▢=96÷24, ▢=4입니
다. 24×▢<96에서 ▢ 안에 들어갈 수 있는 자연
수는 4보다 작아야 하므로 그중에서 가장 큰 수는 3입
니다.

39 768÷16=48이므로 16×▢>48입니다.
16×▢=48이라 하면 ▢=48÷16, ▢=3입니
다. 16×▢>48에서 ▢ 안에 들어갈 수 있는 자연
수는 3보다 커야 하므로 4, 5, 6, 7, 8, 9로 모두 6개
입니다.

096쪽 2STEP 유형 다잡기

26 975, 13, 75 / 풀이 작은, 975, 13, 75

40 43, 14

41 1단계 예 9>7>3>2>1이므로 가장 큰 두
자리 수는 97, 가장 작은 두 자리 수는 12입니
다. → 97÷12 ▶3점
2단계 97÷12=8···1이므로 8+1=9입니
다. ▶2점
답 9

27 6개 / 풀이 5, 9, 5, 9, 9, 6

42 9개　　　　　**43** 1개

28 17그루 / 풀이 16, 16, 17

44 44개　　　　　**45** 19 m

29 ㉠, 13개 / 풀이 13, 400, ㉠에 ○표, 13

46 준영

47 문제 예 연필 900자루를 한 연필꽂이에 25자루씩 담으려고 합니다. 연필꽂이는 몇 개 필요할까요?

답 36개

---

40 몫이 가장 크려면 (가장 큰 세 자리 수)÷(가장 작은 두 자리 수)를 만들어야 합니다.
8>7>4>2>0이므로 가장 큰 세 자리 수는 874, 가장 작은 두 자리 수는 20입니다.
➡ $874 \div 20 = 43 \cdots 14$

42 $139 \div 37 = 3 \cdots 28$이므로 3개씩 나누어 주면 28개가 남습니다.
따라서 바나나를 남김없이 똑같이 나누어 주려면 바나나는 적어도 $37 - 28 = 9$(개) 더 필요합니다.

43 $524 \div 35 = 14 \cdots 34$이므로 35개씩 14봉지가 되고 사탕 34개가 남습니다. 한 봉지를 채우려면 사탕은 적어도 $35 - 34 = 1$(개) 더 있어야 합니다.

44 길 한쪽에 꽂는 깃발 사이의 간격의 수는 $336 \div 16 = 21$(군데)입니다. 길 한쪽에 꽂는 데 필요한 깃발은 $21 + 1 = 22$(개)이므로 길 양쪽에 꽂는 데 필요한 깃발은 $22 \times 2 = 44$(개)입니다.

45 도로 양쪽에 48개를 설치했으므로 도로 한쪽에는 $48 \div 2 = 24$(개)의 가로등을 설치했습니다.
도로 한쪽에 설치하는 가로등 사이의 간격의 수는 $24 - 1 = 23$(군데)입니다.
➡ (가로등 사이의 간격)$= 437 \div 23 = 19$ (m)

46 • 준영: $720 \div 30 = 24$ (g)
• 태희: $720 - 30 = 690$ (g)

47 채점 가이드 주어진 수와 낱말로 큰 수를 작은 수로 나누는 나눗셈 문제를 바르게 만들고 문제의 답을 구했는지 확인합니다.

098쪽 **2STEP 유형 다잡기**

30 12에 ○표 / 풀이 360, 12, 12

48 500, 10, '작을'에 ○표

---

49 예
$$30 \overline{)600} \quad 30 \overline{)595}$$
(몫 20, 19)
```
       20              19
   30)600          30)595
      60              30
       0             295
                     270
                      25
```

50 (△) (○) (△)

51 예 300, 20, 300, 20, 15, 15

52 예 400, 40, '충분합니다'에 ○표

31 > / 풀이 6, 2, 5, 12, 6, >, 5

53 $430 \div 80$에 색칠

54 1단계 예 규민: $265 \div 15 = 17 \cdots 10$
연서: $530 \div 14 = 37 \cdots 12$ ▶3점
2단계 나머지의 크기를 비교하면 $10 < 12$이므로 나머지가 더 작은 나눗셈식을 만든 사람은 규민입니다. ▶2점
답 규민

55 2, 3, 1   **56** ㉢, ㉡, ㉠

57 유비무환

---

48 497은 500보다 작으므로 $497 \div 50$의 몫은 어림셈으로 구한 몫보다 작을 것입니다.

49 595는 약 600이므로 어림셈으로 구하면 $600 \div 30 = 20$입니다. 어림셈으로 구한 몫을 이용하면 실제 몫은 20보다 작게 예상하여 구할 수 있습니다.

50 • $\underline{514} \div \underline{30}$에서 $51 > 30$입니다. ➡ 몫이 두 자리 수
• $\underline{310} \div \underline{40}$에서 $31 < 40$입니다. ➡ 몫이 한 자리 수
• $\underline{496} \div \underline{21}$에서 $49 > 21$입니다. ➡ 몫이 두 자리 수

참고 $514 \div 30 → 500 \div 30 = 16 \cdots 20$
$310 \div 40 → 300 \div 40 = 7 \cdots 20$
$496 \div 21 → 500 \div 20 = 25$

51 302는 약 300, 21은 약 20이므로 $300 \div 20 = 15$에서 봉지는 약 15개 필요합니다.

52 394는 약 400이므로 $400 \div 10 = 40$에서 우표를 정리하는 데 약 40쪽이 필요합니다.
따라서 42쪽인 수첩은 우표를 모두 정리하는 데 충분합니다.

53 $240 \div 40 = 6$, $220 \div 30 = 7 \cdots 10$,
$430 \div 80 = 5 \cdots 30$
→ $5 < 6 < 7$

55 $86 \div 21 = 4 \cdots 2$, $98 \div 32 = 3 \cdots 2$,
$88 \div 17 = 5 \cdots 3$
→ $5 > 4 > 3$이므로 ◯ 안에 차례로 2, 3, 1을 써넣습니다.

56 ㉠ $507 \div 19 \rightarrow 500 \div 20 = 25$
㉡ $629 \div 31 \rightarrow 630 \div 30 = 21$
㉢ $708 \div 52 \rightarrow 700 \div 50 = 14$
→ $14 < 21 < 25$이므로 몫이 작은 것부터 차례로 기호를 쓰면 ㉢, ㉡, ㉠입니다.

57 비: $257 \div 58 = 4 \cdots 25$
무: $605 \div 23 = 26 \cdots 7$
환: $582 \div 64 = 9 \cdots 6$
유: $713 \div 42 = 16 \cdots 41$
→ $41 > 25 > 7 > 6$이므로 나머지가 큰 것부터 차례로 글자를 쓰면 '유비무환'입니다.

100쪽 3STEP 응용 해결하기

1 15250번   **2** 408쪽

3

❶ 제기 값의 합 구하기 ▶ 4점
❷ 거스름돈 구하기 ▶ 1점

⟨예⟩ ❶ (제기의 수) = $15 \times 4 = 60$(개)
950원인 제기는 30개이고, 800원인 제기는 30개입니다.
(950원에 산 제기의 값) = 950×30
$= 28500$(원),
(800원에 산 제기의 값) = 800×30
$= 24000$(원)
→ (제기 값의 합) = $28500 + 24000$
$= 52500$(원)
❷ (거스름돈) = $60000 - 52500 = 7500$(원)
⟨답⟩ 7500원

4 8시간 45분   **5** 456

6

❶ 터널을 완전히 빠져나가는 데 움직이는 거리 구하기 ▶ 2점
❷ 터널에 들어가서 완전히 빠져나가는 데 걸리는 시간 구하기 ▶ 3점

⟨예⟩ ❶ (터널을 완전히 빠져나가는 데 움직이는 거리) = (터널의 길이) + (열차의 길이)
$= 485 + 235 = 720$ (m)
❷ (터널에 들어가서 완전히 빠져나가는 데 걸리는 시간)
= (터널을 완전히 빠져나가는 데 움직이는 거리) ÷ (1초에 가는 거리)
$= 720 \div 48 = 15$(초)
⟨답⟩ 15초

7 (1) 4명 (2) 15명 (3) 19명

8 (1) 39 (2) 239, 279 (3) 239

1 4월은 30일, 5월은 31일까지 있으므로 모두
$30 + 31 = 61$(일)입니다.
→ (4월과 5월에 한 줄넘기 횟수)
$= 250 \times 61 = 15250$(번)

2 (준영이가 위인전을 모두 읽는 데 걸린 날수)
$= 306 \div 18 = 17$(일)
(은진이가 읽은 역사책의 쪽수)
$= 24 \times 17 = 408$(쪽)

4 일주일은 7일입니다.
(일주일 동안 농구를 한 시간) = $75 \times 7 = 525$(분)
60분 = 1시간이므로 $525 \div 60 = 8 \cdots 45$에서 525분은 8시간 45분입니다.

5 • $516 \div 27 = 19 \cdots 3 \rightarrow 516 \blacklozenge 27 = 19$
• $640 \div 77 = 8 \cdots 24 \rightarrow 640 \bullet 77 = 24$
→ $19 \times 24 = 456$

7 (1) 첫 번째 경기에서 12명씩 짝을 지었으므로
$292 \div 12 = 24 \cdots 4$
→ 통과한 학생 수: $12 \times 24 = 288$(명),
탈락한 학생 수: 4명
(2) 두 번째 경기에서 21명씩 짝을 지었으므로
$288 \div 21 = 13 \cdots 15$
→ 통과한 학생 수: $21 \times 13 = 273$(명),
탈락한 학생 수: 15명

(3) 두 경기에서 탈락한 학생은 모두 $4+15=19$(명) 입니다.

8 (1) (나머지)<(나누는 수)이므로 40으로 나누었을 때 나올 수 있는 가장 큰 나머지는 39입니다.

(2) 40으로 나누어떨어지는 수에 나머지 39를 더한 값이 200보다 크고 300보다 작은 경우를 찾습니다.
$40\times5=200$, $200+39=239(\bigcirc)$
$40\times6=240$, $240+39=279(\bigcirc)$
$40\times7=280$, $280+39=319(\times)$
➔ 239, 279

(3) 각 자리의 숫자의 합은 239: $2+3+9=14$, 279: $2+7+9=18$입니다.
따라서 조건을 모두 만족하는 수는 239입니다.

103쪽 3단원 마무리

01 3175, 31750

02
$$16\overline{)79}$$
$$\underline{6\,4}$$
$$1\,5$$
몫 4

03 (1) 22200　(2) 25248

04 8000에 ○표

05 5, 4

06
$$34\overline{)952}$$
몫 28
$$\underline{6\,8}$$
$$2\,7\,2$$
$$\underline{2\,7\,2}$$
$$0$$

07 20 / 800, 20

08 <

09 (1)·　(2)·　(3)· (선 연결)

10 $176\div99$, $659\div70$, $486\div51$에 ○표

11 61

12 예 20명

13 $83\div15=5\cdots8$ / 5상자

14
❶ 가장 큰 세 자리 수와 가장 작은 두 자리 수 구하기 ▶ 3점
❷ 두 수의 곱 구하기 ▶ 2점

예 ❶ $8>7>5>4>2$이므로
가장 큰 세 자리 수: 875, 가장 작은 두 자리 수: 24입니다.
❷ 두 수의 곱은 $875\times24=21000$입니다.
답 21000

15 사탕

16 519

17
❶ 하루 동안 종이 울리는 횟수 구하기 ▶ 2점
❷ 120일 동안 종이 울리는 횟수 구하기 ▶ 3점

예 ❶ 하루는 24시간이므로 하루 동안 시계의 종은 24번 울립니다.
❷ (120일 동안 종이 울리는 횟수)
$=120\times24=2880$(번)
답 2880번

18 (위에서부터) 1, 7, 5

19 7, 23

20
❶ 광고판 사이의 간격 수 구하기 ▶ 3점
❷ 필요한 광고판 수 구하기 ▶ 2점

예 ❶ (간격 수)
$=$(전체 길의 길이)÷(광고판 사이의 간격)
$=616\div11=56$(군데)
❷ (필요한 광고판 수)$=$(간격 수)$+1$
$=56+1=57$(개)
답 57개

01 $635\times5=3175$
$\downarrow$10배　　$\downarrow$10배
$635\times50=31750$

02 $16\times4=64$가 79보다 크지 않으면서 79에 가장 가까운 수이므로 $79\div16$의 몫은 4입니다.

03 (1) $740\times3=2220$ ➔ $740\times30=22200$
(2)
$$\begin{array}{r}526\\\times48\\\hline4208\\2104\\\hline25248\end{array}$$

04 406을 400으로 어림하여 계산하면 $400\times20=8000$입니다.

05 $300\div60=5$, $320\div80=4$

06 나머지 34가 나누는 수와 같으므로 몫을 1만큼 더 크게 해야 합니다.

07 795보다 큰 800으로 어림하여 어림셈으로 구한 값이 20이므로 $795\div40$의 몫은 20보다 작습니다.

08 $800 \times 20 = 16000$, $392 \times 41 = 16072$
→ $16000 < 16072$

09 (1) $110 \div 18 = 6 \cdots 2$, $216 \div 36 = 6$
(2) $177 \div 24 = 7 \cdots 9$, $134 \div 19 = 7 \cdots 1$
(3) $362 \div 45 = 8 \cdots 2$, $221 \div 26 = 8 \cdots 13$

10 ■▲●÷♥★에서 ■▲<♥★이면 몫이 한 자리 수입니다.

11 나머지는 항상 나누는 수보다 작아야 하므로 어떤 수를 62로 나눌 때 나머지가 될 수 있는 수는 62보다 작은 수입니다.
→ 나머지가 될 수 있는 수 중 가장 큰 수: 61

12 596명은 약 600명으로 어림할 수 있습니다.
$600 \div 30 = 20$이므로 한 줄에 약 20명씩 서면 됩니다.

13 (수확한 양)÷(한 상자에 담을 양)
=(팔 수 있는 상자 수)⋯(남는 양)
→ $83 \div 15 = 5 \cdots 8$
      ↑
  팔 수 있는 상자 수

15 (만든 초콜릿 수)$=30 \times 300$
$= 300 \times 30 = 9000$(개)
(만든 사탕 수)$= 265 \times 35 = 9275$(개)
따라서 $9000 < 9275$이므로 더 많이 만든 것은 사탕입니다.

16 ♥$\div 52 = 9 \cdots 51$에서 $52 \times 9 = 468$,
$468 + 51 = 519$이므로 ♥$= 519$입니다.

18
```
      5 ㉠ 3
  ×     3 ㉡
    3 5 9 1
  1 ㉢ 3 9
  1 8 9 8 1
```
• $3 \times$㉡에서 곱의 일의 자리 숫자가 1이므로 $3 \times 7 = 21$에서 ㉡$= 7$
• 5㉠$3 \times 7 = 3591$에서
$513 \times 7 = 3591$이므로 ㉠$= 1$
• $513 \times 3 = 1$㉢39에서
$513 \times 3 = 1539$이므로 ㉢$= 5$

19 어떤 수를 □라 하면 □$\div 34 = 9 \cdots 18$이므로
$34 \times 9 = 306$, $306 + 18 = 324$에서 □$= 324$입니다. 따라서 바르게 계산하면 $324 \div 43 = 7 \cdots 23$이므로 몫은 7이고, 나머지는 23입니다.

4 평면도형의 이동

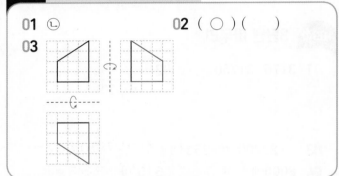

01 ㉠
02 ( )(○)
03
04

03 도형을 오른쪽으로 밀어도 모양은 변하지 않습니다.

04 • 도형을 왼쪽으로 밀어도 모양은 변하지 않습니다.
• 도형을 아래쪽으로 밀어도 모양은 변하지 않습니다.

01 ㉡
02 (○)( )
03

01 조각을 위쪽으로 뒤집으면 조각의 위쪽과 아래쪽이 서로 바뀝니다.

02 도형을 왼쪽으로 뒤집으면 도형의 왼쪽과 오른쪽이 서로 바뀝니다.

03 • 도형을 아래쪽으로 뒤집으면 도형의 위쪽과 아래쪽이 서로 바뀝니다.
• 도형을 오른쪽으로 뒤집으면 도형의 왼쪽과 오른쪽이 서로 바뀝니다.

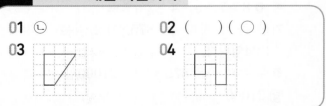

01 ㉡
02 ( )(○)
03
04

01 조각을 시계 방향으로 90°만큼 돌리면 조각의 위쪽 부분이 오른쪽으로 이동합니다.

02 도형을 시계 반대 방향으로 90°만큼 돌리면 도형의 위쪽 부분이 왼쪽으로 이동합니다.

03 도형을 시계 방향으로 180°만큼 돌리면 도형의 위쪽 부분이 아래쪽으로 이동합니다.

04 도형을 시계 반대 방향으로 90°만큼 돌리면 도형의 위쪽 부분이 왼쪽으로 이동합니다.

111쪽 1STEP 개념 확인하기

01 2   **02** 3

03 2, 1   **04** 왼, 6

05 위, 3

04 점을 왼쪽으로 6칸 이동하면 ㉠에 옵니다.

05 점을 위쪽으로 3칸 이동하면 ㉡에 옵니다.

112쪽 2STEP 유형 다잡기

01 (○) (　　) / 풀이 '변하지 않습니다'에 ○표

01 (1) '변하지 않습니다'에 ○표
　　(2) '바뀝니다'에 ○표

02   **03** 진규

04

05 설명 예 나 도형은 가 도형을 오른쪽으로 밀어서 이동한 도형입니다. ▶5점

02 '오른쪽'에 ○표 / 풀이 '오른쪽'에 ○표

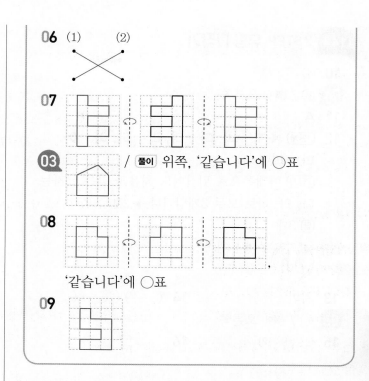

06 (1)　　(2)

07

03 / 풀이 위쪽, '같습니다'에 ○표

08

'같습니다'에 ○표

09

01 조각을 어느 방향으로 밀어도 모양은 변하지 않고, 위치만 바뀝니다.

02 도형을 오른쪽으로 밀어도 모양은 변하지 않습니다.

03 도형을 위쪽으로 밀어도 모양은 변하지 않습니다.

04 도형을 어느 방향으로 밀어도 모양은 변하지 않고, 위치만 바뀝니다.

06 (1) 왼쪽: 도형의 왼쪽과 오른쪽이 서로 바뀐 도형을 찾습니다.
　　(2) 아래쪽: 도형의 위쪽과 아래쪽이 서로 바뀐 도형을 찾습니다.

07 도형을 왼쪽 또는 오른쪽으로 뒤집으면 도형의 왼쪽과 오른쪽이 서로 바뀝니다.

08 도형을 같은 방향으로 2번 뒤집었을 때의 도형은 처음 도형과 같습니다.

09

처음 도형

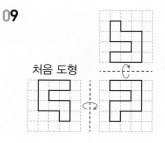

114쪽 2STEP 유형 다잡기

10 ㉡

04 ㉢ / 풀이 오른쪽, ㉢

11 A

12 1단계 예 가→나, 다→다, 라→5다, 아→아, 파→파 ▶ 3점
2단계 아래쪽으로 뒤집어도 처음과 같은 글자는 다, 아, 파로 모두 3개입니다. ▶ 2점
답 3개

05 / 풀이 왼쪽

13 지민   **14** ( )(○)( )

06 ㉡ / 풀이 오른쪽

15 (1) ㉰ (2) ㉮   **16**

17 방법 예 시계 방향으로 180°만큼 돌리기
예

18 (1)
(2)
(3)

---

10 도형을 같은 방향으로 2번, 4번, 6번, … 뒤집었을 때의 도형은 처음 도형과 같으므로 ㉠, ㉢은 처음 도형과 같고, ㉡은 오른쪽으로 1번 뒤집었을 때의 도형과 같습니다.

11 N И Ꞁ A Ɐ C Ɔ S Ƨ

13 도장에 모양을 새겨 찍으면 왼쪽이나 오른쪽으로 뒤집었을 때의 모양이 생깁니다.
따라서 도장을 찍은 사람은 지민입니다.

14 도장에 새긴 모양은 찍히는 모양을 왼쪽이나 오른쪽으로 뒤집었을 때의 모양입니다. 따라서 나라 를 왼쪽이나 오른쪽으로 뒤집은 모양을 찾습니다.

15 (1) 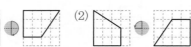 (2)

16 도형을 시계 방향으로 180°만큼 돌리면 도형의 위쪽 부분이 아래쪽으로 이동합니다.

17 채점 가이드 도형을 돌리기 하는 방법을 쓰고, 방법에 맞게 도형을 바르게 그렸는지 확인합니다. 360°만큼 돌리면 방향과 관계없이 같은 도형이 된다는 것을 추가로 지도할 수 있습니다.

18 (1) : 도형의 위쪽 부분이 왼쪽으로 이동합니다.
(2) : 도형의 위쪽 부분이 아래쪽으로 이동합니다.
(3) : 도형의 위쪽 부분이 오른쪽으로 이동합니다.

116쪽 2STEP 유형 다잡기

07 / 풀이 '같습니다'에 ○표

19

20 1단계 예 시계 반대 방향으로 90°만큼 10번 돌린 도형은 시계 반대 방향으로 90°만큼 2번 돌린 도형과 같습니다. ▶ 2점
2단계 시계 반대 방향으로 90°만큼 2번 돌린 도형을 그립니다. ▶ 3점

08 180

21 (1)
(2)   **22** ㉡, ㉢
(3)

09 나 / 풀이 아래, 나

23 진호   **24** ㉡

10 / 풀이 '왼쪽'에 ○표

25   **26**

---

19 시계 방향으로 90°만큼 5번 돌린 도형은 시계 방향으로 90°만큼 1번 돌린 도형과 같습니다.

21 화살표 끝이 가리키는 위치가 같은 것끼리 잇습니다.

22 왼쪽 도형을 시계 반대 방향으로 90°만큼 또는 시계 방향으로 270°만큼 돌리면 오른쪽 도형이 됩니다.
→ ㉡, ㉢

23 진호: 영서:

24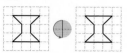

25 처음 도형은 시계 방향으로 90°만큼 돌린 도형을 시계 반대 방향으로 90°만큼 돌리기 하여 그립니다.

26 시계 반대 방향으로 90°만큼 5번 돌린 것은 시계 반대 방향으로 90°만큼 1번 돌린 것과 같습니다.
따라서 처음 조각 ㉠은 조각 ㉡을 시계 방향으로 90°만큼 1번 돌리기 하여 그립니다.

29 ㉠ 시계 반대 방향으로 90°만큼 돌리기
㉡ 시계 반대 방향으로 180°만큼 돌리기
㉢ 왼쪽 또는 오른쪽으로 뒤집기

30 도형을 밀면 모양이 변하지 않으므로 뒤집은 모양을 알아봅니다. 위쪽과 아래쪽이 서로 바뀌었으므로 아래쪽으로 뒤집은 것입니다.

31 도형의 위쪽 부분이 아래쪽으로 이동했으므로 오른쪽 도형은 왼쪽 도형을 시계 방향으로 180°만큼 돌렸습니다.

32 도형의 왼쪽과 오른쪽이 서로 바뀌었으므로 오른쪽으로 뒤집은 것입니다.

33 [다른 풀이] 도율이는 시계 방향으로 270°만큼 돌리기를 했고, 미나는 시계 반대 방향으로 180°만큼 돌리기를 했습니다.

34 도형의 위쪽 부분이 아래쪽으로, 왼쪽 부분이 오른쪽으로 이동했으므로 시계 방향(또는 시계 반대 방향)으로 180°만큼 돌리기 한 규칙입니다.

118쪽 2STEP 유형 다잡기

11 ㉠ / [풀이] 90, 180
27 ㉡   **28** 인수
29 ㉢
12 왼, '밀었습니다'에 ○표 / [풀이] 왼, '밀기'에 ○표
30 '아래쪽'에 ○표, '뒤집으면'에 ○표
31 180°에 ○표   **32** ㉡
33 [예] 시계 반대, 90, 시계, 180
13 / [풀이] 왼, 90

34

35 [설명] [예] 왼쪽 또는 오른쪽으로 뒤집기 한 규칙입니다. ▶2점

▶3점

27 ㉠ 위쪽 또는 아래쪽으로 뒤집기
㉡ 왼쪽 또는 오른쪽으로 뒤집기

28 채윤: 왼쪽 또는 오른쪽으로 뒤집었을 때의 도형
성태: 위쪽 또는 아래쪽으로 뒤집었을 때의 도형

120쪽 2STEP 유형 다잡기

14 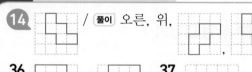 / [풀이] 오른, 위,

36 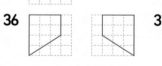   **37**

15 21 / [풀이] 2, 1, 21
38 519   **39** 303
40 [1단계] [예] 58을 왼쪽으로 뒤집은 수는 82이고, 58을 아래쪽으로 뒤집은 수는 28입니다. ▶3점
[2단계] (두 수의 차)=82−28=54 ▶2점
[답] 54
41 982
16 (   ) (○)
42 왼쪽   **43** 오른쪽(또는 왼쪽)
44 [설명] [예] 왼쪽 조각을 시계 반대 방향으로 90°만큼 돌립니다. ▶5점

36 잘못 뒤집은 도형을 위쪽으로 뒤집으면 처음 도형이 됩니다. 처음 도형을 오른쪽으로 뒤집은 도형을 그립니다.

37 잘못 돌린 도형을 시계 방향으로 90°만큼 돌리면 처음 도형이 됩니다. 처음 도형을 시계 방향으로 90°만큼 돌린 도형을 그립니다.

잘못 돌린 도형   처음 도형   바르게 돌린 도형

38

39

→ 102+201=303

41
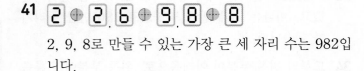

2, 9, 8로 만들 수 있는 가장 큰 세 자리 수는 982입니다.

42 빨간색 조각을 왼쪽으로 밀면 빈 곳에 꼭 맞습니다.

43 파란색 조각을 오른쪽으로 뒤집으면 빈 곳에 꼭 맞습니다.

122쪽 **2STEP 유형 다잡기**

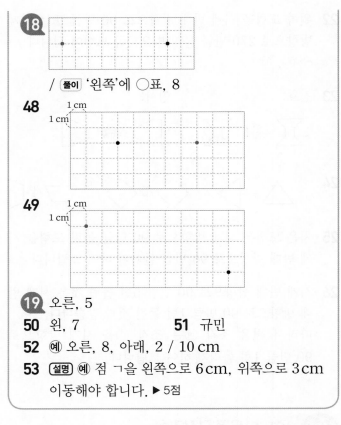

18

/ 풀이 '왼쪽'에 ◯표, 8

48

49

19 오른, 5
50 왼, 7　　　　　　　　**51** 규민
52 예 오른, 8, 아래, 2 / 10 cm
53 (설명) 예 점 ㄱ을 왼쪽으로 6 cm, 위쪽으로 3 cm 이동해야 합니다. ▶5점

---

45 검은색 바둑돌을 위쪽으로 3칸 이동하고, 오른쪽으로 5칸 이동합니다.

46 모눈 한 칸이 1 cm이므로 왼쪽으로 8칸, 아래쪽으로 4칸 이동합니다.

47 모눈 한 칸이 1 cm이므로 위쪽으로 2칸, 오른쪽으로 7칸 이동합니다.

48 처음 점의 위치는 이동한 점의 위치에서 오른쪽으로 5 cm 이동한 곳입니다.

49 모눈 한 칸은 1 cm입니다. 처음 점의 위치는 이동한 점의 위치에서 왼쪽으로 9칸, 위쪽으로 3칸 이동한 곳입니다.

50 모눈 한 칸은 1 cm입니다. 구슬을 ㉮로 이동하려면 왼쪽으로 7칸 이동해야 합니다.

51 바둑돌은 출발점에서 오른쪽으로 2칸, 아래쪽으로 4칸 이동한 것이므로 바르게 말한 사람은 규민입니다.

52 공깃돌을 오른쪽으로 8 cm, 아래쪽으로 2 cm 이동했으므로 이동한 거리는 모두 8+2=10 (cm)입니다.

참고 공깃돌을 아래쪽으로 2 cm, 오른쪽으로 8 cm 이동해도 됩니다.

1   **2** (예)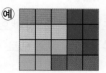

3
- ❶ 뒤집었을 때 만들어지는 식 구하기 ▶ 3점
- ❷ 만들어지는 식의 계산 결과 구하기 ▶ 2점

(예) ❶ 덧셈식 카드를 오른쪽으로 뒤집으면

28+15 ⇨ 21+85 입니다.

❷ 따라서 만들어지는 식의 계산 결과는
21＋85＝106입니다.

답 106

4 ㉡

5 11 cm

6
- ❶ 규칙 찾기 ▶ 3점
- ❷ 아홉째에 올 모양 구하기 ▶ 2점

(예) ❶ 글자를 오른쪽으로 뒤집고, 아래쪽으로 뒤집는 것을 번갈아 가며 하는 규칙으로 온,
옥, 궁, 둥이 반복됩니다.

❷ 따라서 아홉째에 올 모양은 첫째 모양과 같은
온입니다.

답 온

7 (1) H, M, I, T, X (2) H, I, X, Z (3) H, I, X
8 (1) (2)

1 〈보기〉는 도형의 위쪽 부분이 아래쪽으로 이동했으므로 도형을 시계 방향(또는 시계 반대 방향)으로 180°만큼 돌린 것입니다.

2 각각의 조각을 돌리거나 밀어 빈 곳에 꼭 맞게 겹쳐지는 조각을 찾습니다.
◧ 조각을 밀었습니다. ◰, ◰ 조각을 각각 시계 방향으로 180°만큼 돌렸습니다.

4 왼쪽으로 7번 뒤집은 도형은 왼쪽으로 1번 뒤집은 도형과 같고, 위쪽으로 3번 뒤집은 도형은 위쪽으로 1번 뒤집은 도형과 같습니다.

 왼쪽으로 7번 뒤집기 위쪽으로 3번 뒤집기

➡ 마지막 도형은 주어진 도형을 시계 방향으로 180°만큼 돌린 도형과 같으므로 한 번 움직인 방법을 바르게 나타낸 것은 ㉡입니다.

5 현우와 주경이가 이동한 바둑돌의 위치를 나타냅니다.

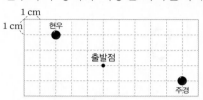

현우의 바둑돌을 주경이의 바둑돌 위치로 이동하려면 오른쪽으로 8 cm, 아래쪽으로 3 cm 이동해야 합니다. ➡ (이동하는 거리)＝8＋3＝11 (cm)

7 (1) 알파벳을 오른쪽으로 뒤집으면
D→ꓷ, H→H, M→M, I→I, T→T, X→X, Z→Ƨ입니다.
따라서 처음 모양과 같은 것은 H, M, I, T, X입니다.
(2) 알파벳을 시계 방향으로 180°만큼 돌리면
D→ꓷ, H→H, M→W, I→I, T→⊥, X→X, Z→Z입니다.
따라서 처음 모양과 같은 것은 H, I, X, Z입니다.
(3) 오른쪽으로 뒤집어도, 시계 방향으로 180°만큼 돌려도 처음 모양과 같은 것은 H, I, X입니다.

8 (1) 잘못 움직인 도형을 시계 반대 방향으로 270°만큼 돌리면 처음 도형이 됩니다.
(2) 오른쪽으로 3번 뒤집으면 오른쪽으로 1번 뒤집는 것과 같으므로 바르게 움직인 도형은 처음 도형을 오른쪽으로 뒤집기 하여 그립니다.

01 ④   **02** ㉡
03

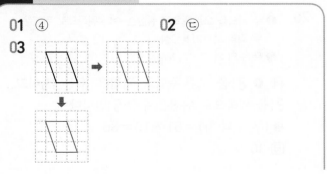

04

05   **06**

07

08 (예)

09
❶ 뒤집은 도형 각각 그리기 ▶ 3점
❷ 알게 된 점 쓰기 ▶ 2점

❶
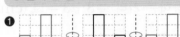

알게 된 점 ❷ (예) 도형을 왼쪽으로 뒤집었을 때와 오른쪽으로 뒤집었을 때의 도형은 서로 같습니다.

10 6, 3   **11**

12   **13** 나

14   **15** 802

16 ㉠, 13 cm

17 돌린 방법 설명하기 ▶ 5점

설명 (예) '군'을 시계 방향으로 180°만큼 돌렸습니다.

18 ㉢   **19**

20
❶ 수 카드를 오른쪽으로 뒤집은 수와 위쪽으로 뒤집은 수 각각 구하기 ▶ 3점
❷ 두 수의 차 구하기 ▶ 2점

(예) ❶ 2Ⅰ을 오른쪽으로 뒤집은 수는 Ⅰ5이고, 2Ⅰ을 위쪽으로 뒤집은 수는 5Ⅰ입니다.
❷ (두 수의 차)=51-15=36
답 36

05 도형을 왼쪽으로 뒤집으면 도형의 왼쪽과 오른쪽이 서로 바뀝니다.

06 도형을 시계 방향으로 90°만큼 돌리면 도형의 위쪽 부분이 오른쪽으로 이동합니다.

07 오른쪽으로 뒤집으면 오른쪽과 왼쪽이 서로 바뀌고, 시계 반대 방향으로 180°만큼 돌리면 위쪽 부분이 아래쪽으로, 오른쪽 부분이 왼쪽으로 이동합니다.

08 도형의 위쪽 부분이 오른쪽으로 이동했으므로 도형을 시계 방향으로 90°만큼 또는 시계 반대 방향으로 270°만큼 돌린 것입니다.

10 바둑돌을 오른쪽으로 6 cm, 아래쪽으로 3 cm 이동하면 ㉮에 옵니다.

11 오른쪽 도형을 시계 방향으로 180°만큼 돌리면 처음 도형이 되므로 도형의 위쪽 부분이 아래쪽으로 이동하도록 그립니다.

12 종이에 찍었을 때 생기는 모양은 도장에 새긴 모양을 왼쪽이나 오른쪽으로 뒤집었을 때의 모양과 같습니다.

13 왼쪽과 오른쪽의 모양이 같은 알파벳을 찾습니다.
→ 나: M
참고 B↔B, S↔S

14 시계 방향으로 270°만큼 돌린 도형은 시계 반대 방향으로 90°만큼 돌린 도형과 같습니다.
시계 반대 방향으로 90°만큼 5번 돌린 도형은 시계 반대 방향으로 90°만큼 1번 돌린 도형과 같습니다.

15 0<5<8이므로 만든 가장 작은 세 자리 수는 508입니다. → 508↔802

16 자동차를 위쪽으로 4 cm, 왼쪽으로 9 cm 이동하면 ㉠에 옵니다. → (이동한 거리)=4+9=13 (cm)

17 다른 풀이 '군'을 시계 반대 방향으로 180°만큼 돌렸습니다.

18 ㉢ 시계 방향으로 270°만큼 돌리는 것은 시계 반대 방향으로 90°만큼 돌리는 것과 같습니다.
시계 반대 방향으로 90°만큼 4번 돌리는 것은 처음 도형과 같습니다.

19 시계 반대 방향으로 90°만큼 돌리기 하는 규칙입니다.

5 막대그래프

132쪽 **1STEP 개념 확인하기**

01 막대그래프   **02** 악기, 학생 수
03 ⑩ 좋아하는 악기별 학생 수
04 1명

04 세로 눈금 5칸이 5명을 나타내므로 한 칸은 1명을 나타냅니다.

133쪽 **1STEP 개념 확인하기**

01 학생 수

02

배우는 운동별 학생 수

03 학생 수

04 ⑩ 좋아하는 꽃별 학생 수

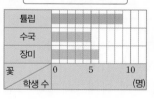

02 수영: 3칸, 발레: 4칸, 축구: 7칸

04 수국은 5칸, 장미는 6칸으로 막대를 나타냅니다.

134쪽 **1STEP 개념 확인하기**

01 나 마을   **02** 가 마을
03 6가구   **04** 1명
05 세종대왕   **06** 장영실

01 막대의 길이가 가장 긴 마을을 찾습니다.

02 막대의 길이가 가장 짧은 마을을 찾습니다.

03 세로 눈금 한 칸은 1가구를 나타내므로 라 마을의 다 문화 가구 수는 6가구입니다.

04 가로 눈금 한 칸은 $5 \div 5 = 1$(명)을 나타냅니다.

05 막대의 길이가 가장 긴 위인을 찾습니다.

06 막대의 길이를 비교하여 두 번째로 긴 위인을 찾습니다.

135쪽 **1STEP 개념 확인하기**

01 8, 5, 21   **02** 학생 수
03
⑩ 좋아하는 색깔별 학생 수

01 빨간색: 5명, 파란색: 3명, 초록색: 8명, 노란색: 5명
→ (합계)$=5+3+8+5=21$(명)

참고 좋아하는 색깔별로 중복되거나 빠뜨리지 않게 ○, / 등의 표시를 하면서 셉니다.

03 세로 눈금 한 칸: 1명
→ 빨간색: 5칸, 파란색: 3칸,
   초록색: 8칸, 노란색: 5칸

136쪽 **2STEP 유형 다잡기**

01 (1) ╳ / **풀이** '가로'에 ○표, '세로'에 ○표
    (2) ╳

01 2개   **02** 12개
03 가족, 무게   **04** ⑩ 사과의 무게
05 27 kg   **06** 11칸
02 ( )
    (○)

07 18마리   **08** 43마리
03 '막대그래프'에 ○표 / **풀이** '막대그래프'에 ○표
09 표   **10** ㉡

01 세로 눈금 5칸은 10개를 나타냅니다.
세로 눈금 한 칸: $10 \div 5 = 2$(개)

02 4일은 세로 눈금 6칸입니다.
(4일에 판매한 모자 수)$= 2 \times 6 = 12$(개)

04 막대의 길이는 가족별로 딴 사과의 무게를 나타냅니다.

05 표의 합계를 보면 재원이네 가족이 딴 사과의 전체 무게는 27 kg입니다.

06 세로 눈금 1칸은 1 kg을 나타내므로 11 kg은 11칸으로 나타내야 합니다.

07 가로 눈금 1칸은 1마리를 나타냅니다. 닭은 가로 눈금 18칸이므로 18마리입니다.

08 닭: 18마리, 돼지: 15마리, 오리: 10마리
→ (동물 수의 합)$= 18 + 15 + 10 = 43$(마리)

09 표는 각 항목의 수를 쉽게 알 수 있습니다.

10 ㉠은 막대그래프의 특징입니다.

138쪽 2STEP 유형 다잡기

11

12 그림그래프

13 (같은 점) 예 학년별 참가한 학생 수를 나타냈습니다. ▶2점
(다른 점) 예 학년별 참가한 학생 수를 막대그래프는 막대로 나타내었고, 그림그래프는 얼굴 그림으로 나타냈습니다. ▶3점

04 8칸 / 풀이 8, 8

14 12칸

15
좋아하는 과일별 학생 수
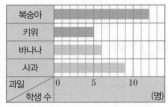

16 월

17 예
월별 읽은 책 수

18 예
나라별 금 메달 수
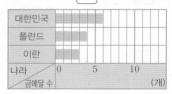

05 5칸 / 풀이 10, 10, 5

19
50 m 달리기 기록
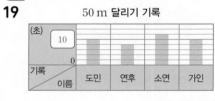

11 • 막대그래프에서 5학년은 12명입니다.
• 그림그래프에서 4학년은 16명입니다.
학년별로 학생 수에 맞게 막대그래프와 그림그래프를 완성합니다.

12 그림그래프는 자료의 특징에 알맞은 그림으로 나타내어 어떠한 자료에 대한 내용인지 한눈에 알기 쉽습니다.

14 조사한 수 중 가장 큰 수를 나타낼 수 있어야 합니다. 가장 많은 학생이 좋아하는 과일은 복숭아로 12명이므로 가로 눈금은 적어도 12칸이 되어야 합니다.

15 복숭아: 12칸, 키위: 5칸, 바나나: 6칸, 사과: 9칸

17 읽은 책 수를 비교하면 $16 > 14 > 10 > 8$이므로 읽은 책 수가 많은 월부터 차례로 쓰면 4월, 5월, 6월, 3월입니다.

18 〔채점 가이드〕 금, 은, 동메달 중 하나를 골라 세 나라의 메달 수를 막대그래프로 바르게 나타냈는지 확인합니다.

19 도민: 10초, 연후: 8초, 소연: 12초, 가인: 10초입니다. 세로 눈금 한 칸을 2초로 하여 나타내면 도민: 5칸, 연후: 4칸, 소연: 6칸, 가인: 5칸이 됩니다.

---

20 〔1단계〕 예 세로 눈금 한 칸: $50 \div 5 = 10$(대)
→ 5월의 텔레비전 판매량은 세로 눈금 9칸이므로 $10 \times 9 = 90$(대)입니다. ▶3점
〔2단계〕 세로 눈금 한 칸을 5대로 하여 나타내면 5월의 텔레비전 판매량은 세로 눈금 $90 \div 5 = 18$(칸)으로 나타내야 합니다. ▶2점
〔답〕 18칸

06 당근 / 〔풀이〕 당근

21 방송인　　　　**22** 다 마을, 라 마을

23 ㉡

24 예 • 4반은 5반보다 남학생 수가 6명 더 많습니다. ▶3점
• 4학년 전체 남학생 수는 64명입니다. ▶2점

07 예 초콜릿 맛 / 〔풀이〕 '많이'에 ○표, 초콜릿

25 예 한서　　　　**26** 예 캔버라

---

21 세로 눈금 한 칸은 2명을 나타내고 운동 선수는 5칸이므로 10명입니다.
→ 학생 수가 $10 \times 2 = 20$(명)인 장래희망을 찾으면 방송인입니다.

22 막대의 길이가 나 마을보다 긴 마을을 찾으면 다 마을, 라 마을입니다.

23 ㉡ 가 마을: 60 kg, 나 마을: 70 kg
→ $60 + 70 = 130$ (kg)

25 줄넘기를 가장 많이 한 학생이 모둠 대표 선수를 하는 게 좋을 것 같습니다.
→ 줄넘기를 가장 많이 한 학생은 막대의 길이가 가장 긴 한서입니다.

---

26 평균 최고 기온이 가장 낮은 도시는 캔버라입니다. 따라서 주경이네 가족이 여행지로 캔버라를 선택하는 것이 좋을 것 같습니다.

08 맑음, 흐림 / 〔풀이〕 맑음, 흐림

27 150명　　　　**28** 일요일

29 〔1단계〕 예 (가): $40 + 70 + 60 = 170$(명)
(나): $60 + 80 + 50 = 190$(명) ▶3점
〔2단계〕 $170 < 190$이므로 3일 동안 방문한 사람이 더 많은 곳은 (나)입니다. ▶2점
〔답〕 (나)

09 윤재 / 〔풀이〕 분홍, 파란, 윤재

30 로봇 공학

31 〔1단계〕 예 (전학 온 남학생 수)$= 4 + 11 + 7 + 9$
　　　　$= 31$(명)
(전학 온 여학생 수)$= 8 + 6 + 8 + 5$
　　　　$= 27$(명) ▶3점
〔2단계〕 $31 > 27$이므로 전학 온 남학생은 여학생보다 $31 - 27 = 4$(명) 더 많습니다. ▶2점
〔답〕 4명

10 74장 / 〔풀이〕 2, 30, 74, 74

32 22권　　　　**33** 44장

---

27 가로 눈금 한 칸은 10명을 나타냅니다.
종이 가습기 만들기: 7칸 → 70명
만화경 만들기: 8칸 → 80명
→ $70 + 80 = 150$(명)

28 요일별로 (가), (나)의 막대의 길이를 비교해 보면 일요일에 (가)의 막대가 (나)의 막대보다 깁니다.
따라서 만화경 만들기보다 종이 가습기 만들기에 방문한 사람이 더 많은 요일은 일요일입니다.

30 남학생을 나타내는 막대와 여학생을 나타내는 막대의 길이의 차가 가장 큰 방과 후 수업을 찾으면 로봇 공학입니다.

32 성호: 6권, 예나: 9권, 주성: 4권, 은채: 3권
→ $6 + 9 + 4 + 3 = 22$(권)

33 학생들이 한 달 동안 읽은 책은 22권이므로 칭찬 붙임딱지는 적어도 $2 \times 22 = 44$(장) 필요합니다.

144쪽 2STEP 유형 다잡기

11 6일 / 풀이 10, 6, 8, 10, 6, 8, 6

34 7점　　　　　　**35** 공 던지기

12 14초 / 풀이 9, 8, 10, 12, 14, 8, 14

36 [1단계] 예 세로 눈금 한 칸은 준희네 모둠: 1번, 재하네 모둠: 2번을 나타냅니다.
→ 준희: 7번, 대영: 10번, 민우: 8번, 재하: 6번, 승연: 14번, 예진: 12번 ▶3점
[2단계] 제기차기 횟수를 비교하면 14>12>10>8>7>6이므로 제기차기를 가장 많이 한 학생은 승연입니다. ▶2점
답 승연

13 모양별 카드 수　　/ 풀이 8, 2, 4

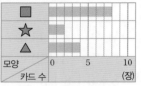

37 3, 6, 2, 4, 2, 1

38 예 주사위를 굴려서 나온 눈의 수

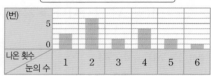

39 8, 6, 5, 9, 28

40 가고 싶은 체험 학습 장소별 학생 수

41 9, 워터파크

34 달리기: 9점, 멀리뛰기: 8점, 윗몸일으키기: 5점
→ (공 던지기 점수)=29-9-8-5=7(점)

35 종목별 점수를 비교하면 9>8>7>5이므로 점수가 두 번째로 낮은 종목은 공 던지기입니다.

37 주사위를 굴려서 나온 눈의 수를 세어 표로 나타냅니다.

38 표를 보고 막대그래프로 나타냅니다.

39 (합계)=8+6+5+9=28(명)

40 놀이공원: 8칸, 박물관: 6칸, 과학관: 5칸, 워터파크: 9칸이 되도록 막대를 그립니다.

41 막대의 길이가 가장 긴 장소는 워터파크이고 9명입니다.

146쪽 2STEP 유형 다잡기

14 90, 110,　과수원별 사과 생산량

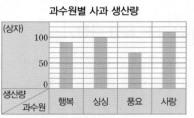

/ 풀이 11, 110, 110, 90, 9, 7

42 4,　취미별 학생 수

43 6, 26,　좋아하는 떡별 학생 수

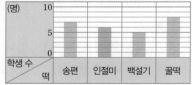

44 16대

45 16, 30,　동별 자전거 수

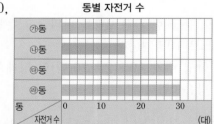

15 좋아하는 과목별 학생 수

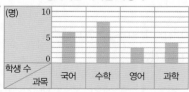

/ 풀이 4, 4, 8, 8

46 16개　　　　　　**47** 14개

48 38권

49 1단계 예 세로 눈금 한 칸: $50 \div 5 = 10$(대)
6월: 90대, 7월: 70대, 8월: 150대
→ (9월의 휴대 전화 판매량)$= 70 \times 2$
$= 140$(대) ▶3점
2단계 휴대 전화 판매량을 비교하면
$150 > 140 > 90 > 70$이므로 휴대 전화를 가장
많이 판매한 달은 8월이고, 판매량은 150대입
니다. ▶2점
답 8월, 150대

42 (취미가 피아노인 학생 수)
$= 25 - 10 - 6 - 5 = 4$(명)
표와 막대그래프를 완성합니다.

43 막대그래프에서 인절미를 좋아하는 학생은 6명이므
로 합계는 $7 + 6 + 5 + 8 = 26$(명)입니다. 표와 막대
그래프를 완성합니다.

44 막대그래프에서 가로 눈금 한 칸이 2대를 나타내므
로 ㉯동의 자전거 수는 16대입니다.

45 (㉰동의 자전거 수)$= 98 - 24 - 16 - 28 = 30$(대)
㉮동: 12칸, ㉯동: 14칸, ㉰동: 15칸

46 (야구공 수)$=$(배구공 수)$+ 4 = 12 + 4 = 16$(개)

47 (축구공 수)$= 50 - 8 - 12 - 16 = 14$(개)

48 3일: 12권, 4일: 10권, 6일: 8권
(5일에 빌려간 책 수)$= 12 - 4 = 8$(권)
→ (3일부터 6일까지 빌려간 책 수)
$= 12 + 10 + 8 + 8 = 38$(권)

148쪽 3STEP 응용 해결하기

1 ❶ 5월에 줄넘기를 한 날수 구하기 ▶3점
❷ 5월에 줄넘기를 하지 않은 날수 구하기 ▶2점

예 ❶ (세로 눈금 한 칸의 크기)
$= 10 \div 5 = 2$(일)
(5월에 줄넘기를 한 날수)$= 2 \times 8 = 16$(일)
❷ 5월은 31일까지 있으므로 (5월에 줄넘기를
하지 않은 날수)$= 31 - 16 = 15$(일)입니다.
답 15일

---

2 9명, 4명

3 봄, 가을, 여름, 겨울

4 ❶ 각 세트에서 누가 점수를 얻는지 구하기 ▶3점
❷ 대표 선수 구하기 ▶2점

예 ❶ 1세트: 선규는 26점, 연재는 20점
→ 선규가 2점을 얻습니다.
2세트: 선규는 22점, 연재는 26점
→ 연재가 2점을 얻습니다.
3세트: 선규는 24점, 연재는 18점
→ 선규가 2점을 얻습니다.
❷ 선규는 $2 + 2 = 4$(점), 연재는 2점을 얻으므
로 대표 선수는 선규가 됩니다.
답 선규

5 16

6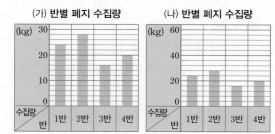

7 (1)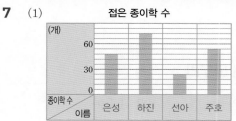

접은 종이학 수

(2) 72개, 24개, 54개, 48개

8 (1) 5개 (2) 55개

---

2 겨울에 태어난 학생 수를 ■명이라 하면
가을에 태어난 학생 수는 ■$+ 5$(명)입니다.
$12 + 7 +$ ■$+ 5 +$ ■$= 32$,
■$+$ ■$= 32 - 12 - 7 - 5 = 8$,
■$= 8 \div 2 = 4$
따라서 겨울에 태어난 학생은 4명, 가을에 태어난 학
생은 $4 + 5 = 9$(명)입니다.

3 태어난 학생 수를 비교하면 $12 > 9 > 7 > 4$이므로 학
생들이 많이 태어난 계절부터 차례로 쓰면 봄, 가을,
여름, 겨울입니다.

5 (3반의 수집량)$= 88 - 24 - 28 - 20 = 16$ (kg)

6 (가) 막대그래프의 세로 눈금 한 칸의 크기는
$10 \div 5 = 2$ (kg)이고, (나) 막대그래프의 세로 눈금
한 칸의 크기는 $20 \div 5 = 4$ (kg)입니다.

7 ⑴ 종이학을 많이 접은 사람부터 차례로 쓰면 하진,
주호, 은성, 선아입니다. 막대의 길이가 길수록
접은 종이학 수가 많으므로 왼쪽부터 은성, 하진,
선아, 주호를 써넣습니다.

⑵ 세로 눈금 한 칸은 $30 \div 5 = 6$(개)를 나타내므로
은성: 48개, 하진: 72개, 선아: 24개, 주호: 54개
입니다.

8 ⑴ 샛별 마을: 13칸, 소담 마을: 11칸,
희망 마을: 9칸, 별빛 마을: 13칸
→ $13 + 11 + 9 + 13 = 46$(칸)
가로 눈금 한 칸의 크기를 ■개라 하면
$■ \times 46 = 230$, $■ = 230 \div 46 = 5$(개)입니다.

⑵ 소담 마을은 가로 눈금 11칸이므로
(가로등 수)$= 5 \times 11 = 55$(개)입니다.

151쪽 **5단원 마무리**

01 꽃, 꽃의 수   **02** 1송이
03 8송이   **04** 장미
05 10 kg
06
> ❶ 알 수 있는 사실을 1가지 쓰기 ▶ 3점
> ❷ 알 수 있는 사실을 1가지 더 쓰기 ▶ 2점

예 ❶ 재활용 쓰레기의 양이 가장 적은 것은 병
류입니다.
❷ 재활용 쓰레기의 양이 가장 많은 것은 플라
스틱류입니다.

07 90 kg
08 7, 5, 9, 3, 24
09 체험해 보고 싶은 올림픽 경기 종목별 학생 수

10 체험해 보고 싶은 올림픽 경기 종목별 학생 수

11 9명
12 예 봉사 활동으로 참여한 장소별 학생 수

13
> ❶ 요양원에서 봉사 활동을 한 학생 수 구하기 ▶ 2점
> ❷ 참여한 학생 수가 요양원의 2배인 장소 구하기 ▶ 3점

예 ❶ 요양원에서 봉사 활동을 한 학생은 3명입
니다.
❷ 따라서 참여한 학생 수가 $3 \times 2 = 6$(명)인 장소
를 찾으면 공원입니다.
답 공원

14 턱걸이 횟수

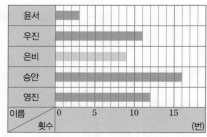

15 우진   **16** 예 승안
17 일본
18 14, 8, 종류별 병원 수

19
> ❶ 안경을 쓴 4학년 남학생 수와 여학생 수 각각 구하기
> ▶ 3점
> ❷ 안경을 쓴 4학년 학생 수 구하기 ▶ 2점

예 ❶ 세로 눈금 한 칸의 크기는 $10 \div 5 = 2$(명)
이므로 4학년 남학생은 $2 \times 9 = 18$(명),
4학년 여학생은 $2 \times 6 = 12$(명)입니다.
❷ 따라서 안경을 쓴 4학년 학생은 모두
$18 + 12 = 30$(명)입니다.
답 30명

20 1학년, 5학년

02 세로 눈금 한 칸: $5 \div 5 = 1$(송이)

03 마당에 핀 수선화는 8칸이므로 8송이입니다.

04 가장 많이 핀 꽃은 막대의 길이가 가장 긴 장미입니다.

05 가로 눈금 한 칸은 $50 \div 5 = 10$ (kg)을 나타냅니다.

07 쓰레기의 양이 가장 많은 것은 플라스틱류로 130 kg 이고, 가장 적은 것은 병류로 40 kg입니다.
→ $130 - 40 = 90$ (kg)

08 축구: 7명, 수영: 5명, 태권도: 9명, 탁구: 3명
→ (합계)$= 7 + 5 + 9 + 3 = 24$(명)

09 축구: 7칸, 수영: 5칸, 태권도: 9칸, 탁구: 3칸

10 학생 수를 비교하면 $3 < 5 < 7 < 9$이므로 학생 수가 적은 경기 종목부터 차례로 쓰면 탁구, 수영, 축구, 태권도입니다.

11 (주민센터에서 봉사 활동을 한 학생 수)
$= 23 - 6 - 5 - 3 = 9$(명)

12 공원: 6칸, 복지관: 5칸, 요양원: 3칸, 주민센터: 9칸

14 윤서의 턱걸이 횟수는 3번이므로
은비의 턱걸이 횟수는 $3 \times 3 = 9$(번)입니다.

15 막대의 길이가 은비보다 길고, 영진이보다 짧은 학생을 찾으면 우진입니다.

16 턱걸이 시합에 턱걸이 횟수가 가장 많은 학생이 선수로 출전하는 것이 좋을 것 같습니다. → 승안

17 나라별로 막대의 길이를 비교하여 2반의 막대가 1반의 막대보다 더 긴 나라를 찾으면 일본입니다.

18 표에서 내과는 12곳, 이비인후과는 10곳이고, 막대그래프에서 치과는 14곳입니다.
→ (안과의 수)$= 44 - 12 - 10 - 14 = 8$(곳)

20 여학생을 나타내는 막대의 길이가 남학생을 나타내는 막대의 길이보다 더 긴 학년을 찾아보면 1학년과 5학년입니다.

6 규칙 찾기

156쪽 1 STEP 개념 확인하기

01 1 **02** 100
03 101 **04** 2
05 3 **06** 2

01 73$\underline{5}$, 73$\underline{4}$, 73$\underline{3}$, 73$\underline{2}$, 73$\underline{1}$ → 1씩 작아집니다.

02 7$\underline{3}$5, 6$\underline{3}$5, 5$\underline{3}$5, 4$\underline{3}$5, 3$\underline{3}$5 → 100씩 작아집니다.

03 73$\underline{5}$, 63$\underline{4}$, 53$\underline{3}$, 43$\underline{2}$, 33$\underline{1}$ → 101씩 작아집니다.

04 $176 - 2 = 174$, $174 - 2 = 172$, $172 - 2 = 170$이므로 2씩 빼는 규칙입니다.

05 $54 \div 3 = 18$, $18 \div 3 = 6$, $6 \div 3 = 2$이므로 3으로 나누는 규칙입니다.

06 $32 \div 2 = 16$, $16 \div 2 = 8$, $8 \div 2 = 4$이므로 2로 나누는 규칙입니다.
따라서 빈 곳에 알맞은 수는 $4 \div 2 = 2$입니다.

157쪽 1 STEP 개념 확인하기

01 1
02 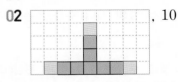 , 10
03 '2개'에 ○표 **04** 2, 4, 6
05 2, 2, 2 **06** 8개

02 (넷째에 올 모양의 사각형의 수)
$= 1 + 3 + 3 + 3 = 10$(개)

03 모형이 2개부터 시작하여 오른쪽으로 2개씩 늘어납니다.

06 (넷째에 올 모양의 모형의 수)
$= 2 + 2 + 2 + 2 = 8$(개)

6. 규칙 찾기 **45**

01 ( ) (◯)
/ 풀이 4, 4, 4, 4, 4, '곱합니다'에 ◯표

01 규칙 예 431부터 시작하여 100씩 커집니다.

02 '곱셈'에 ◯표, '일'에 ◯표

03 예 55, 50, 45, 40
규칙 예 60부터 시작하여 5씩 작아집니다.

04

10525	10625	10725	10825	10925
20525	20625	20725	20825	20925
30525	30625	30725	30825	30925
40525	40625	40725	40825	40925

02 49 / 풀이 12, 12, 49

05 7039   **06** 4, 108, 2916

07 (위에서부터) 0 / 4, 0, 2 / 8, 2

08 20, 32

03 865 / 풀이 101, 101, 865

09

10135	10145	10155	10165
11135	11145	11155	11165
12135	12145	12155	12165
13135	13145	13155	13165

♥

10 14175

---

01 4̲31, 5̲31, 6̲31, 7̲31, 8̲31, 9̲31이므로 100씩 커집니다.

02 $11 \times 11 = 121$, $11 \times 12 = 132$, $11 \times 13 = 143$, $11 \times 14 = 154$, $11 \times 15 = 165$
→ 두 수의 곱셈 결과에서 일의 자리 수를 쓰는 규칙입니다.

03 채점 가이드 규칙을 명확하게 쓸 수 있는 수의 배열을 완성하고, 생각한 규칙에 맞게 바르게 썼는지 확인합니다.

04 10825부터 시작하여 아래쪽으로 10000씩 커집니다.

05 7009에서 7019로 10 커졌으므로 10씩 커지는 규칙입니다. → 7009, 7019, 7029, 7039, 7049, 7059
따라서 ■에 알맞은 수는 7039입니다.

06 $12 \times 3 = 36$, $324 \times 3 = 972$이므로 3씩 곱하는 규칙입니다.

07 $103 \times 15 = 1545$, $104 \times 15 = 1560$, $105 \times 15 = 1575$, …

가로와 세로에 있는 수의 곱셈의 결과에서 일의 자리 수를 쓰는 규칙입니다.
→ $106 \times 15 = 1590$, $104 \times 16 = 1664$, $105 \times 16 = 1680$, $107 \times 16 = 1712$, $104 \times 17 = 1768$, $106 \times 17 = 1802$

08 수가 ╱ 방향으로 2씩 커지고, ╲ 방향으로 8씩 커집니다.
㉠$=18+2=20$, ㉡$=30+2=32$

09 10135부터 1010씩 큰 수를 알아봅니다.
10135부터 ╲ 방향으로 1010씩 커집니다.

10 ╲ 방향으로 1010씩 커지는 규칙이므로 ♥에 알맞은 수는 13165보다 1010 큰 수인 14175입니다.

11 1단계 예 가로줄은 → 방향으로 2씩 커지고, 세로줄은 ↓ 방향으로 100, 300, 500씩 커집니다.
▶ 3점
2단계 $410+2=412$이므로 ㉠$=412$입니다.
$118+300=418$, $418+500=918$이므로 ㉡$=918$입니다. ▶ 2점
답 412, 918

04 1, 2 / 풀이 1, 1, 2, 2

12 D5, F8   **13** 수민

05 203

14 5, 5

15 예 $16+17+18+19+20=18 \times 5$

16 123

06 19 / 풀이 95, 95, 19

17 43

---

12 → 방향으로 알파벳은 그대로이고 숫자만 1씩 커집니다. ↓ 방향으로 알파벳이 순서대로 바뀌고 숫자는 그대로입니다. → ■$=$D5, ●$=$F8

13 영빈: A7에서 ↓ 방향으로 알파벳이 순서대로 바뀌고 숫자는 그대로입니다.

14 세로의 수는 아래쪽으로 5씩 작아집니다.
→ $29-5=24$, $30-5=25$

15 참고 가로줄에 놓인 5개의 수의 합은 가운데 수의 5배와 같습니다.

16 대각선의 세 수의 합은 가운데 수의 3배와 같습니다.
→ $112+123+134=123\times3$

17 $34+35+36+42+43+44+50+51+52$
$=387$
→ $387\div9=43$

07 3에 ○표 / 풀이 3, 3
18 6, 10 / 4
19 (1) 예 2개씩 늘어나는 규칙입니다.
　　(2) 예 1개씩 늘어나는 규칙입니다.
20 동화
08 (○) (　) / 풀이 2

21
22 다섯째　여섯째

23 예
첫째　둘째　셋째

넷째　다섯째　여섯째

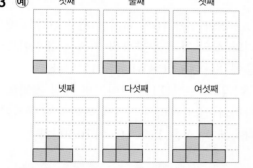

규칙 예 왼쪽 아래에서 시작하여 오른쪽과 ↗
방향으로 번갈아 가며 1개씩 늘어나는 규칙입
니다.

09 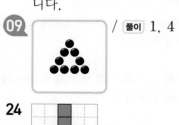 / 풀이 1, 4

24

---

18 모형이 2개, 6개, 10개로 4개씩 늘어납니다.

19 (1) 빨간색 사각형이 2개, 4개, 6개로 2개씩 늘어나는 규칙입니다.
　　(2) 파란색 사각형이 1개, 2개, 3개로 1개씩 늘어나는 규칙입니다.

20 성냥개비가 1개, 3개, 7개, 13개로 2개, 4개, 6개씩 늘어납니다.

21 색칠한 칸이 아래쪽으로 2개, 3개씩 늘어나는 규칙입니다.

23 채점 가이드 규칙을 명확하게 쓸 수 있도록 모양을 그리고, 생각한 규칙에 맞게 바르게 썼는지 확인합니다.

24 주황색 사각형을 가운데 두고 초록색 사각형이 위쪽부터 시작하여 시계 반대 방향으로 1개씩 늘어납니다.

10 $1+3+3$, $1+3+3+3$, 13개
/ 풀이 1, 3, 3, 3, 3, 13
25 12 / 8, 20 / 8, 10, 30
26 4, 4, 4, 17　　**27** 20개, 16개
28 1개
11 17개 / 풀이 2, 2, 16, 16, 17
29 22개　　　　　**30** 26개
12 여덟째 / 풀이 15, 5, 5, 5, 8
31 1단계 예 삼각형이 1개, 4개, 9개, 16개로 1개부터 시작하여 3개, 5개, 7개씩 늘어나는 규칙입니다. ▶2점
　　2단계 다섯째: $1+3+5+7+9=25$(개)
　　여섯째: $1+3+5+7+9+11=36$(개)
　　따라서 삼각형이 36개인 모양은 여섯째입니다.
　　　　　　　　　　　　　　　　▶3점
　　답 여섯째

25 바둑돌이 2개부터 시작하여 4개, 6개, 8개씩 늘어나는 규칙입니다.

26 사각형이 5개부터 시작하여 4개씩 늘어나는 규칙입니다.

27 • 노란색 사각형: 8개부터 시작하여 4개씩 늘어나는 규칙입니다. → $8+4+4+4=20$(개)
• 초록색 사각형: 1개부터 시작하여 3개, 5개씩 늘어나는 규칙입니다. → $1+3+5+7=16$(개)

28 • 검은색 바둑돌: 2개부터 시작하여 2개씩 늘어나는 규칙입니다. → $2+2+2+2=8$(개)
• 흰색 바둑돌: 1개부터 시작하여 1개, 2개씩 늘어나는 규칙입니다. → $1+1+2+3=7$(개)
→ (개수의 차)$=8-7=1$(개)

29 바둑돌이 2개, 4개, 7개, 11개로 2개, 3개, 4개씩 늘어나는 규칙입니다.
다섯째: $11+5=16$(개)
여섯째: $16+6=22$(개)

30 노란색 사각형이 2개, 6개, 10개, 14개로 4개씩 늘어나는 규칙입니다.
일곱째에는 첫째에서 $4\times6=24$(개) 늘어나므로 $2+24=26$(개)입니다.

166쪽 1STEP 개념 확인하기

01 1000, 1000, '변하지 않습니다'에 ○표
02 27000, 50000 **03** 10, 15, 150
04 40, 600

167쪽 1STEP 개념 확인하기

01 8, 6 / 6, 3 **02** 10, 8 / 5, 4
03 4, 2 **04** 5, 4

168쪽 2STEP 유형 다잡기

13 가 / 풀이 10, 10, 20
01 '짝수'에 ○표 **02** $200+1500=1700$
03 9, 1 **04** 9000, 100001
14 ㉡ / 풀이 111
05 가

06 $7\times99999=699993$
07 예 420, 105, 4 / 4020, 1005, 4 / 40020, 10005, 4
08 $19998\div2222=9$ ▶2점
규칙 예 18, 198, 1998과 같이 9가 1개씩 늘어나는 수를 2, 22, 222와 같이 모든 자리 수가 2이고 자리 수가 1개씩 늘어나는 수로 나누면 몫은 항상 9입니다. ▶3점
15 9999999909 / 풀이 2, 3, 9, 9999999909
09 3333333333

01 (홀수)$+$(홀수)$=$(짝수)

02 100씩 작아지는 수에 100씩 작아지는 수를 더하면 계산 결과는 200씩 작아집니다.

03 11, 111, 1111, 11111로 모든 자리 수가 1인 수에서 9, 99, 999, 9999로 모든 자리 수가 9인 수를 빼면 계산 결과는 2, 12, 112, 1112로 가장 낮은 자리의 수가 2이고 나머지 자리 수가 1인 수가 됩니다.

04 자리 수가 1개씩 늘어나는 두 수를 더하면 계산 결과의 자리 수도 1개씩 늘어납니다.

05 가: '$\times$' 뒤의 수가 10씩 커지면 계산 결과의 백의 자리와 십의 자리 수가 1씩 커지는 규칙이므로 다음에 올 식은 $11\times51=561$입니다.
나: '$\times$' 앞의 수가 11씩 작아지면 계산 결과의 백의 자리와 십의 자리 수가 1씩 작아지는 규칙이므로 다음에 올 식은 $11\times10=110$입니다.

06 7에 9, 99, 999, …와 같이 9가 한 자리씩 늘어나는 수를 곱하면 계산 결과는 63, 693, 6993, …과 같이 6과 3 사이에 9가 한 자리씩 늘어납니다.
참고 직접 계산하지 않아도 자리 수가 변하는 규칙을 찾아 다음에 올 계산식을 추측할 수 있습니다.

07 채점 가이드 ■$\times$●$=$▲를 ▲$\div$■$=$● 또는 ▲$\div$●$=$■로 나타내 규칙적인 나눗셈식을 만들었는지 확인합니다.

09 계산 결과가 33, 3333, 333333이므로 더하는 수의 자리 수만큼 3을 쓰는 규칙입니다.
→ $1111122222+2222211111=3333333333$

10 [1단계] [예] 나누는 수가 같을 때 나누어지는 수가 2배, 3배, …가 되면 몫도 2배, 3배, …가 됩니다. ▶3점

[2단계] 나누는 수가 37로 같고 나누어지는 수가 111의 7배이므로 몫은 3의 7배인 21입니다.

▶2점

[답] 21

11 2222, 3333 / 9999

16 123456 / [풀이] 123456

12 $6666666 \times 6666667 = 44444442222222$

13 여섯째   **14** 다섯째

17 17, 19 / [풀이] 17, 19

15 (1)•   **16** (   )(×)(   )
      (2)•
      (3)•

17 $24+24$, 12×4, $48 \div 1$에 ○표

18 2, 39

18 [예] 4, 16   **19** ㉡

---

11 $22 \times 101 = 2222$, $33 \times 101 = 3333$
→ '×' 앞의 수가 2배, 3배, …가 되면 계산 결과도 2배, 3배, …가 되는 규칙입니다.
99는 11의 9배이므로 99×101은 1111의 9배인 9999입니다.

12 6, 66, 666과 같이 자리 수가 1개씩 늘어나는 수에 7, 67, 667과 같이 자리 수가 1개씩 늘어나는 수를 곱하면 42, 4422, 444222와 같은 결과가 나오는 규칙입니다.
$66666 \times 66667 = 4444422222$
$666666 \times 666667 = 444444222222$
$6666666 \times 6666667 = 44444442222222$

13 덧셈식의 가운데 수가 2, 3, 4로 1씩 커지는 규칙이고 계산 결과는 덧셈식의 가운데 수를 2번 곱한 것과 같습니다.
다섯째: $1+2+3+4+5+4+3+2+1 = 36$
여섯째: $1+2+3+4+5+6+5+4+3+2+1 = 49$

---

14 숫자 1은 나누어지는 수와 몫에 2번, 3번, 4번과 같이 1번씩 늘어나면서 나오므로 넷째 나눗셈식에 5번, 다섯째 나눗셈식에 6번 나옵니다.

15 (1) $26+34 = 34+26 = 60$
(2) $20+20 = 40+0 = 40$
(3) $42+8 = 40+10 = 50$

16 $12 \times 9 = 4 \times 3 \times 9$, $12 \times 9 = 6 \times 18$

17 $22+26 = 48$입니다. 48과 크기가 같은 식은 $24+24$, 12×4, $48 \div 1$입니다.

18 초콜릿을 16개씩 묶으면 4묶음이고, 4개씩 묶으면 16묶음입니다.
→ $16 \times 4 = 4 \times 16$

19 ㉡ $16+\underline{14+4} = 16+\underline{18}$
뒤의 두 수를 먼저 더해 크기가 같은 식을 만든 것은 ㉡입니다.

---

20 12, 12, 72

21 [예] 69, 23, 22, 70, 80, 12

22 [예] 7×2

19 33 / [풀이] 3, 33, 33

23 3, 27   **24** (1) 23 (2) 24

25 ㉡   **26** 10상자

27 2, 1, 3

20 $4 \times 4 \times 4 = 8 \times 8$, $30 = 30 \times 1$에 색칠
/ [풀이] 44, 0, 8, 1

28 ○, ×, ○   **29** (×)(   )

30 '같습니다'에 ○표 ▶2점
[이유] [예] $9 \times 14 = 9 \times 2 \times 7$이고 앞의 두 수를 먼저 곱하면 $9 \times 14 = 18 \times 7$, 두 수를 바꾸어 곱해도 곱이 같으므로 $9 \times 14 = 7 \times 18$입니다.

▶3점

20
$$57+15 \overset{+3}{\underset{-3}{\longrightarrow}} = 60+12 = 72$$

21 채점 가이드 두 수를 바꾸어 더하거나 더하는 두 수에 각각 같은 수만큼 더하고 빼서 크기가 같은 덧셈식을 만들 수 있습니다. 크기가 같은 덧셈식을 만든 방법을 확인하고 식을 바르게 만들었는지 계산한 값을 비교합니다.

22 $70 \div 5 = 14$입니다.
$14 = 7 \times 2$, $14 = 12 + 2$로 만들 수 있습니다.

23 곱의 크기가 같으려면 ■로 나눈 만큼 ■를 곱합니다.

24 (1) $72 - 25 = 70 - 23$ (─2, ─2)
(2) $72 \div 9 = 24 \div 3$ (÷3, ÷3)

25 $38 + 16 = 26 + ■ \rightarrow ■ = 28$ (─12, +12)

26 공책의 수와 연필의 수가 같으므로
$20 \times 6 = 12 \times \square$가 되도록 $\square$에 알맞은 수를 찾습니다.
$20 \times 6 = 10 \times 2 \times 6$에서 뒤의 두 수를 먼저 계산하면 10×12입니다. $10 \times 12 = 12 \times \square$에서 $\square$는 10입니다.
→ 연필은 10상자를 준비해야 합니다.

27 $48 \times 9 = 16 \times \square \rightarrow \square = 27$ (÷3, ×3)
$55 + 29 = 54 + \square \rightarrow \square = 30$ (─1, +1)
$37 + 28 = 50 + \square \rightarrow \square = 15$ (+13, ─13)
→ $30 > 27 > 15$이므로 수가 큰 것부터 차례로 쓰면 2, 1, 3입니다.

28 • 24는 26보다 2만큼 더 작은 수이고 10은 8보다 2만큼 더 큰 수이므로 합이 같습니다.
• 15는 17보다 2만큼 더 작은 수이고 42도 44보다 2만큼 더 작은 수이므로 합이 같지 않습니다.
• 두 수를 바꾸어 더해도 합은 같습니다.

29 몫이 같은 나눗셈이 되려면
$32 \div 4 = 16 \div 2$이어야 합니다. (÷2, ÷2)

1 9304   **2** ㉠

3
❶ 나눗셈식의 규칙 찾기 ▶ 3점
❷ 72로 나누었을 때 몫이 12345679가 되는 수 구하기 ▶ 2점

예 ❶ 나누어지는 수가 2배, 3배, …가 되고, 나누는 수가 2배, 3배, …가 되면 몫은 12345679로 같은 규칙입니다.
❷ 나누는 수 72는 9의 8배이므로 111111111의 8배인 888888888을 72로 나누면 몫은 12345679입니다.
따라서 72로 나누었을 때 몫이 12345679가 되는 수는 888888888입니다.
답 888888888

4

일	월	화	수	목	금	토
			1	2	3	4	5
6	7	8	9	10	11	12
13	14	15	16	17	18	19
20	21	22	23	24	25	26
27	28	29	30	31		

5 32

6
❶ 규칙 찾기 ▶ 2점
❷ 여섯째 모양의 쌓기나무의 수 구하기 ▶ 3점

예 ❶ 쌓기나무의 수가 1개부터 시작하여 아래쪽으로 $2 \times 2 = 4$(개), $3 \times 3 = 9$(개), $4 \times 4 = 16$(개), …씩 늘어납니다.
❷ 다섯째 모양: $1 + 4 + 9 + 16 + 25 = 55$(개), 여섯째 모양: $1 + 4 + 9 + 16 + 25 + 36 = 91$(개)입니다.
답 91개

7 (1) 일곱째 (2) 42개

8 (1) 규칙 예 가로에 있는 수를 세로에 있는 수로 나누었을 때의 나머지를 쓰는 규칙입니다.
(2) 8, 6 (3) 14

1 〈보기〉의 수를 배열한 규칙은 3250부터 오른쪽으로 200씩 커집니다.

→ 8504 − 8704 − 8904 − 9104 − 9304

따라서 ★에 알맞은 수는 9304입니다.

2 주경: ㉢, 준호: ㉡

㉠ 20은 15보다 5만큼 더 큰 수이고 30은 35보다 5만큼 더 작은 수이므로 두 식의 크기가 같습니다.

4 9개의 수 중 한가운데 수를 □라 하면 9개의 수의 합은 □×9입니다.

□×9=207에서 □=207÷9=23입니다.

한가운데 놓이는 수가 23이고, 23을 둘러싼 수들에 색칠합니다.

5 왼쪽 끝과 오른쪽 끝에는 2가 놓이고 안쪽에는 위에 맞닿은 두 수의 곱을 쓰는 규칙입니다.

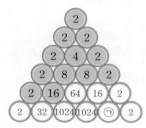

→ ㉠=16×2=32

7 (1) 파란색 사각형이 1개, 2개, 3개, 4개로 ╱ 방향으로 1개씩 늘어납니다. 따라서 파란색 사각형이 7개인 모양은 일곱째입니다.

(2) 빨간색 사각형이 0개, 2개, 6개, 12개로 0개부터 시작하여 2개, 4개, 6개씩 늘어나는 규칙입니다.

다섯째: 0+2+4+6+8=20(개)

여섯째: 0+2+4+6+8+10=30(개)

일곱째: 0+2+4+6+8+10+12=42(개)

8 (1) 33÷6=5⋯3, 44÷6=7⋯2, 55÷6=9⋯1에서 가로에 있는 수를 세로에 있는 수로 나누었을 때의 나머지를 쓰는 규칙입니다.

(2) 44÷9=4⋯8에서 ㉠=8,

66÷12=5⋯6에서 ㉡=6입니다.

(3) ㉠+㉡=8+6=14

---

01 10   **02** 2560

03 (◯) (   )   **04** 4

05 7800−1400=6400

06 218, 216

07
❶ 수의 배열에서 규칙 찾기 ▶ 3점
❷ 빈칸에 알맞은 수 구하기 ▶ 2점

예 ❶ 1546, 1646, 1746, 1846

→ 100씩 커지는 규칙입니다.

❷ 1846보다 100 큰 수는 1946이므로 빈칸에 알맞은 수는 1946입니다.

답 1946

08 '짝수'에 ◯표

09

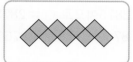

10 2, 2, 2   **11** 11개

12 2875, 3876   **13** ㉢

14 4개

15 (위에서부터) 6 / 5, 8 / 6, 8

16
❶ 수 배열표에서 규칙 찾기 ▶ 3점
❷ ★에 알맞은 수 구하기 ▶ 2점

예 ❶ 5316부터 시작하여 ╲ 방향으로 1001씩 커지는 규칙입니다.

❷ 7318보다 1001 큰 수는 8319이므로 ★에 알맞은 수는 8319입니다.

답 8319

17 28개   **18** 555555555

19 1215

20
❶ 곱셈식에서 규칙 찾기 ▶ 3점
❷ 계산 결과가 8999991인 식 구하기 ▶ 2점

예 ❶ 9, 99, 999와 같이 자리 수가 1개씩 늘어나는 수에 9를 곱하면 81, 891, 8991과 같은 결과가 나오는 규칙입니다.

❷ 9999×9=89991, 99999×9=899991, 999999×9=8999991

답 999999×9=8999991

04 27은 23보다 4만큼 더 큰 수이고, 양쪽이 같아야 하므로 □ 안에 알맞은 수는 8보다 4만큼 더 작은 수인 4입니다.

05 같은 수에서 100씩 커지는 수를 빼면 계산 결과는 100씩 작아집니다.

06 가운데 한 수를 기준으로 ＼ 방향과 ／ 방향에 있는 세 수의 합은 서로 같습니다.

08 짝수와 홀수를 곱하면 계산 결과는 짝수가 됩니다.

09 사각형이 오른쪽으로 2개씩 늘어나는 규칙입니다.

10 사각형이 3개, 5개, 7개로 2개씩 늘어납니다.
둘째: 3＋2, 셋째: 3＋2＋2

11 다섯째: 3＋2＋2＋2＋2＝11(개)

12 가로줄은 오른쪽으로 1씩 커지는 규칙이고,
세로줄은 아래쪽으로 1000씩 커지는 규칙입니다.
2874의 오른쪽의 수는 2875이므로 ㉠＝2875,
2876의 아래쪽의 수는 3876이므로 ㉡＝3876입니다.

13 ㉠ 앞의 두 수를 먼저 곱해도 계산 결과는 같습니다.
→ $7 \times 3 \times 21 = \underline{21} \times 21$
㉡ 9는 18을 2로 나눈 몫이므로 ☐ 안에는 4의 2배인 8이 와야 합니다.
→ $4 \times 18 = \underline{8} \times 9$
㉢ 더하는 두 수의 순서를 바꾸어 더해도 계산 결과는 같습니다.
→ $44 + 8 = 8 + \underline{44}$
따라서 44＞21＞8이므로 ☐ 안에 들어갈 수가 가장 큰 것은 ㉢입니다.

14 검은색 리본의 개수를 ☐개라 하면
두 리본의 길이가 같으므로 8×12＝24×☐입니다.
24는 8의 3배이므로 ☐에는 12를 3으로 나눈 몫인 4가 와야 합니다.

15 가로와 세로에 있는 수의 덧셈의 결과에서 일의 자리 수를 쓰는 규칙입니다.
→ $19 + 517 = 53\underline{6}$, $17 + 518 = 53\underline{5}$,
$20 + 518 = 53\underline{8}$, $17 + 519 = 53\underline{6}$,
$19 + 519 = 53\underline{8}$

17 공깃돌이 1개, 3개, 6개, 10개로 2개, 3개, 4개씩 늘어나는 규칙입니다.
(일곱째에 놓이는 공깃돌의 수)
＝1＋2＋3＋4＋5＋6＋7＝28(개)

18 나누어지는 수가 2배, 3배, …로 커지고 나누는 수가 2배, 3배, …로 커지면 몫은 37037037로 같습니다. 15는 3의 5배이므로 15로 나누었을 때 몫이 37037037이 되는 수는
111111111×5＝555555555입니다.

19 ☐ 안에 있는 9개의 수의 합은 가운데에 있는 수인 135의 9배와 같습니다.
(☐ 안에 있는 9개의 수의 합)＝135×9＝1215

180쪽 1~6단원 총정리

01 85146

02 1, 3, 2

03 ( )(○)

04 4592조, 4602조

05 ＞

06

07
❶ 각도 계산하기 ▶ 3점
❷ 계산한 각도가 둔각인 것 모두 찾아 기호 쓰기 ▶ 2점

예 ❶ ㉠ 30°＋75°＝105°
㉡ 150°－95°＝55°
㉢ 15°＋55°＝70°
㉣ 165°－40°＝125°
❷ 둔각은 각도가 직각보다 크고 180°보다 작은 각이므로 둔각인 것은 ㉠, ㉣입니다.
답 ㉠, ㉣

08 3625, 5615

09 준호

10 ㉡

11

좋아하는 스포츠 경기별 학생 수

12 축구

13 막대그래프

14 (1) (2) (3)

15 ㉠, ㉣

16 27

17 85°

18 ㉠, ㉡, ㉢

19

> ❶ 가장 큰 세 자리 수와 가장 작은 두 자리 수 구하기
> ▶ 3점
>
> ❷ 만든 두 수의 곱 구하기 ▶ 2점

　　예 ❶ 9>6>5>4>2이므로
가장 큰 세 자리 수: 965,
가장 작은 두 자리 수: 24입니다.
❷ (만든 두 수의 곱)=965×24=23160

　　답 23160

20　14일

21

> ❶ 규칙 찾기 ▶ 2점
> ❷ 다섯째 모양의 바둑돌의 수 구하기 ▶ 3점

　　예 ❶ 바둑돌이 4개, 7개, 10개, 13개로 3개씩
늘어나는 규칙입니다.
❷ (다섯째 모양의 바둑돌의 수)
　　=4+3+3+3+3=16(개)

　　답 16개

22　456789×9=4111101

23　3명　　　　　　　　**24**　120°

25　5개

05　217×40=8680, 150×56=8400
→ 8680>8400

08　→ 방향으로 10씩 작아지고, ↓ 방향으로 1000씩 커
집니다.

09　각도기로 잰 각도에 더 가깝게 어림한 사람은 준호이
므로 준호가 어림을 더 잘했습니다.

10　모눈 한 칸은 1 cm입니다. 처음 자동차의 위치는 도
착한 위치에서 왼쪽으로 8칸, 위쪽으로 2칸 이동한
곳이므로 ㉡입니다.

11　세로 눈금 한 칸은 5÷5=1(명)을 나타냅니다.
→ 축구: 8칸, 야구: 5칸, 양궁: 6칸, 수영: 3칸

14　(1) 146÷15=9⋯11
　　(2) 124÷22=5⋯14
　　(3) 122÷16=7⋯10

15　㉠ 7×56=56×7(○)　㉡ 39=39×1
㉢ 82+3=85　　　　㉣ 50+4=22+32(○)
따라서 옳은 식은 ㉠, ㉣입니다.

16　1을 위쪽으로 뒤집으면 1이 되고 2를 위쪽으로 뒤집
으면 5가 됩니다. → 15
따라서 두 수의 합은 15+12=27입니다.

17

한 직선이 이루는 각의 크기는 180°이므로
㉡=180°-120°=60°입니다.
삼각형의 세 각의 크기의 합은 180°이므로
㉠+35°+㉡=180°, ㉠+35°+60°=180°,
㉠=180°-35°-60°=85°입니다.

18　㉠ 2450억 186만 → 2450|0186|0000
㉡ 천백이십억 사천칠만 → 1120|4007|0000
㉢ 2976304200의 10배인 수 → 297|6304|2000
→ 자리 수가 가장 적은 ㉢이 가장 작고, ㉠이 ㉡보다
천억의 자리 수가 크므로 가장 큰 수는 ㉠입니다.

20　192÷14=13⋯10
남은 10쪽도 읽어야 하므로 책을 모두 읽는 데 적어
도 13+1=14(일)이 걸립니다.

22　곱해지는 수가 89, 789, 6789, …로 늘어나면 계산
결과에서 가장 높은 자리 수가 1씩 작아지고 1은
1개씩 늘어납니다.

23　(4학년 남학생 수)
=14+12+12+16=54(명)
(4학년 여학생 수)
=13+12+14+12=51(명)
→ 54-51=3(명)

24

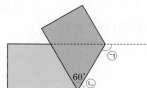

종이를 접었을 때 접힌
부분은 접기 전의 부분과
같으므로 ㉡의 각도는
60°입니다.

사각형의 네 각의 크기의 합은 360°이고, 직사각형
모양 종이의 네 각의 크기는 모두 직각이므로
㉠+60°+90°+90°=360°,
㉠=360°-60°-90°-90°=120°입니다.

25　71□5981|9006과 714|8531|0246은 백억, 십억의
자리 수가 서로 같고, 천만의 자리 수가 5<8이므로
□ 안에는 4와 같거나 4보다 작은 수가 들어가야 합
니다. → 0, 1, 2, 3, 4로 모두 5개입니다.

1 큰 수

서술형 다지기

02쪽

1
조건 8, '큰'에 ○표
풀이 ❶ 8, 6, 3, 2, 1
❷ '큰'에 ○표, 8, 6, 3, 2, 1
답 8, 6, 3, 2, 1

1-1
풀이 ❶ 수 카드의 수의 크기 비교하기
⑩ 수의 크기를 비교하면
1<3<4<5<7<8<9입니다. ▶2점
❷ 만들 수 있는 가장 작은 일곱 자리 수 구하기
가장 작은 수는 가장 높은 자리부터 작은 수를 차례로 놓으면 됩니다.
따라서 만들 수 있는 가장 작은 일곱 자리 수는
1345789입니다. ▶3점
답 1345789

1-2
1단계 ⑩ 수의 크기를 비교하면 8>6>5>4>2입니다. ▶2점
2단계 천의 자리 수가 4인 다섯 자리 수는
□4□□□입니다.
가장 높은 자리부터 큰 수를 차례로 놓으면 만들 수 있는 가장 큰 수는 84652입니다. ▶3점
답 84652

04쪽

2
조건 2, 이
풀이 ❶ 0, 2, 0, 0
❷ 백만, 2000000, 0, 2, 0, 0, 백, 200, ㉡
답 ㉡

2-1
풀이 ❶ 각각 수로 나타내기
⑩ 각각 수로 나타내면 ㉠ 7│3408│0920,
㉡ 30│7234│0082│0000입니다. ▶2점
❷ 숫자 8이 나타내는 값이 더 큰 것의 기호 쓰기
숫자 8이 나타내는 값을 각각 구합니다.
㉠ 만의 자리 숫자 → 80000,
㉡ 십만의 자리 숫자 → 800000입니다.
따라서 숫자 8이 나타내는 값이 더 큰 것은 ㉡입니다. ▶3점
답 ㉡

2-2
1단계 ⑩ ㉠이 나타내는 값은 40000이고,
㉡이 나타내는 값은 40입니다. ▶2점
2단계 40000은 40보다 0이 3개 더 많으므로 ㉠이 나타내는 값은 ㉡이 나타내는 값의 1000배입니다.
▶3점

답 1000배

06쪽

3
풀이 ❶ 10, 11, 10
❷ 11, 연서, 8, 3, 리아
답 리아

3-1
풀이 ❶ 각각 수로 나타내고 몇 자리 수인지 알기
⑩ ㉠ 1│9480│0000: 9자리 수,
㉡ 9731│2073: 8자리 수,
㉢ 1│3028│0000: 9자리 수 ▶2점
❷ 가장 큰 수의 기호 쓰기
8자리 수인 ㉡이 가장 작은 수입니다.
㉠ 194800000 > ㉢ 130280000
└─── 9>3 ───┘
따라서 가장 큰 수는 ㉠입니다. ▶3점
답 ㉠

3-2
1단계 ⑩ ㉠ 92│7172│5690: 10자리 수,
㉡ 520│1900│0000: 11자리 수,
㉢ 510│3028│0000: 11자리 수 ▶2점

2단계 10자리 수인 ㉠이 가장 작은 수입니다.

ⓛ 52019000000 > ㉢ 51030280000

└─ 2>1 ─┘

따라서 큰 수부터 차례로 기호를 쓰면 ⓛ, ㉢, ㉠입니다. ▶3점

답 ⓛ, ㉢, ㉠

서술형 완성하기

08쪽

1 **풀이** ❶ 수 카드의 수의 크기 비교하기

예 수의 크기를 비교하면

9>7>5>4>2>1>0입니다. ▶2점

❷ 만들 수 있는 가장 큰 일곱 자리 수 구하기

가장 큰 수는 가장 높은 자리부터 큰 수를 차례로 놓으면 됩니다. 따라서 만들 수 있는 가장 큰 일곱 자리 수는 9754210입니다. ▶3점

답 9754210

2 **풀이** ❶ 수 카드의 수의 크기 비교하기

예 수의 크기를 비교하면 2<3<4<5<8<9입니다. ▶2점

❷ 만의 자리 수가 8인 가장 작은 수 구하기

만의 자리 수가 8인 여섯 자리 수는

□8□□□□입니다.

가장 높은 자리부터 작은 수를 차례로 놓으면 만들 수 있는 가장 작은 수는 283459입니다. ▶3점

답 283459

3 **풀이** ❶ 각각 수로 나타내기

예 각각 수로 나타내면 ㉠ 46215908702531,

ⓛ 4625928400 0000입니다. ▶2점

❷ 숫자 9가 나타내는 값이 더 큰 것의 기호 쓰기

숫자 9가 나타내는 값을 각각 구합니다.

㉠ 억의 자리 숫자 → 9억,

ⓛ 십억의 자리 숫자 → 90억

따라서 숫자 9가 나타내는 값이 더 큰 것은 ⓛ입니다. ▶3점

답 ⓛ

4 **풀이** ❶ ㉠과 ⓛ이 나타내는 값 각각 구하기

예 ㉠이 나타내는 값은 60 0000 0000이고,

ⓛ이 나타내는 값은 6 0000입니다. ▶2점

❷ ㉠이 나타내는 값은 ⓛ이 나타내는 값의 몇 배인지 구하기

60 0000 0000은 6 0000보다 0이 5개 더 많으므로 ㉠이 나타내는 값은 ⓛ이 나타내는 값의 100000배입니다. ▶3점

답 100000배

5 **풀이** ❶ 각각 수로 나타내고 몇 자리 수인지 알기

예 ㉠ 72 3490 0109: 10자리 수,

ⓛ 693 8007 0023: 11자리 수,

㉢ 72 3268 0000: 10자리 수 ▶2점

❷ 가장 작은 수의 기호 쓰기

11자리 수인 ⓛ이 가장 큰 수입니다.

㉠ 7234900109 > ㉢ 7232680000

└─ 4>2 ─┘

따라서 가장 작은 수는 ㉢입니다. ▶3점

답 ㉢

6 **풀이** ❶ 각각 수로 나타내고 몇 자리 수인지 알기

예 각각 수로 나타내면

㉠ 47 0956 0000: 10자리 수,

ⓛ 8 0250 3000: 9자리 수,

㉢ 8 1021 0000: 9자리 수입니다. ▶2점

❷ 큰 수부터 차례로 기호 쓰기

10자리 수인 ㉠이 가장 큰 수입니다.

ⓛ 802503000 < ㉢ 810210000

└─ 0<1 ─┘

따라서 큰 수부터 차례로 기호를 쓰면 ㉠, ㉢, ⓛ입니다. ▶3점

답 ㉠, ㉢, ⓛ

2 각도

서술형 다지기

10쪽

1 **조건** 184

풀이 ❶ 184, 63, 45, 184, 45
    ❷ 184, 45, 229

답 229

1-1 풀이 ❶ 가장 큰 각도와 가장 작은 각도 구하기
예 $94°>35°>19°$이므로 가장 큰 각도는 $94°$이고, 가장 작은 각도는 $19°$입니다. ▶2점

❷ 가장 큰 각도와 가장 작은 각도의 차 구하기
가장 큰 각도와 가장 작은 각도의 차는
$94°-19°=75°$입니다. ▶3점

답 $75°$

1-2 1단계 예 ㉠ $30°+35°=65°$, ㉡ $85°-15°=70°$, ㉢ $142°-105°=37°$ ▶3점

2단계 $70°>65°>37°$이므로 계산한 각도가 가장 큰 것은 ㉡입니다. ▶2점

답 ㉡

2 조건 93, 둔각
풀이 ❶ 90, 180
    ❷ 50, 29, 34, 93, 164, 3, 2

답 3, 2

2-1 풀이 ❶ 둔각 알아보기
예 각도가 직각보다 크고 $180°$보다 작은 각을 둔각이라고 합니다. ▶2점

❷ 둔각의 개수 구하기
둔각을 찾아보면 $127°$, $155°$이므로 모두 2개입니다. ▶3점

답 2개

2-2 1단계 예 예각은 각도가 $0°$보다 크고 직각보다 작은 각이므로 ㉠, ㉢입니다. → 2개 ▶2점

2단계 둔각은 각도가 직각보다 크고 $180°$보다 작은 각이므로 ㉡, ㉣, ㉤입니다. → 3개 ▶3점

답 2개, 3개

3 조건 110
풀이 ❶ 180, 110, 180, 180, 110, 70
    ❷ 180, 180, 70, 180, 100, 180, 180, 100, 80

답 80

3-1 풀이 ❶ ㉢의 각도 구하기
예 한 직선이 이루는 각의 크기는 $180°$이므로
㉢$+100°=180°$,
㉢$=180°-100°=80°$입니다. ▶2점

❷ ㉠과 ㉡의 각도의 합 구하기
사각형의 네 각의 크기의 합은 $360°$이므로
㉠$+$㉡$+$㉢$+90°=360°$입니다.
㉢$=80°$이므로 ㉠$+$㉡$+80°+90°=360°$,
㉠$+$㉡$+170°=360°$,
㉠$+$㉡$=360°-170°=190°$입니다. ▶3점

답 $190°$

3-2 1단계 예 삼각형의 세 각의 크기의 합은 $180°$이므로
$15°+120°+$㉡$=180°$, $135°+$㉡$=180°$,
㉡$=180°-135°=45°$입니다. ▶2점

2단계 사각형의 네 각의 크기의 합은 $360°$이므로
㉠$+140°+120°+$㉡$=360°$,
㉠$+140°+120°+45°=360°$,
㉠$+305°=360°$,
㉠$=360°-305°=55°$입니다. ▶3점

답 $55°$

서술형 완성하기

1 풀이 ❶ 가장 큰 각도와 가장 작은 각도 구하기
예 $126°>109°>88°>37°$이므로 가장 큰 각도는 $126°$이고, 가장 작은 각도는 $37°$입니다. ▶2점

❷ 가장 큰 각도와 가장 작은 각도의 합 구하기
가장 큰 각도와 가장 작은 각도의 합은
$126°+37°=163°$입니다. ▶3점
답 $163°$

2 풀이 ❶ 각도 각각 계산하기
예 ㉠ $44°+125°=169°$, ㉡ $106°-30°=76°$,
㉢ $59°+73°=132°$ ▶3점
❷ 계산한 각도가 가장 큰 것의 기호 쓰기
$169°>132°>76°$이므로 계산한 각도가 가장 큰
것은 ㉠입니다. ▶2점
답 ㉠

3 풀이 ❶ 둔각 알아보기
예 각도가 직각보다 크고 $180°$보다 작은 각을 둔각
이라고 합니다. ▶2점
❷ 둔각만 모은 사람 구하기
$135°$, $91°$, $179°$는 모두 둔각입니다. 도하가 모은
$180°$는 둔각이 아니므로 둔각만 모은 사람은 미주
입니다. ▶3점
답 미주

4 풀이 ❶ 예각과 둔각의 수 각각 구하기
예 예각은 ㉮, ㉯이므로 2개이고 둔각은 ㉠, ㉡,
㉢, ㉣, ㉤이므로 5개입니다. ▶3점
❷ 예각의 수와 둔각의 수의 차 구하기
따라서 예각의 수와 둔각의 수의 차는
$5-2=3$(개)입니다. ▶2점
답 3개

5 풀이 ❶ ㉡의 각도 구하기
예 사각형의 네 각의 크기의 합
은 $360°$이므로
$80°+95°+㉡+60°=360°$,
$235°+㉡=360°$,
㉡$=360°-235°=125°$입니다. ▶3점
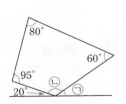
❷ ㉠의 각도 구하기
한 직선이 이루는 각의 크기는 $180°$이므로
$20°+125°+㉠=180°$, $145°+㉠=180°$,
㉠$=180°-145°=35°$입니다. ▶2점
답 $35°$

6 풀이 ❶ ㉡의 각도 구하기
예 삼각형의 세 각의 크기의 합은 $180°$이므로
$100°+50°+㉡=180°$, $150°+㉡=180°$,
㉡$=180°-150°=30°$입니다. ▶2점
❷ ㉠의 각도 구하기
사각형의 네 각의 크기의 합은 $360°$이므로
$100°+125°+㉠+㉡=360°$,
$100°+125°+㉠+30°=360°$,
$255°+㉠=360$,
㉠$=360°-255°=105°$입니다. ▶3점
답 $105°$

3
단원

3 곱셈과 나눗셈

서술형 다지기

18쪽

1 조건 40, '큰'에 ○표
풀이 ❶ 8, 3, 2, 0, 1, 5 / 5, 1, 0, 5, 5
❷ 8, 5, 8, 5, ㉠
답 ㉠

1-1 풀이 ❶ 나눗셈 계산하기
예 경호: $327÷22=14\cdots19$,
세미: $197÷13=15\cdots2$ ▶3점
❷ 몫이 더 작은 나눗셈을 말한 사람 구하기
몫의 크기를 비교하면 $14<15$이므로 몫이 더 작은
나눗셈을 말한 사람은 경호입니다. ▶2점
답 경호

1-2 1단계 예 ㉠ $90÷17=5\cdots5$,
㉡ $176÷16=11$,
㉢ $172÷24=7\cdots4$ ▶3점

[2단계] 몫의 크기를 비교하면 11>7>5이므로 몫이 큰 것부터 차례로 기호를 쓰면 ⓒ, ⓒ, ㉠입니다.

▶2점

[답] ⓒ, ⓒ, ㉠

20쪽

2
[조건] 6, 두
[풀이] ❶ 6, 5, 4, 2, 1, 654, 12
❷ 654, 12, 7848
[답] 7848

2-1
[풀이] ❶ 가장 작은 세 자리 수와 가장 큰 두 자리 수 만들기
[예] 수 카드의 수의 크기를 비교하면
0<1<3<4<7입니다.
가장 작은 세 자리 수는 0이 맨 앞에 올 수 없으므로 103이고, 가장 큰 두 자리 수는 74입니다. ▶2점
❷ 만든 두 수의 곱 구하기
따라서 만든 두 수의 곱은 103×74=7622입니다. ▶3점
[답] 7622

2-2
[1단계] [예] 민서: 수 카드의 수의 크기를 비교하면
7>5>4>3>2이므로
754×23=17342입니다.
윤호: 수 카드의 수의 크기를 비교하면
8>6>3>2>0이므로
863×20=17260입니다. ▶4점
[2단계] 17342>17260이므로 만든 두 수의 곱이 더 큰 사람은 민서입니다. ▶1점
[답] 민서

22쪽

3
[조건] 14, 13
[풀이] ❶ 14, 14, 14, 39, 39
❷ 39, 39, 13, 3
[답] 3

3-1
[풀이] ❶ 어떤 수 구하기
[예] 어떤 수를 ☐라 하면 잘못 계산한 식은
☐×12=504이므로
☐=504÷12=42입니다. ▶2점
❷ 바르게 계산했을 때의 몫과 나머지 구하기
따라서 바르게 계산하면 42÷20=2⋯2이므로 몫은 2이고, 나머지는 2입니다. ▶3점
[답] 2, 2

3-2
[1단계] [예] 어떤 수를 ☐라 하면 잘못 계산한 식은
☐÷65=11⋯3입니다.
65×11=715, 715+3=718이므로 어떤 수는 718입니다. ▶2점
[2단계] 바르게 계산하면 718÷56=12⋯46이므로 몫은 12이고, 나머지는 46입니다.
따라서 몫과 나머지의 합은 12+46=58입니다.
▶3점
[답] 58

서술형 완성하기

24쪽

1
[풀이] ❶ 나눗셈 계산하기
[예] ㉠ 298÷32=9⋯10,
ⓒ 89÷12=7⋯5 ▶3점
❷ 몫이 더 큰 나눗셈의 기호 쓰기
몫의 크기를 비교하면 9>7이므로 몫이 더 큰 나눗셈은 ㉠입니다. ▶2점
[답] ㉠

2
[풀이] ❶ 나눗셈 계산하기
[예] ㉠ 225÷30=7⋯15,
ⓒ 95÷43=2⋯9,
ⓒ 110÷26=4⋯6 ▶3점
❷ 나머지가 작은 것부터 차례로 기호 쓰기
나머지의 크기를 비교하면 6<9<15이므로 나머지가 작은 것부터 차례로 기호를 쓰면 ⓒ, ⓒ, ㉠입니다. ▶2점
[답] ⓒ, ⓒ, ㉠

3 (풀이) ❶ 가장 큰 세 자리 수와 가장 작은 두 자리 수 만들기
(예) 수 카드의 수의 크기를 비교하면
$6>5>3>2>0$입니다.
가장 큰 세 자리 수는 653이고, 가장 작은 두 자리
수는 20입니다. ▶ 2점

❷ 만든 두 수의 곱 구하기
따라서 만든 두 수의 곱은 $653×20=13060$입니
다. ▶ 3점
(답) 13060

4 (풀이) ❶ 가와 나에서 만든 두 수의 곱 각각 구하기
(예) 가: 공에 적힌 수의 크기를 비교하면
$8>5>3>2>1$이므로
$123×85=10455$입니다.
나: 공에 적힌 수의 크기를 비교하면
$7>6>4>3>2$이므로
$234×76=17784$입니다. ▶ 4점

❷ 만든 두 수의 곱이 더 작은 것 구하기
$10455<17784$이므로 만든 두 수의 곱이 더 작은
것은 가입니다. ▶ 1점
(답) 가

5 (풀이) ❶ 어떤 수 구하기
(예) 어떤 수를 □라 하면 잘못 계산한 식은
$□×12=792$이므로
$□=792÷12=66$입니다. ▶ 2점

❷ 바르게 계산했을 때의 몫과 나머지 구하기
따라서 바르게 계산하면 $66÷12=5\cdots6$이므로
몫은 5이고, 나머지는 6입니다. ▶ 3점
(답) 5, 6

6 (풀이) ❶ 어떤 수 구하기
(예) 어떤 수를 □라 하면 잘못 계산한 식은
$□÷40=8\cdots11$입니다.
$40×8=320$, $320+11=331$이므로
어떤 수는 331입니다. ▶ 2점

❷ 바르게 계산했을 때의 몫과 나머지의 합 구하기
바르게 계산하면 $331÷48=6\cdots43$이므로
몫은 6이고, 나머지는 43입니다.
따라서 몫과 나머지의 합은 $6+43=49$입니다.
▶ 3점

(답) 49

---

4 평면도형의 이동

서술형 다지기

26쪽

1 (조건) '뒤집기'에 ○표
(풀이) ❶
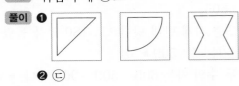

❷ ㉢

(답) ㉢

1-1 (풀이) ❶ 오른쪽으로 뒤집었을 때의 도형 각각 그리기
(예) 오른쪽으로 뒤집었을 때의 도형을 각각 그려 보면

입니다. ▶ 3점

❷ 오른쪽으로 뒤집었을 때의 도형이 처음 도형과 같은 것의 기
호 쓰기
따라서 오른쪽으로 뒤집었을 때의 도형이 처음 도
형과 같은 것은 ㉠입니다. ▶ 2점
(답) ㉠

1-2 (1단계) (예) 시계 방향으로 $180°$만큼 돌렸을 때의 모양
을 각각 알아봅니다.
㉠ M, ㉡ X, ㉢ ⊥, ㉣ Z, ㉤ ⊃ ▶ 3점

(2단계) 따라서 모양이 처음과 같은 알파벳은 ㉡, ㉣
이므로 모두 2개입니다. ▶ 2점
(답) 2개

28쪽

2 (조건) 180
(풀이) ❶ 62
❷ 62, 91
(답) 91

2-1 (풀이) ❶ 수 카드를 아래쪽으로 뒤집었을 때 만들어지는 수 구하기
(예) 수 카드를 아래쪽으로 뒤집었을 때 만들어지는 수는 82입니다. ▶3점

❷ 두 수의 합 구하기
만들어지는 수와 처음 수의 합은 $82+85=167$입니다. ▶2점

(답) 167

2-2 (1단계) (예) 수 카드를 아래쪽으로 밀었을 때 만들어지는 수: 605,
수 카드를 시계 반대 방향으로 $180°$만큼 돌렸을 때 만들어지는 수: 509 ▶3점

(2단계) 두 수의 차는 $605-509=96$입니다. ▶2점

(답) 96

서술형 완성하기

30쪽

1 (풀이) ❶ 아래쪽으로 뒤집었을 때의 도형 각각 그리기
(예) 아래쪽으로 뒤집었을 때의 도형을 각각 그려 보면
ㄱ , ㄴ , ㄷ 입니다. ▶3점

❷ 아래쪽으로 뒤집었을 때의 도형이 처음 도형과 같은 것의 기호 쓰기
따라서 아래쪽으로 뒤집었을 때의 도형이 처음 도형과 같은 것은 ㄴ입니다. ▶2점

(답) ㄴ

2 (풀이) ❶ 시계 방향으로 $180°$만큼 돌렸을 때의 도형 각각 그리기
(예) 시계 방향으로 $180°$만큼 돌렸을 때의 도형을 각각 그려 보면 ㄱ , ㄴ , ㄷ 입니다.
▶3점

❷ 시계 방향으로 $180°$만큼 돌렸을 때의 도형이 처음 도형과 같은 것의 기호 쓰기
따라서 시계 방향으로 $180°$만큼 돌렸을 때의 도형이 처음 도형과 같은 것은 ㄷ입니다. ▶2점

(답) ㄷ

3 (풀이) ❶ 오른쪽으로 뒤집었을 때의 모양 각각 그리기
(예) 오른쪽으로 뒤집었을 때의 모양을 각각 그려 보면
ㄱ ㅂ, ㄴ ㄱ, ㄷ ㅅ, ㄹ ㅎ, ㅁ ㄴ 입니다. ▶3점

❷ 오른쪽으로 뒤집었을 때의 모양이 처음과 같은 것의 개수 구하기
따라서 오른쪽으로 뒤집었을 때의 모양이 처음과 같은 것은 ㄱ, ㄷ, ㄹ이므로 모두 3개입니다. ▶2점

(답) 3개

4 (풀이) ❶ 수 카드를 위쪽으로 뒤집었을 때 만들어지는 수 구하기
(예) 수 카드를 위쪽으로 뒤집었을 때 만들어지는 수는 51입니다. ▶3점

❷ 두 수의 합 구하기
만들어지는 수와 처음 수의 합은 $51+21=72$입니다. ▶2점

(답) 72

5 (풀이) ❶ 수 카드를 시계 방향으로 $180°$만큼 돌렸을 때 만들어지는 수 구하기
(예) 수 카드를 시계 방향으로 $180°$만큼 돌렸을 때 만들어지는 수는 851입니다. ▶3점

❷ 두 수의 차 구하기
만들어지는 수와 처음 수의 차는 $851-158=693$입니다. ▶2점

(답) 693

6 (풀이) ❶ 수 카드를 오른쪽으로 뒤집었을 때 만들어지는 수와 시계 방향으로 $180°$만큼 돌렸을 때 만들어지는 수 구하기
(예) 수 카드를 오른쪽으로 뒤집었을 때 만들어지는 수: 501,
수 카드를 시계 방향으로 $180°$만큼 돌렸을 때 만들어지는 수: 201 ▶3점

❷ 두 수의 차 구하기
두 수의 차는 $501-201=300$입니다. ▶2점

(답) 300

5 막대그래프

32쪽

1 조건 피자
풀이 ❶ 1, 6, 2
❷ 6, 2, 4
답 4

1-1 풀이 ❶ 주원이와 민준이가 가지고 있는 딱지 수 구하기
예 (세로 눈금 한 칸)=5÷5=1(개)
➜ 주원이는 7개, 민준이는 4개를 가지고 있습니다.
▶ 3점
❷ 주원이는 민준이보다 딱지를 몇 개 더 많이 가지고 있는지 구하기
주원이는 민준이보다 딱지를 7−4=3(개) 더 많이 가지고 있습니다. ▶ 2점
답 3개

1-2 1단계 예 (가로 눈금 한 칸)=10÷5=2(개)
➜ 초등학교 수가 가장 많은 마을은 나 마을이고 20개입니다. 초등학교 수가 가장 적은 마을은 다 마을이고 8개입니다. ▶ 3점
2단계 나 마을과 다 마을의 초등학교 수의 차는 20−8=12(개)입니다. ▶ 2점
답 12개

34쪽

2 조건 150
풀이 ❶ 150, 36, 42
❷ 42, 14
답 14

2-1 풀이 ❶ 리본의 점수 구하기
예 점수의 합계가 28점이므로
(리본의 점수)=28−8−4−10=6(점)입니다.
▶ 2점
❷ 리본의 세로 눈금의 칸 수 구하기
막대그래프의 세로 눈금 한 칸이 2점을 나타내므로 리본의 칸 수는 6÷2=3(칸)이 됩니다. ▶ 3점
답 3칸

2-2 1단계 예 전체 나무 수가 180그루이므로
(단풍나무의 수)=180−54−33−48=45(그루)입니다. ▶ 2점
2단계 나무 수의 크기를 비교하면
33<45<48<54이므로 나무 수가 가장 적은 나무는 밤나무입니다.
막대그래프의 세로 눈금 한 칸이 3그루를 나타내므로 밤나무의 칸 수는 33÷3=11(칸)이 됩니다.
▶ 3점
답 11칸

36쪽

3 조건 25
풀이 ❶ 1, 12, 8, 3
❷ 25, 25, 12, 8, 3, 2
답 2

3-1 풀이 ❶ 1월, 2월, 3월에 읽은 책 수 구하기
예 (가로 눈금 한 칸)=5÷5=1(권)
➜ 1월에는 13권, 2월에는 8권, 3월에는 4권을 읽었습니다. ▶ 2점
❷ 4월에 읽은 책 수 구하기
1월부터 4월까지 읽은 책이 모두 28권이므로
(4월에 읽은 책 수)=28−13−8−4=3(권)입니다. ▶ 3점
답 3권

3-2 【1단계】 예 (세로 눈금 한 칸)=50÷5=10(개)

→ 절편은 100개, 꿀떡은 80개, 인절미는 120개입니다.

오늘 만든 떡이 모두 340개이므로

(송편 수)=340−100−80−120=40(개)입니다. ▶3점

【2단계】 꿀떡은 80개, 송편은 40개이므로 꿀떡은 송편보다 80−40=40(개) 더 많이 만들었습니다. ▶2점

답 40개

서술형 완성하기

38쪽

1 풀이 ❶ 튤립을 좋아하는 학생 수와 장미를 좋아하는 학생 수 구하기

예 (세로 눈금 한 칸)=10÷5=2(명)

→ 튤립을 좋아하는 학생은 12명, 장미를 좋아하는 학생은 8명입니다. ▶3점

❷ 튤립을 좋아하는 학생은 장미를 좋아하는 학생보다 몇 명 더 많은지 구하기

튤립을 좋아하는 학생은 장미를 좋아하는 학생보다 12−8=4(명) 더 많습니다. ▶2점

답 4명

2 풀이 ❶ 학생 수가 가장 많은 나라와 두 번째로 많은 나라의 학생 수 구하기

예 (가로 눈금 한 칸)=5÷5=1(명)

→ 학생 수가 가장 많은 나라는 프랑스이고 8명입니다. 학생 수가 두 번째로 많은 나라는 독일이고 6명입니다. ▶3점

❷ 학생 수의 차 구하기

두 나라의 학생 수의 차는 8−6=2(명)입니다. ▶2점

답 2명

3 풀이 ❶ 축구를 좋아하는 학생 수 구하기

예 전체 학생 수가 24명이므로

(축구를 좋아하는 학생 수)
=24−6−4−6=8(명)입니다. ▶2점

❷ 축구의 세로 눈금의 칸 수 구하기

막대그래프의 세로 눈금 한 칸이 2명을 나타내므로 축구의 칸 수는 8÷2=4(칸)이 됩니다. ▶3점

답 4칸

4 풀이 ❶ 크림빵의 판매량 구하기

예 전체 판매량이 57개이므로

(크림빵의 판매량)=57−15−12−9=21(개)입니다. ▶2점

❷ 판매량이 가장 많은 빵의 세로 눈금의 칸 수 구하기

판매량의 크기를 비교하면 21>15>12>9이므로 판매량이 가장 많은 빵은 크림빵입니다.

막대그래프의 세로 눈금 한 칸이 3개를 나타내므로 크림빵의 칸 수는 21÷3=7(칸)이 됩니다. ▶3점

답 7칸

5 풀이 ❶ 가 수목원과 다 수목원의 나무 수 구하기

예 (세로 눈금 한 칸)=50÷5=10(그루)

→ 가 수목원은 120그루이고, 다 수목원은 60그루입니다. ▶2점

❷ 나 수목원의 나무 수 구하기

세 수목원의 나무가 모두 220그루이므로

(나 수목원의 나무 수)=220−120−60=40(그루)입니다. ▶3점

답 40그루

6 풀이 ❶ 다 마을의 약국 수 구하기

예 (가로 눈금 한 칸)=10÷5=2(곳)

→ 가 마을은 20곳, 나 마을은 16곳, 라 마을은 12곳입니다.

네 마을의 약국이 모두 56곳이므로

(다 마을의 약국 수)=56−20−16−12=8(곳)입니다. ▶3점

❷ 가 마을과 다 마을의 약국 수의 차 구하기

가 마을은 20곳, 다 마을은 8곳이므로 약국 수의 차는 20−8=12(곳)입니다. ▶2점

답 12곳

6 규칙 찾기

서술형 다지기

1
[조건] 115
[풀이] ❶ 4, 1
　　　 ❷ 413, 414, 415, 415
[답] 415

1-1 [풀이] ❶ 규칙 찾기
(예) → 방향: 255, 254, 253이므로 1씩 작아집니다.
　　　　　　　　　　　　　 ▶ 2점

❷ ★에 알맞은 수 구하기
225부터 시작하여 → 방향으로 수를 써 보면 225, 224, 223이므로 ★에 알맞은 수는 223입니다.
　　　　　　　　　　　　　 ▶ 3점

[답] 223

1-2 [1단계] (예) → 방향: 350, 352, 354, 356, 358이므로 2씩 커집니다. ▶ 2점
[2단계] 750부터 시작하여 → 방향으로 수를 써 보면 750, 752, 754, 756, 758이므로 ㉠은 754, ㉡은 758입니다. ▶ 3점
[답] 754, 758

2
[조건] 다섯
[풀이] ❶ 10, 15, 4
　　　 ❷ 6, 6, 21
[답] 21

2-1 [풀이] ❶ 규칙 찾기
(예) 모형이 1개부터 시작하여 2개씩 늘어나는 규칙입니다. ▶ 2점
❷ 다섯째 모양에 필요한 모형의 수 구하기
다섯째 모양에 필요한 모형은
$1+2+2+2+2=9$(개)입니다. ▶ 3점
[답] 9개

2-2 [1단계] (예) 검은색 바둑돌: 3개부터 시작하여 2개씩 늘어나는 규칙입니다.
흰색 바둑돌: 1개부터 시작하여 가로와 세로가 각각 1개씩 늘어나며 정사각형 모양이 되는 규칙입니다.
　　　　　　　　　　　　　 ▶ 2점

[2단계] 다섯째 모양에서 검은색 바둑돌은
$3+2+2+2+2=11$(개)이고,
흰색 바둑돌은 $5 \times 5 = 25$(개)입니다.
따라서 개수의 차는 $25-11=14$(개)입니다. ▶ 3점
[답] 14개

3
[조건] 5, 7
[풀이] ❶ 2, 4
　　　 ❷ 1, 3, 5, 7, 9, 25
[답] 1, 3, 5, 7, 9, 25

3-1 [풀이] ❶ 규칙 찾기
(예) 6에 102, 1002, 10002, …와 같이 0이 1개씩 늘어나는 수를 곱하면 계산 결과는 612, 6012, 60012, …와 같이 6과 1 사이에 0이 1개씩 늘어나는 규칙입니다. ▶ 3점
❷ 넷째에 알맞은 곱셈식 구하기
넷째에 알맞은 곱셈식은 $6 \times 100002 = 600012$입니다. ▶ 2점
[답] $6 \times 100002 = 600012$

3-2 〔1단계〕 예 곱해지는 수는 9가 1개씩, 곱하는 수는 8이 1개씩 늘어나고, 계산 결과의 8과 1의 개수는 각각 곱해지는 수의 9의 개수와 같습니다. ▶3점

〔2단계〕 계산 결과에 8과 1이 6개씩 있으므로 곱해지는 수는 9가 6개인 999999, 곱하는 수는 8이 6개, 9가 1개인 8888889입니다.

→ $999999 \times 8888889 = 8888880111111$ ▶2점

답 $999999 \times 8888889 = 8888880111111$

서술형 완성하기

46쪽

1 〔풀이〕 ❶ 규칙 찾기

예 ↓ 방향: 4024, 4034, 4044이므로 10씩 커집니다. ▶2점

❷ ㉠에 알맞은 수 구하기

4022부터 시작하여 ↓ 방향으로 수를 써 보면 4022, 4032, 4042, 4052이므로 ㉠에 알맞은 수는 4052입니다. ▶3점

답 4052

2 〔풀이〕 ❶ 규칙 찾기

예 ↓ 방향: 1530, 2530, 3530이므로 1000씩 커집니다. ▶2점

❷ ㉠과 ㉡에 알맞은 수 구하기

1480부터 시작하여 ↓ 방향으로 수를 써 보면 1480, 2480, 3480이므로 ㉠은 3480입니다.
1520부터 시작하여 ↓ 방향으로 수를 써 보면 1520, 2520, 3520이므로 ㉡은 3520입니다. ▶3점

답 3480, 3520

3 〔풀이〕 ❶ 규칙 찾기

예 모형이 2개부터 시작하여 2개씩 늘어납니다. ▶2점

❷ 다섯째 모양에 필요한 모형의 수 구하기

다섯째 모양에 필요한 모형은
$2+2+2+2+2=10$(개)입니다. ▶3점

답 10개

4 〔풀이〕 ❶ 규칙 찾기

예 흰색 사각형과 노란색 사각형이 번갈아 가며 놓이고, 사각형이 1개부터 시작하여 3개, 5개, 7개, …씩 늘어나는 규칙입니다. ▶2점

❷ 다섯째 모양의 흰색 사각형과 노란색 사각형의 개수의 차 구하기

다섯째 모양에서 흰색 사각형은 $1+5+9=15$(개)이고, 노란색 사각형은 $3+7=10$(개)입니다.
따라서 개수의 차는 $15-10=5$(개)입니다. ▶3점

답 5개

5 〔풀이〕 ❶ 규칙 찾기

예 99에 201, 2001, 20001, …과 같이 0이 1개씩 늘어나는 수를 곱하면 계산 결과는
19899, 198099, 1980099, …와 같이 8과 9 사이에 0이 1개씩 늘어나는 규칙입니다. ▶3점

❷ 넷째에 알맞은 곱셈식 구하기

넷째에 알맞은 곱셈식은
$99 \times 200001 = 19800099$입니다. ▶2점

답 $99 \times 200001 = 19800099$

6 〔풀이〕 ❶ 규칙 찾기

예 816, 8016, 80016, 800016, …과 같이 8과 1 사이에 0이 1개씩 늘어나는 수를 8로 나누면 몫은 102, 1002, 10002, 100002, …와 같이 1과 2 사이에 0이 1개씩 늘어나는 규칙입니다. ▶3점

❷ 몫이 100000002가 되는 나눗셈식 구하기

몫의 1과 2 사이에 0이 7개 있으므로 나누어지는 수는 800000016입니다.

→ $800000016 \div 8 = 100000002$ ▶2점

답 $800000016 \div 8 = 100000002$

큐브 연산

실수를 줄이는 한 끗 차이!
빈틈없는 연산서
•교과서 전단원 연산 구성　•하루 4쪽, 4단계 학습　•실수 방지 팁 제공

수학의 기본

큐브

큐브 개념

개념 이해가 실력의 차이!
대체불가 개념서
•교과서 개념 시각화 구성
•수학익힘 교과서 완벽 학습
•기본 강화책 제공

큐브 유형

실력이 완성되는 강력한 차이!
새로워진 유형서
•기본부터 응용까지 모든 유형 구성
•대표 예제로 유형 해결 방법 학습
•서술형 강화책 제공

동아출판

큐브 유형

정답 및 풀이 │ 초등 수학 4·1